21 世纪高职高专"十二五"规划教材

建筑装饰材料

主　编　杨丽君　韩朝霞

副主编　孙　瑜　王　燕　范　玥

参　编　杨惠君

主　审　程伟庆

天津大学出版社
TIANJIN UNIVERSITY PRESS

内容提要

本教材是按照高等职业教育的培养目标和教学基本要求编写的,特点是企业技术人员参与指导,将建筑装饰材料与装饰设计和施工紧密联系在一起,内容通俗易懂,图文并茂,附有各种材料的图片及详细参考,并采用国家颁布的最新规范和标准。

本书主要介绍建筑装饰材料的性质与应用,内容主要包括建筑装饰材料概述、建筑装饰材料的基本性质、装饰混凝土与装饰砂浆、建筑装饰木材、建筑装饰石材、建筑装饰金属材料、建筑装饰陶瓷、建筑装饰玻璃、建筑装饰涂料、建筑装饰织物、建筑装饰骨架材料、建筑顶棚饰面材料、建筑装饰塑料、其他装饰材料等。

本书可作为高职高专院校建筑装饰工程技术专业、室内设计技术专业的教材,也可以作为从事装饰装修行业的设计、施工人员的参考书。

图书在版编目(CIP)数据

建筑装饰材料/杨丽君,韩朝霞主编. —天津:天津大学出版社,2014.8

21世纪高职高专"十二五"规划教材

ISBN 978-7-5618-5172-2

Ⅰ.①建… Ⅱ.①杨… ②韩… Ⅲ.①建筑材料–装饰材料–高等职业教育–教材 Ⅳ.①TU56

中国版本图书馆 CIP 数据核字(2014)第 197524 号

出版发行	天津大学出版社
出 版 人	杨欢
地 址	天津市卫津路 92 号天津大学内(邮编:300072)
电 话	发行部:022-27403647
网 址	publish. tju. edu. cn
印 刷	天津泰宇印务有限公司
经 销	全国各地新华书店
开 本	185mm×260mm
印 张	16
字 数	399 千
版 次	2014 年 9 月第 1 版
印 次	2014 年 9 月第 1 次
定 价	32.00 元

前　言

建筑装饰材料是装饰工程的重要物质基础,合理选择和正确使用装饰材料是确保建筑装饰工程质量、降低建筑装饰工程造价的重要环节。因而,建筑装饰材料是从事建筑装饰设计、施工、管理等的专业技术人员必须掌握和了解的知识。

本书根据高等职业教育的培养目标,以"必需、够用"为原则来编写。本书不仅注重学生对各类建筑装饰材料特性、装饰效果等基础知识的掌握,更主要的是培养学生对装饰材料的应用能力,让学生了解今后建筑装饰行业的发展前景。本书内容通俗易懂、图文并茂,附有各种材料的图片及详细参考,并采用国家颁布的最新规范和标准,力求反映当前最先进的材料应用技术和知识。

本书共14章,包括建筑装饰材料概述、建筑装饰材料的基本性质、装饰混凝土与装饰砂浆、建筑装饰木材、建筑装饰石材、建筑装饰金属材料、建筑装饰陶瓷、建筑装饰玻璃、建筑装饰涂料、建筑装饰织物、建筑装饰骨架材料、建筑顶棚饰面材料、建筑装饰塑料、其他装饰材料等内容。

本教材由甘肃建筑职业技术学院杨丽君教授担任第一主编,甘肃建筑职业技术学院韩朝霞讲师担任第二主编,兰州克力装饰服务联社程伟庆工程师担任主审。本书的编写分工如下:杨丽君教授编写第8章,韩朝霞讲师编写第1~7章,甘肃建筑职业技术学院孙瑜老师编写第12~14章,兰州交通大学环境与市政工程学院杨惠君副教授编写第9~11章,王燕和范玥参加了相关资料的整理工作。

由于建筑装饰材料发展快,新材料、新品种不断涌现,加上编写时间仓促,书中难免有不妥和错误之处,敬请专家和读者批评指正。

编者

2014 年 5 月

目　录

第1章 建筑装饰材料概述

1.1 建筑装饰材料的概念和作用

1.1.1 建筑装饰材料的概念

建筑装饰材料,又称建筑饰面材料,是指铺设或涂装在建筑物表面起装饰和美化环境作用的材料。建筑装饰材料是集工艺、造型设计、美学于一身的材料,是建筑装饰工程的重要物质基础。建筑装饰的整体效果和建筑装饰功能的实现,在一定程度上受到建筑装饰材料的制约,尤其受到装饰材料的光泽、质地、质感、图案、花纹等装饰特性的影响。因此,只有熟悉各种装饰材料的性能、特点及其使用环境条件等,才能合理选用装饰材料,做到"材尽其能、物尽其用",更好地表达设计意图,并与室内其他配套产品一起体现建筑装饰性。

1.1.2 建筑装饰材料的作用

建筑装饰材料一般用在建筑物表面,以美化建筑物和环境,也起保护建筑物的作用。另外,建筑装饰材料还兼有其他功能,如防火、保温、隔热、隔音、防潮等。建筑装饰材料的作用主要体现在以下几个方面。

1. 装饰功能

建筑物的外观效果主要通过建筑物的总体设计的造型、比例、虚实对比、线条等平面、立面的设计手法来体现,而内外墙装饰效果则是通过装饰材料的质感、色彩和线条来表现的。

质感就是材料表面质地带给人的感觉,是通过材料表面的致密程度、光滑程度、线条变化以及对光线的吸收、反射强弱等产生的观感(心理)上的不同效果,如图 1.1 和图 1.2 所示。例如:坚硬且表面光滑的花岗岩、大理石表现出严肃、有力量、整洁之感;富有弹性且松软的地毯及纺织品则给人以柔顺、温暖、舒适之感;表面光滑如镜的不锈钢钛合金板具有金闪闪、灵动秀丽而富贵的感觉,等等。质感不仅与材质有关,还与材料的加工和施工方法有关。如同样是花岗石板材,剁斧板表面粗糙厚重,而磨光镜面板则光滑细腻;再如装饰砂浆经拉条处理或剁斧加工后其质感不同,前者有类似饰面砖的质感,后者有类似花岗岩的质感。此外,饰面的质感效果还与具体建筑物的体形、体量、立面风格等方面密切相关。粗犷有质感的饰面材料及做法用于体量小、立面造型比较纤细的建筑物就不一定合适,而用于体量比较大的建筑物效果就好些。

图1.1　装饰材料的质感效果图1　　　　　　　　　图1.2　装饰材料的质感效果图2

色彩是构成建筑物外观乃至影响周围环境的重要因素,不同的色彩给人的感觉也不尽相同,如图1.3和图1.4所示。例如:白色或浅色会给人以明快、清新之感;深色使人感到稳重、端庄;暖色(如红、橙、黄等颜色)使人联想到太阳和火,给人以热烈、奔放之感;冷色(如蓝、绿等颜色)使人联想到大海、蓝天和森林,给人以宁静、安逸之感。所以,装饰材料的色彩不同,所产生的装饰效果差异很大。

图1.3　装饰材料的色彩效果图1　　　　　　　　　图1.4　装饰材料的色彩效果图2

线型是由立面装饰形成的分格缝与凹凸线条构成的装饰效果(如釉面砖),也可通过仿照其他材料来体现线型,如壁纸中的仿木纹、纺织物纹等。外立面的线型效果如图1.5所示,内立面的线型效果如图1.6所示。

2. 保护结构功能

建筑物在长期使用过程中,会受到日晒、雨淋、风吹、冰冻等,也会受到腐蚀性气体和微生物的侵蚀,出现粉化、裂缝甚至脱落等现象,影响到建筑物的耐久性。选用适当的建筑装饰材料对建筑物表面进行装饰,不仅能对建筑物起到良好的装饰作用,而且能有效地提高建筑物的耐久性,从而降低维修费用。

图 1.5　外立面的线型效果图

图 1.6　内立面的线型效果图

3. 改善室内环境功能

为了保证人们有良好的生活、工作环境,室内环境必须清洁、明亮、安静,而装饰材料自身具备的声、光、电、热性能可带来吸声、隔热、保温、隔音、反光、透气等物理性能,从而改善室内环境条件。例如:通过对光线的反射使远离窗口的墙面、地面不致太暗;吸热玻璃、热反射玻璃可吸收或反射太阳辐射热能,以起隔热作用;化纤地毯、纯毛地毯具有保温、隔音的功能,等等。这些物理性能使装饰材料在装饰美化环境、居室的同时,还可以改善我们的生活、工作环境,满足使用要求。

1.2　建筑装饰材料的分类

建筑装饰材料的种类繁多,可从多个角度进行分类。按其材料类型的不同,建筑装饰材料可分为无机材料、有机材料和复合材料三大类,见表 1.1。按其装饰部位的不同,建筑装饰材料可分为外墙装饰材料、内墙装饰材料、地面装饰材料和顶棚装饰材料四大类,见表1.2。按其品质和价格的不同,建筑装饰材料可分为高档材料、中档材料、低档材料三大类。从绿色环保角度来讲,建筑装饰材料可分为节省能源与资源型材料、环保利废型材料、特殊环境(如超高强、抗腐蚀、耐久等)型材料、安全舒适(如轻质高强、防火、防水、保温、隔热、隔声、调温、调光、无毒害等)型材料、保健功能(如消毒、灭菌、防臭、防霉、抗静电、防辐射、吸附有害物质等)型材料等。

表 1.1　建筑装饰材料按材料类型分类

无机材料	金属材料		黑色金属(钢、铁)
			有色金属(铝与铝合金、铜与铜合金等)
	非金属材料		天然石材(花岗岩、大理石等)
			烧结制品与熔融制品(烧结砖、陶瓷及玻璃等)
		胶凝材料	气硬性胶凝材料(石膏、菱苦土等)
			水硬性胶凝材料(各种水泥)
			装饰混凝土与装饰砂浆、白色与彩色硅酸盐制品等

续表

有机材料	植物材料（木材、竹材、藤材等）	
	合成高分子材料（建筑塑料、建筑涂料、胶黏剂等）	
复合材料	无机材料基复合材料（水泥基制品等）	
	有机材料基复合材料	树脂基人造石材、玻璃纤维增强塑料等
		各种人造及复合木制品
	其他复合材料（涂塑钢板、涂塑铝合金板、钢塑复合门窗等）	

表 1.2　建筑装饰材料按装饰部位分类

外墙装饰材料	包括外墙、阳台、台阶、雨篷等建筑物全部外露部位装饰用材料	天然花岗岩、陶瓷装饰制品、玻璃制品、地面涂料、金属制品、装饰混凝土、装饰砂浆
内墙装饰材料	包括内墙墙面、墙裙、踢脚线、隔断、花架等内部构造所用的装饰材料	壁纸、墙布、内墙涂料、装饰织物、塑料饰面板、大理石、人造石材、内墙釉面砖、人造板材、玻璃制品、隔热吸声装饰板
地面装饰材料	指地面、楼面、楼梯等结构的装饰材料	地毯、地面涂料、天然石材、人造石材、陶瓷地砖、木地板、塑料地板
顶棚装饰材料	指室内及顶棚的装饰材料	石膏板、矿棉装饰吸声板、珍珠岩装饰吸声板、玻璃棉装饰吸声板、钙塑泡沫装饰吸声板、聚苯乙烯泡沫塑料装饰吸声板、纤维板、顶棚涂料

1.3　建筑装饰材料的选择

　　建筑装饰材料的选择应从材料的功能性、地区性、观感性、经济性等方面来考虑。

1.3.1　满足使用功能

　　在选用装饰材料时，首先应满足与环境相适应的使用功能。对于外墙应选用耐大气侵蚀、不易褪色、不易沾污、不泛霜的材料。对于地面应选用耐磨性、耐水性好，且不易沾污的材料。对于厨房、卫生间应选用耐水性、抗渗性好，且不发霉、易于擦洗的材料，如图 1.7 所示为某住宅卫生间。

1.3.2　满足装饰效果

　　装饰材料的色彩、光泽、形体、质感和花纹图案等属性都影响装饰效果，特别是装饰材料的色彩对装饰效果的影响非常明显。因此，在选用装饰材料时要合理应用色彩，给人以舒适的感觉。例如：卧室、客房应选用浅蓝或淡绿色，以增加室内的宁静感，如图 1.8 所示为某客房；儿童活动室应选用中黄、淡黄、橘黄等暖色，以适应儿童天真活泼的心理，如图 1.9 所示为某儿童活动室；医院病房应选用浅绿、淡蓝或淡黄色，使病人感到安静和安全，以利于早日康复。

这是某住宅卫生间采用耐水性、抗渗性好,易于擦洗的米黄石材装饰墙面。

图1.7　某住宅卫生间效果图

这是一处现代气息比较浓厚的客房,选用柔和材质及灰、蓝两种色调,让整个客房显得宁静而舒适。

图1.8　某客房效果图

这是一处儿童活动室,装饰材料色彩缤纷,符合儿童活泼的天性。

图1.9　某儿童活动室效果图

1.3.3　满足安全性

在选用装饰材料时,要妥善处理装饰效果和使用安全的矛盾,要优先选用环保型材料和不燃或难燃等安全型材料,尽量避免选用在使用过程中感觉不安全或易发生火灾等事故的材料,努力给人们创造一个美观、安全、舒适的环境。

1.3.4　有利于人们的身心健康

建筑空间环境是人们活动的场所,进行建筑装饰可以美化生活、愉悦身心、改善生活质量。建筑空间环境的质量直接影响人们的身心健康,在选用装饰材料时应注意以下几点:
①尽量选用天然的装饰材料;
②选择色彩明快的装饰材料;
③选择不易挥发有害气体的装饰材料;
④选用保温、隔热、吸声、隔音的装饰材料。

1.3.5　满足耐久性

不同功能的建筑及不同的装修档次,对所采用的装饰材料耐久性要求也不一样。尤其是新型装饰材料层出不穷,人们的物质精神生活要求也逐步提高,很多装饰材料都有流行趋势。有的建筑装修使用年限较短,要求所用的装饰材料耐用年限不一定很长;但有的建筑要求其装饰材料耐用年限很长,如纪念性建筑物等。

1.3.6　满足经济性

一般装饰工程的造价往往占建筑工程总造价的 30% ~ 50% ,个别装修要求较高的工程可达 60% ~65% 。因此,装饰材料的选择应考虑经济性。原则上应根据使用要求和装饰等级,恰当地选择材料;在不影响装饰工程质量的前提下,尽量选用优质、价廉的材料;还应选用工效高、安装简便的材料,以降低工程费用。另外在选用装饰材料时,不但要考虑一次性投资,还应考虑日后的维修费用,有时在关键性问题上,可适当加大一次性投资,以延长使用年限,从而达到总体上经济的目的。

1.3.7　便于施工

在选用装饰材料时,尽量做到构造简单、施工方便。这样既缩短了工期,又节约了开支,还为建筑物提前发挥效益提供了可能。应尽量避免选用有大量湿作业、工序复杂、加工困难的材料。

1.4　建筑装饰材料的发展趋势

随着经济的快速发展,房地产市场日益火爆,装饰材料市场普遍多元化,从而推动了建筑装饰业的全面发展。随着我国房地产业和装饰行业的快速发展,市场对建筑装饰材料的需求持续增长,建筑装饰装修材料业处在黄金发展时期,然而建筑耗能问题也随之呈现,促使我国建筑装饰装修材料业呈现生态化、部品化、多功能及复合型、智能化四大发展方向。

1.4.1　生态化发展方向

生态建筑装饰材料是指那些能够满足生态建筑需要,且自身在制造、使用过程以及废弃物处理等环节中对地球环境负荷最小,并有利于人类健康的材料。

凡同时符合或具备下列要求和特征的建筑装饰材料产品称为生态建筑装饰材料。

①质量符合或优于相应产品的国家标准。

②采用国家规定允许使用的原料、材料、燃料或再生资源。

③在生产过程中排出废气、废液、废渣、尘埃的数量和成分达到或少于国家规定允许的排放标准。

④在使用时达到国家规定的无毒、无害标准,并在组合成建筑部品时不会引发污染和安全隐患。

⑤在失效或废弃时,对人体、大气、水质和土壤的影响符合或低于国家环保标准允许的指标规定。

建筑装饰材料生产业是资源消耗性很高的行业,需要大量使用木材、石材以及其他矿藏资源等天然材料、化工材料、金属材料。消耗这些原材料对生态环境和地球资源都会有重要的影响。节约原材料已成为国家重要的技术经济政策。

环保型产品是对生态建筑装饰材料的基本要求,健康性能是建筑物使用价值的一个重要因素,含有放射性物质的产品以及含有甲醛、芳香烃等有机挥发性物质的产品对环境和人体健康构成主要威胁,已经引起各方面的高度关注,国家对此也制定了严格的标准,许多产品都纳入 3C 认证(China Compulsory Certification)。抗菌材料、空气净化材料是室内环境健康所必需的材料。以纳米技术为代表的光催化技术是解决室内空气污染的关键技术。目前具有空气净化作用的涂料、地板、壁纸等开始在市场上出现。它们代表了建筑装饰材料的发展方向,不仅解决甲醛、挥发性有机化合物等对空气的污染,而且还解决人体自身的排泄物和分泌物带来的室内环境问题。

1.4.2　部品化发展方向

建设部颁发的《关于推进住宅产业现代化提高住宅质量的若干意见》中,明确了建立住宅部品体系是推进住宅产业化的重要保证的指导思想,同时也提出了建立住宅部品体系的具体工作目标:“到 2010 年初步形成系列的住宅建筑体系,基本实现住宅部品通用化和生产、供应的社会化。”

通俗地讲,住宅由住宅部品组合构建而成,而住宅部品由建筑装饰材料、制品、产品、零配件等原材料组合而成;部品是在工厂内生产的产品,是系统集成和技术配套的整体部件,通过现场组装做到工期短、质量好。住宅作为一个商品,它的生产制造不同于一般的商品。它不是在工厂里直接生产加工制作而成,而是在施工现场搭建而成,因此住宅部品化的水平高低,直接影响到住宅建造的效率和质量。住宅部品化促进了产品的系统配套与组合技术的系统集成。部品的工业化生产,使现场安装简单易行。住宅部品化推动了产业化和工业化水平的提高,不仅提高了住宅建造效率,也大幅提高了住宅的品质。部品化发展已取得一定成绩,如家庭用楼梯、浴室中的整体淋浴房、整体厨房等,都是部品化发展的具体体现。以整体淋浴房为例,顾名思义其是指将玻璃隔断、底盘、浴霸、浴缸、淋浴器及各式挂件等淋浴房用具进行系统搭配而组成的一种新型淋浴房形式。整体淋浴房按使用要求合理布局、巧妙搭配，实现淋浴房用具一体化以及布局和功能一体化。在这个水、电、电器扎堆的"弹丸之地"，为全面发挥其功能并解决好建筑业与制造业的脱节的问题，有关方面已经制定和正在制定一系列技术标准，这将有力地加快部品化发展进程。

1.4.3   多功能、复合型发展方向

当前，对建筑装饰材料的功能要求越来越高，不仅要求其具有精美的装饰性、良好的使用性，而且要求其具有环保、安全、施工方便、易维护等功能。市场上许多产品功能单一，远不能满足消费者的综合要求。因此，采用复合技术发展多功能复合型建筑装饰材料已成定势。

复合型建筑装饰材料就是由两种以上在物理和化学方面具有不同性能的材料复合起来的一种多相建筑装饰材料，即把两种以上单体材料的突出优点统一在一种材料上，使其具有多种功能。因此，复合材料是建筑装饰材料发展的方向。许多科学家预言，21 世纪将是复合材料的时代。例如：大理石陶瓷复合板是由厚 3~5 mm 的天然大理石薄板，通过高强抗渗黏结剂与厚 5~8 mm 的高强陶瓷基材板复合而成的。其抗折强度大大高于大理石，具有强度高、质量轻、易安装等特点，且保持了天然大理石典雅、高贵的装饰效果，还能有效利用天然石材，减少石材开采，保护资源和环境等。又如：复合丽晶石产品是由高强度透明玻璃作面层，高分子材料作底层，经复合而成，目前有钻石、珍珠、金龙、银龙、富贵竹、水波纹、甲骨文、树皮、浮雕面等 9 个系列、100 多个花色品种。复合丽晶石具有立体感强、装饰效果独特、吸水、抗污、抑菌、易于清洁等特点，适用于室内墙面、地面装饰，也可用于建筑门窗及屏风。

1.4.4   智能化发展方向

将材料和产品的加工制造与以微电子技术为主体的高科技衔接，从而实现对材料及产品的各种功能的可控和可调，有可能成为装饰材料及产品的新的发展方向。"智能家居"从昨天的概念诞生到今天的产品问世，科技的飞速进步让一切都变得可能。"智能家居"可涉及照明控制系统、家居安防系统、电器控制系统、互联网远程监控、电话远程控制、网络视频监控、室内无线遥控等多个方面，有了这些技术的帮忙，人们可以轻松地实现全自动化的家居生活，让人们更深入地体味生活的乐趣。例如电子雾化玻璃(雾化玻璃属建筑装饰特种玻璃)是将新型液晶材料附着于玻璃、薄膜等基础材料上，运用电路和控制技术制成的调光玻璃产品。该材料可通过控制电流变化来控制玻璃颜色深浅程度及调节阳光照入室内的强度，使室内光线柔和、舒适怡人，又不失透光的作用。电子雾化玻璃断电时模糊，通电时清晰，由模糊到彻底清晰的响应速度根据需要可以达到千分之一秒级。该材料在建筑物门窗上使用，不仅有透光率变换自如的功能，而且在建筑物门窗上占用空间极小，省去了设置窗帘的机构和空间，制成的窗玻璃相当于安装了电控窗帘一样，能自如方便使用。这种雾化玻璃在建筑装饰行业中可以用于高档宾馆、别墅、写字楼、办公室、浴室门窗、淋浴房、厨房门窗、玻璃幕墙、温室等。该种雾化玻璃既有良好的采光功能和视线遮蔽功能，又具有一定的节能性和色彩缤纷、绚丽的装饰效果，是普通透明玻璃或着色玻璃无法比拟的真正的智能化材料，具有无限宽广的应用前景。

第2章 建筑装饰材料的基本性质

2.1 建筑装饰材料的物理性质

建筑装饰材料的基本物理性质是指表示建筑装饰材料物理状态特点的性质。它主要包括密度、表观密度与堆积密度、填充率与空隙率、密实度与孔隙率等。

2.1.1 材料的密度

材料在绝对密实状态(内部不含任何孔隙)下,单位体积的质量称为材料的密度,定义式如下:

$$\rho = \frac{m}{V}$$

式中　ρ——材料的密度,g/cm^3;

　　　　m——材料的绝干质量,g;

　　　　V——材料在绝对密实状态下的体积(内部不含任何孔隙的体积),cm^3。

2.1.2 材料的表观密度与堆积密度

1. 材料的表观密度

材料的表观密度亦称体积密度(俗称容重)是指建筑装饰材料在自然状态下,单位体积的质量。表观密度(ρ_0)可用下式表示:

$$\rho_0 = \frac{m}{V_0}$$

式中　ρ_0——材料的表观密度,g/cm^3 或 kg/m^3;

　　　　m——材料的质量,g 或 kg;

　　　　V_0——材料在自然状态下的体积(包括材料内部的孔隙体积),cm^3 或 m^3。

材料的表观密度除与材料的密度有很大关系外,还与材料内部的孔隙体积有很大关系。材料的孔隙率越大,材料的表观密度则越小。

当材料含有水分时,其质量和体积会发生变化,从而影响材料的表观密度,故在测定材料的表观密度时,应注明其含水情况。一般情况下,材料的表观密度是指材料在气干状态下的表观密度。材料在烘干状态下的表观密度,称为干表观密度。

2. 材料的堆积密度

材料的堆积密度是指粉状或粒状材料在堆积状态下,单位体积的质量。堆积密度(ρ_0')可用下式表示:

$$\rho_0' = \frac{m}{V_0'}$$

式中 ρ_0'——材料的堆积密度, g/cm^3 或 kg/m^3；

m——材料的质量, g 或 kg；

V_0'——材料在堆积状态下的体积, cm^3 或 m^3。

2.1.3 材料的填充率与空隙率

1. 材料的填充率

材料的填充率是指散粒材料在堆积体积中,被其颗粒填充的程度。材料的填充率(D')可用下式表示：

$$D' = \frac{V_0}{V_0'} \times 100\% \quad 或 \quad D' = \frac{\rho_0'}{\rho_0} \times 100\%$$

2. 材料的空隙率

材料的空隙率是指散粒材料在堆积体积中,颗粒之间的空隙体积占堆积体积的百分率。材料的空隙率(P')可用下式表示：

$$P' = \frac{V_0' - V_0}{V_0'} \times 100\%$$

材料空隙率的大小反映了散粒材料的颗粒相互填充的致密程度。

材料填充率与空隙率的关系,可用下式表示：

$$D' + P' = 1$$

2.1.4 材料的密实度与孔隙率

建筑装饰材料的密实度与孔隙率是密切相关的基本物理性质。

1. 材料的密实度

材料的密实度是指材料体积内被固体物质所充实的程度。材料的密实度(D)可用下式表示：

$$D = \frac{V}{V_0} \times 100\% = \frac{\rho_0}{\rho} \times 100\%$$

式中 D——材料的密实度, %；

V——材料中固体物质的体积, cm^3 或 m^3；

V_0——材料的总体积(包括材料内部的孔隙体积), cm^3 或 m^3。

2. 材料的孔隙率

材料的孔隙率是指材料的体积内孔隙体积占总体积的百分率。材料的孔隙率(P)可用下式表示：

$$P = \frac{V_0 - V}{V_0} \times 100\% = \left(1 - \frac{\rho_0}{\rho}\right) \times 100\%$$

式中 P——材料的孔隙率, %。

材料的密实度与孔隙率的关系,可用下式来表示：

$$D + P = 1$$

材料的密实度与孔隙率均反映了材料的致密程度。孔隙率的大小及孔隙特征(包括孔隙大小、连通情况、分布情况等)对材料的性质影响很大。一般而言,同一种材料,孔隙率越小,连通孔隙越少,强度越高,吸水性越小,抗渗性和抗冻性越好,但是导热性越大。几种常用建筑装饰材料的密度、表观密度和孔隙率如表 2.1 所示。

表 2.1　几种常用建筑装饰材料的密度、表观密度和孔隙率

建筑装饰材料名称	密度/(g/cm³)	表观密度/(kg/m³)	孔隙率/%
钢材	7.85	7 850	—
松木	1.55	400 ~ 700	55 ~ 75
花岗岩	2.60 ~ 2.90	2 500 ~ 2 850	0.5 ~ 1.0
石灰岩	2.06 ~ 2.80	2 000 ~ 2 600	0.6 ~ 1.5
烧结黏土砖	2.50 ~ 2.70	1 600 ~ 1 800	20 ~ 40
水泥	3.00 ~ 3.20	—	—
普通混凝土	2.50 ~ 2.60	2 250 ~ 2 500	5 ~ 20
普通砂	2.60 ~ 2.80	—	—
石膏板	2.60 ~ 2.75	800 ~ 1 800	30 ~ 70

2.2　建筑装饰材料与水有关的性质

建筑装饰材料与水有关的性质主要包括材料的亲水性与憎水性、材料的吸水性与吸湿性、材料的抗渗性、材料的抗冻性和材料的耐水性等。

2.2.1　材料的亲水性与憎水性

固体材料在空气中与水接触时,有些材料能被水润湿,有些材料则不能被水润湿。能被水润湿者具有亲水性,称为亲水性材料;反之则具有憎水性,称为憎水性材料。

材料被水润湿的情况,可用润湿边角 θ 来表示。当材料在空气中与水接触时,在材料、水、空气三相的交界处,沿水滴表面的切线与水接触面的夹角 θ 称为润湿边角。润湿边角 θ 越小,表明这种材料越容易被水润湿,其亲水性越好。

当 $\theta \leqslant 90°$ 时,材料表现为亲水性,如木材、砖、混凝土等。材料亲水的原因是材料分子与水分子之间的吸引力大于水分子之间的内聚力,因此材料被水润湿。

当 $\theta > 90°$ 时,材料表现为憎水性,如沥青、涂料、石蜡、塑料、钢铁等。材料憎水的原因是材料分子与水分子之间的吸引力小于水分子之间的内聚力,因此材料不能被水润湿。憎水性材料具有较好的防水性和防潮性,常用作防水材料;也可用于亲水性材料的表面处理,以减少吸水率,提高抗渗性。

2.2.2　材料的吸水性

由于材料的亲水性及开口孔隙的存在,大多数材料具有吸收水分的性质,材料这种浸入水中能吸收水分的能力,称为材料的吸水性。材料吸水性的大小,一般以吸水率表示。吸水率是指材料吸水饱和时的吸水量占材料干燥质量的百分率。材料的吸水率(W)可用下式

表示：

$$W = \frac{m_1 - m}{m} \times 100\%$$

式中　W——材料的吸水率,%;

　　　m_1——材料在吸水饱和状态下的质量,g;

　　　m——材料在干燥状态下的质量,g。

材料的吸水性,不仅取决于材料本身具有亲水性还是憎水性,还与其孔隙率的大小及孔隙特征有关。一般孔隙率越大,则其吸水性也越强。封闭的孔隙,水分不能进入;而粗大开口的孔隙,一般不易吸满水分;具有很多微小开口孔隙的材料,吸水能力特别强。各种材料的吸水率相差很大,如密实新鲜花岗岩的吸水率仅为 0.1% ~ 0.7%,普通混凝土的吸水率为 2% ~ 3%,木材的吸水率则常大于 100%。

材料中的水分将对材料的性质产生不良影响。它将使材料的容重和导热、导电性增大,强度降低,体积膨胀。因此,吸水率大对材料的性质是不利的。在大多数情况下,材料吸水率是按质量计算的,称为质量吸水率。但是,在有些情况下也按体积计算,即吸入水的体积占材料自然状态下体积的百分率,称为体积吸水率。

2.2.3　材料的吸湿性

材料在潮湿空气中吸收水分的性质,称为材料的吸湿性。材料的吸湿作用是可逆的,干燥的材料可以吸收空气中的水分,而潮湿的材料可以向空气中释放水分。当材料中所含水分与空气湿度达到平衡时的含水率,称为平衡含水率。

材料的吸湿性与空气的温度和湿度有关。空气的湿度大、温度低,材料的吸湿性大;反之,则吸湿性小。影响材料吸湿性的因素以及材料吸湿性对其性质的影响,均与材料的吸水性相一致。

2.2.4　材料的抗渗性

材料的抗渗性是指材料抵抗压力水或其他液体渗透的能力。材料的抗渗性用渗透系数(K)表示,可用下式计算:

$$K = \frac{Qd}{AtH}$$

式中　K——材料的渗透系数,cm/s;

　　　Q——渗水量,cm³;

　　　d——试件厚度,cm;

　　　A——渗水面积,cm²;

　　　t——渗水时间,s;

　　　H——水头,cm。

渗透系数反映水在材料中流动的速度。K 值越大,说明水在材料中流动的速度越快,其抗渗性能越差。有些材料(如混凝土、砂浆等)的抗渗性也可以用抗渗等级来表示,抗渗等级用材料抵抗的最大水压力来表示,如 P6、P8、P10、P12 等,分别表示材料可抵抗 0.6 MPa、0.8 MPa、1.0 MPa、1.2 MPa 的水压力而不产生渗水现象。

材料的抗渗性大小,不仅与材料本身的亲水性和憎水性有关,还与材料的孔隙率和孔隙特征有关。材料的孔隙率越小,而且封闭孔隙越多,则其抗渗性越好。经常受压力水作用的地下工程及水利工程等,应选用具有一定抗渗性的材料。

2.2.5　材料的抗冻性

材料的抗冻性是指材料在吸水饱和状态下,能经受多次冻融循环作用而不破坏,其强度也不严重降低的性质。材料的抗冻性用抗冻等级来表示。

材料的抗冻等级以试件在吸水饱和状态下,经受多次冻融循环作用,其质量损失和强度下降均不超过规定数值的最大冻融循环次数来表示,如 F25、F50、F100、F150 等。

材料产生冻结破坏的原因是其内部孔隙中的水结冰产生体积膨胀(膨胀率约为 9%)。当材料的孔隙中充满水,水结冰后产生体积膨胀,而对孔壁产生很大的压应力,如果该应力超过材料的抗拉强度时,会使孔壁发生开裂、孔隙率增加、强度下降。冻融循环次数越多,对材料的破坏越严重,甚至会造成材料的完全破坏。

影响材料抗冻性的因素有内因和外因。内因包括材料的组成、结构、构造、孔隙率大小和孔隙特征、强度、耐水性等。外因包括材料孔隙中充水的程度、冻结温度、冻结速度、冻融频率等。

2.2.6　材料的耐水性

材料长期在水的作用下不会损坏,并保持其原有性质的能力,称为材料的耐水性。一般材料在含有水分时,其强度有所降低,这是因为材料微粒之间的结合力会被渗入的水分削弱。对于结构材料,耐水性主要是指其强度的变化;对于装饰材料,耐水性主要是指颜色、光泽、外形等的变化。装饰材料的种类不同,其耐水性的表示方法也不同。如建筑涂料的耐水性,常以是否起泡、脱落、褪色等表示;金属材料的耐水性,常以是否生锈、变色等表示。而结构材料的耐水性,则以材料在吸水饱和状态下的抗压强度与材料在绝干状态下的抗压强度之比(即材料的软化系数 K_1)表示。

材料的软化系数 K_1 在 0 ~ 1.0 范围内,$K_1 > 0.85$ 的材料称为耐水性材料。软化系数的大小,有时将成为选择材料的重要依据。在选择建筑装饰材料时,潮湿或有水侵蚀的部位,必须选用软化系数 $K_1 \geq 0.75$ 的材料;重要结构必须选用软化系数 $K_1 \geq 0.85$ 的材料。

2.3　建筑装饰材料的力学性质

建筑装饰材料的力学性质,关系到结构的安全、稳定和寿命,故是最重要的性质,主要包括强度和强度等级、弹性和塑性、脆性和韧性、硬度和耐磨性等。

2.3.1　材料的强度和强度等级

1. 材料的强度

材料的强度是指材料在外力作用下不被破坏时能承受的最大应力。材料在承受外荷载作用时,内部会产生一定的应力,随着外荷载的增加,其应力也相应增大,直至材料内部质点间的结合力不足以抵抗所承担的外力时,就会发生破坏,此时的极限应力值即为该材料的强度,也称为极限强度。

根据外力作用形式的不同,建筑装饰材料的强度有抗压强度、抗拉强度、抗弯强度及抗剪强度等。材料的这些强度都是通过静力试验来测定的,因此总称为静力强度。材料的静力强度是按照国家规定的标准试验方法,进行破坏性试验测得的。

建筑装饰材料的抗压、抗拉和抗剪强度,可按下式计算:

$$f = \frac{P}{A}$$

式中 f——材料的极限强度(抗压、抗拉、抗剪),MPa;

P——试件破坏时的最大荷载,N;

A——试件的受力面积,mm^2。

建筑装饰材料的抗弯强度与试件的受力情况、截面形状及支承条件有关。对于矩形截面的条形试件,当其中两个支点的中间作用一集中荷载时,其抗弯极限强度可按下式计算:

$$f_m = \frac{3Pl}{2bh^2}$$

式中 f_m——材料的抗弯极限强度,MPa;

P——试件破坏时的最大荷载,N;

l——试件两个支点间的距离,mm;

b、h——试件截面的宽度和高度,mm。

建筑装饰材料的强度大小,主要取决于建筑装饰材料的组成、结构及构造。不同种类的建筑装饰材料,其强度也不相同;即使是同一类建筑装饰材料,由于组成、结构和构造的不同,其强度也有很大差异。材料的孔隙率越大,其强度越小。对于同一种类的材料,其强度与孔隙率之间存在近似直线的反比关系。

某些具有层状或纤维状构造的材料,如受力方向不同,其强度大小也不同。例如木材的顺纹抗拉强度最大,抗弯强度次之,而横纹抗拉强度最小。此外,材料的强度还与材料的含水状态、温度以及试件的形状、尺寸、加荷速度等有关。

2. 材料的强度等级

大多数建筑装饰材料根据其极限强度的大小,划分成若干不同的等级,称为材料的强度等级。脆性材料主要根据其抗压强度进行划分,如混凝土、砖、石、陶瓷等;塑性材料和韧性材料主要根据其抗拉强度进行划分,如钢材等。划分材料的强度等级,对于掌握材料性能和正确选用材料具有重要意义。

材料的强度与其表观密度的比值,称为材料的比强度。它是衡量材料轻质高强性能的一项重要指标。普通混凝土、低碳钢、松木(顺纹)的比强度分别为 0.012、0.053、0.069。比强度越大,则材料的轻质高强性能越好。选用比强度大的材料或者提高材料的比强度,对于增加建筑物的高度、减轻结构的自重、加大结构的跨度、降低工程的造价等均具有重大意义。

2.3.2 材料的弹性和塑性

1. 材料的弹性

材料在外力作用下产生形变,当外力取消后能够完全恢复原来形状的性质,称为材料的弹性;外力取消后能完全恢复的变形,称为弹性变形。材料的弹性变形与所受荷载成正比。

建筑装饰工程中所用的材料,没有完全的弹性材料。一般是在荷载不大的情况下,产生弹性变形,外力与材料的变形成正比;当外力超过一定的限度,材料会出现塑性变形。

2. 材料的塑性

材料在外力的作用下产生变形,当外力取消后有一部分变形不能恢复的性质,称为材料的塑性;外力取消后不能恢复的变形,称为塑性变形。有些材料在外力作用下,弹性变形与塑性变形同时产生,取消荷载后,弹性变形部分恢复,而塑性变形部分保留,这种性质称为弹塑性。混凝土受力变形就属于弹塑性变形。

材料的弹性与塑性,与材料本身的组成、结构、构造有关,还与外界条件密切相关。如建筑钢材在常温下,受力不大时表现出弹性;在高温下或外力达到一定程度时,又会表现出塑性;当外力继续增大时,则会表现出弹塑性。

材料的生产加工过程中常利用其塑性,如钢材的轧制、黏土砖的成型等;材料在使用过程中,一般处于弹性状态。

2.3.3　材料的脆性和韧性

1. 材料的脆性

材料在外力的作用下,直到破坏前并无明显的塑性变形而发生突然破坏的性质,称为材料的脆性。脆性材料的特点是:塑性变形很小,抵抗冲击、震动荷载能力差,其抗压强度往往比抗拉强度大很多倍。大多数非金属材料属于脆性材料。建筑装饰工程中所用的脆性材料很多,如陶瓷、玻璃、铸铁、石材、砖瓦、混凝土等都属于脆性材料,实践中主要是利用其抗压强度高这一显著的优点。

2. 材料的韧性

材料在冲击或震动荷载作用下,能吸收大量的能量并产生较大形变而不发生破坏的性质,称为材料的韧性,也称为冲击韧性。材料的韧性是材料强度和塑性的综合表现。韧性材料的特点是:塑性变形大,抗拉、抗压强度都比较高。建筑材料,如木材、橡胶等都属于韧性材料。

2.3.4　材料的硬度和耐磨性

1. 材料的硬度

材料的硬度是指材料抵抗较硬物体压入或刻划的能力。材料的硬度与其键性有关,一般以共价键、离子键及某些金属键结合的材料,硬度都比较大。不同硬度的材料采用不同的测定方法,如布氏硬度(HB)、维氏硬度(HV)、洛氏硬度(HRA、HRB、HRC)、肖氏硬度(HS)和莫氏硬度。布氏硬度和维氏硬度用单位压痕面积所承受的压力来表示;洛氏硬度用压痕的深度来表示;肖氏硬度是用落下的标准重锤回弹高度作为硬度的相对值;莫氏硬度则以10 种天然矿物(滑石、石膏、方解石、萤石、磷灰石、正长石、石英、黄玉、刚玉、金刚石)作为标准,根据划痕深浅的比较,定性确定材料硬度等级。建筑材料(如钢材、混凝土及木材等)的硬度常用钢球压入法或肖氏硬度法测定。

一般来说,硬度大的材料,其强度比较高,耐磨性较好,但加工比较困难。在建筑装饰工程中,有时因试验条件的限制,不能直接测定材料的强度时,也可用硬度推算其强度的近似值。

2. 材料的耐磨性

材料的耐磨性是指材料表面抵抗磨损的能力。材料的耐磨性可用磨损率(N)或磨耗率(N')表示,可按下式计算:

$$N = \frac{m_1 - m_2}{A}$$

$$N' = \frac{m_1 - m_2}{m_1}$$

式中　N——材料的磨损率,kg/cm^2;

　　　m_1——试件磨损前的质量,kg;

　　　m_2——试件磨损后的质量,kg;

　　　A——试件受磨损的面积,cm^2;

　　　N'——材料的磨耗率。

材料的耐磨性,与材料的硬度、强度及内部构造有密切关系。建筑装饰工程中用于地面、踏步、台阶、路面等部位的材料,应具有较高的耐磨性。

2.4　建筑装饰材料的热工性质

建筑装饰材料的热工性质主要包括导热性、热容量、耐急冷急热性、耐燃性与耐火性等。

2.4.1　材料的导热性

建筑装饰材料的导热性是指热量由材料的一面传到另一面的性质。导热性用热导率(λ)表示,热导率表示单位厚度(m)的材料,当两个相对侧面温差为 1 K 时,在单位时间(h)内通过单位面积(m^2)的热量(J)。热导率可用下式计算:

$$\lambda = \frac{Qd}{(t_2 - t_1)AT}$$

式中　λ——材料的热导率,$W/(m \cdot K)$;

　　　Q——传导的热量,J;

　　　d——材料的厚度,m;

　　　$t_2 - t_1$——材料两侧面的温差,K;

　　　A——传热面的面积,m^2;

　　　T——传热的时间,h。

热导率的大小,取决于建筑装饰材料的化学组成、孔隙率、孔隙尺寸、孔隙特征及含水量等情况。通常,金属材料、无机材料、晶体材料的热导率分别大于非金属材料、有机材料、非晶体材料;材料的孔隙率越大,即材料的质量越轻,热导率也越小。各种材料的热导率差别很大,如泡沫塑料为 0.035,而大理石为 3.48。通常把热导率小于 0.23 的建筑装饰材料称为隔热材料。应当特别注意,当材料含水或含冰时,其热导率会急剧增加。

2.4.2　材料的热容量

建筑装饰材料的热容量是指材料在加热时吸收热量、冷却时放出热量的性质。在冬季施工或夏季施工考虑材料的加热或冷却时,在选择保温隔热建筑装饰材料时,均要考虑材料的热容量。热容量与材料的质量、温差成正比,即

$$Q = c \cdot m(t_2 - t_1)$$

式中　Q——材料吸收(或放出)的热量,J;

　　　c——材料的比热容,J/(g·K);

　　　m——材料的质量,g;

　　　$t_2 - t_1$——材料加热或冷却前后的温差,K。

材料的热容量大小,也可用比热容表示。材料温度升高 1 K 所需要的热量,或温度降低 1 K 所放出的热量,称为该材料的比热容。比热容越大,对保证室内温度的相对稳定越有利。当对建筑物进行热工计算时,需要了解材料的热导率和比热容。几种常用材料的热导率和比热容如表 2.2 所示。

表 2.2　几种常用材料的热导率和比热容

材料名称	热导率/ [W/(m·K)]	比热容/ [J/(g·K)]	材料名称	热导率/ [W/(m·K)]	比热容/ [J/(g·K)]
铜	370	0.38	绝热纤维板	0.05	1.46
钢材	55	0.46	玻璃棉板	0.04	0.88
花岗岩	2.9	0.80	泡沫塑料	0.03	1.30
普通混凝土	1.8	0.88	密闭空气	0.025	1.00
普通黏土砖	0.55	0.84	水	0.60	4.19
松木(横纹)	0.15	1.63	冰	2.20	2.05

2.4.3　材料的耐急冷急热性

建筑装饰材料在温度升高(或降低)时,体积会发生膨胀(或收缩)。材料抵抗急冷急热交替作用,保持其原有性质的能力,称为材料的耐急冷急热性,实际上也是材料的热变形性,即材料遇到温度变化时,会出现线膨胀(或线收缩)和体膨胀(或体收缩)。

材料的热变形性,一般用线膨胀系数 α 来表示,其含义为材料温度上升(或降低)1 K 所引起的线度增长(或缩短)与其在 0 ℃时的线度之比。线膨胀系数可用下式计算:

$$\alpha = \frac{\Delta L}{L \cdot \Delta t}$$

式中　α——材料的线膨胀系数,1/K;

　　　ΔL——试件膨胀(或收缩)的长度,mm;

　　　L——试件在升(降)温前的长度,mm;

　　　Δt——试件升(降)温前后的温度差,K。

材料的热变形性,对于土木工程的质量是不利的。如在大面积或大体积混凝土工程中,当热变形产生的膨胀拉应力超过混凝土的抗拉强度时,可使混凝土产生温度裂缝;当温度降低到一定程度时,石油沥青易产生脆裂破坏;塑料饰面材料由于耐急冷急热性较差,在冬季容易变形、开裂;许多无机非金属材料在急冷急热交替作用下,易产生较大的温度应力,而使

材料发生开裂或炸裂破坏。在多种材料复合使用时,应充分考虑材料的耐急冷急热性的不同,要尽量使用线膨胀系数基本相同的材料。

2.4.4　材料的耐燃性

材料在空气中遇火不燃烧的性能,称为材料的耐燃性。材料的耐燃性是影响建筑物防火和耐火等级的重要因素。建筑装饰材料按其燃烧性能不同,可分为不燃性材料、难燃性材料、可燃性材料和易燃性材料四种,其燃烧特征如表 2.3 所示。

表 2.3　建筑装饰材料的燃烧性能分级

等级	燃烧性能	燃 烧 特 征
A	不燃性	在空气中受到火烧或高温作用时,不起火、不燃烧、不炭化的材料,如金属材料及无机矿物材料(砖、石、混凝土)等
B_1	难燃性	在空气中受到火烧或高温作用时,难起火、难微燃、难炭化的材料,当离开火源后,燃烧或微燃立即停止,如沥青混凝土、水泥刨花板等
B_2	可燃性	在空气中受到火烧或高温作用时,立即起火或微燃,且离开火源后仍能继续燃烧或微燃的材料,如木材、部分塑料制品等
B_3	易燃性	在空气中受到火烧或高温作用时,立即起火,并迅速燃烧,且离开火源后仍能继续迅速燃烧的材料,如部分未经阻燃处理的塑料、纤维织物等

在《建筑内部装修设计防火规范》(GB 50222—95)中,对常用的建筑装饰材料耐燃性进行了分级,如表 2.4 所示。材料在燃烧时放出的烟雾和毒气对人体的危害极大,甚至远远超过火灾本身。因此,在进行建筑内部装修时,应尽量避免使用燃烧时放出大量浓烟和有毒气体的装饰材料。

表 2.4　常用建筑内部装饰材料的燃烧性能等级划分(GB 50222—95)

材料类别	级　别	材　料　举　例
多用途材料	A	花岗岩、大理石、水磨石、水泥制品、混凝土制品、石膏板、石灰制品、黏土制品、玻璃、瓷砖、马赛克、铝合金、铜合金等
顶棚材料	B_1	纸面石膏板、纤维石膏板、水泥刨花板、矿棉装饰吸声板、玻璃棉装饰吸声板、珍珠岩装饰吸声板、难燃胶合板、难燃中密度纤维板、岩棉装饰板、铝箔复合材料、难燃酚醛胶合板、铝箔玻璃钢复合材料等
墙面材料	B_1	纸面石膏板、纤维石膏板、水泥刨花板、矿棉板、玻璃棉板、珍珠岩板、难燃胶合板、难燃中密度纤维板、防火塑料装饰板、难燃双面刨花板、多彩涂料、难燃墙纸、难燃墙布、难燃仿花岗岩装饰板、难燃玻璃平板、PVC 塑料护墙板、轻质高强复合墙板、阻燃模压木质复合板材、彩色阻燃人造板、难燃玻璃钢等
	B_2	各类天然木材、木质人造板、竹材、纸制装饰板、装饰微薄木贴面板、印刷木纹人造板、塑料贴面装饰板、聚酯装饰板、覆塑装饰板、胶合板、塑料壁纸、无纺贴墙布、墙布、复合壁纸、天然材料壁纸、人造革等
地面材料	B_1	硬质 PVC 塑料地板、水泥刨花板、水泥木丝板、氯丁橡胶地板等
	B_2	半硬质 PVC 塑料地板、PVC 卷材地板、木地板、腈纶地毯等
装饰织物	B_1	经过阻燃处理的各类阻燃织物等
	B_2	纯毛装饰布、纯麻装饰布、经过阻燃处理的各类织物等

续表

材料类别	级别	材料举例
其他装饰材料	B₁	聚氯乙烯塑料、酚醛塑料、聚碳酸酯塑料、聚四氯乙烯塑料、三聚氰胺甲醛塑料、脲醛塑料、硅树脂塑料装饰型材、经过阻燃处理的各类织物等
	B₂	经过阻燃处理的聚乙烯、聚丙烯、聚氨酯、聚苯乙烯、玻璃钢、化纤织物、木制品等

注:1. 安装在轻钢龙骨的纸面石膏板,可作为 A 级装饰材料使用。

　　2. 当胶合板表面涂覆一级饰面型防火涂料时,可作为 B₁ 级装饰材料使用。

　　3. 单位质量小于 300 g/m² 的纸质、布质壁纸,当直接粘贴在 A 级基材上时,可作为 B₁ 级装饰材料使用。

　　4. 施涂于 A 级基材上的无机装饰涂料,可作为 A 级装饰材料使用;施涂于 A 级基材上,湿涂覆比小于 1.5 g/m² 的有机装饰涂料,可作为 B₁ 级装饰材料使用;施涂于 B₁、B₂ 级基材时,应连同基材一起通过试验确定其燃烧等级。

2.4.5　材料的耐火性

材料抵抗高热或火的作用,而保持其原有性质的能力,称为材料的耐火性。材料的耐火性不同于其耐燃性,如金属材料、玻璃等,虽然属于不燃性材料,但在高温的作用下,在短时间内就会变形、熔融,因此并不属于耐火性材料。

建筑装饰材料的耐火极限通常用时间来表示,即按规定的试验方法,从材料受到火的作用时起,直到材料失去支持能力、完全被破坏或失去隔火作用的时间,以小时或分钟计。如无保护层的钢柱,其耐火极限仅有 0.25 h。

必须指出的是,这里所讲的耐火等级与高温窑池工业中耐火材料的耐火性完全不同。耐火材料的耐火性是指材料抵抗熔化的性质,用耐火度来表示,即材料在不发生软化时所能抵抗的最高温度。耐火材料一般要求材料具有长期抵抗高温或火的作用的能力,具有一定的高温力学强度、高温体积稳定性、抗热震性等性能。

2.5　建筑装饰材料的声学性质

当声波传播到材料的表面时,一部分声波被反射,另一部分声波穿透材料,其余部分声波则传递给材料。对于含有大量开口孔隙的多孔材料(如各种有机和无机纤维制品、膨胀珍珠岩制品等),传递给材料的声能在材料的孔隙中引起空气分子与孔壁的摩擦和黏滞阻力,使相当一部分的声能转化为热能而被吸收或消耗掉;对于含有大量封闭孔隙的柔性多孔材料(如聚氯乙烯泡沫塑料制品),传递给材料的声能在空气振动的作用下使孔壁也产生振动,声能在振动时因克服内部摩擦而被消耗掉。此外也有一些吸声机理与上述两种完全不同的吸声材料或吸声结构。

2.5.1　材料的吸声性

声能穿透材料和被材料消耗的性质称为材料的吸声性,用吸声系数(α)来表示,其定义式如下:

$$\alpha = \frac{E_p - E_c}{E_i}$$

式中　E_c——材料消耗掉的声能；

　　　E_p——穿透材料的声能；

　　　E_i——入射到材料表面的全部声能。

吸声系数越大，材料的吸声性越好。吸声系数与声音的频率和入射的方向有关。因此，吸声系数用声音从各个方向入射的吸收平均值表示，并指出是哪一频率下的吸收值。通常使用的六个频率为 125、250、500、1 000、2 000、4 000 Hz。

一般将上述六个频率的平均吸声系数 $\bar{\alpha} \geqslant 0.20$ 的材料称为吸声材料。最常用的吸声材料为多孔吸声材料，影响其吸声效果的主要因素如下。

1. 材料的孔隙率或体积密度

对同一吸声材料，孔隙率越高或体积密度越小，则对低频声音的吸收效果越好，而对高频声音的吸收效果有所降低。

2. 材料的孔隙特征

材料的开口孔隙越多、越细小，则其吸声效果越好。当材料中的孔隙大部分为封闭的孔隙时，如聚氯乙烯泡沫塑料吸声板，因空气不能进入，从吸声机理上来讲，不属于多孔吸声材料。当在多孔吸声材料的表面涂刷能形成致密膜层的涂料（如油漆）或吸声材料吸湿时，由于表面的开口孔隙被涂料膜层或水所封闭，吸声效果将大大下降。

3. 材料的厚度

增加多孔材料的厚度，可提高对低频声音的吸收效果，而对高频声音没有多大的效果。

吸声材料能抑制噪声和减弱声波的反射作用。在音质要求高的场所，如音乐厅、影剧院、播音室等，必须使用吸声材料。在噪声大的某些工业厂房，为改善劳动条件，也应使用吸声材料。

2.5.2　材料的隔声性

声波在建筑结构中的传播主要通过空气和固体来实现，因而隔声分为隔空气声和隔固体声。

1. 隔空气声

透射声能 E_p 与入射声能 E_i 的比值，称为声透射系数（τ），该值越大则材料的隔声性越差。材料或构件的隔声能力用隔声量（R）来表示，其定义式如下：

$$R = 10\lg \frac{1}{\tau}$$

式中　R——隔声量，dB。

由此可见，与声透射系数相反，隔声量越大，材料或构件的隔声性能越好。对于均质材料，隔声量符合质量定律，即材料单位面积的质量越大或材料的体积密度越大，隔声效果越好。

轻质材料的质量较小，隔声性较密实材料差。可在构造上采取以下措施来提高隔声性：

①将密实材料用多孔弹性材料分隔，做成夹层结构；

②对多层材料，应使各层的厚度相同而质量不同，以防止引起结构的谐振；

③将空气层增加到 7.5 cm 以上，在空气层中填充松软的吸声材料，可进一步提高隔声性；

④密封好门窗等的缝隙。

2. 隔固体声

固体声是由于振源撞击固体材料,引起固体材料受迫振动而发声。固体声在传播过程中,声能的衰减极少。隔绝固体声的主要措施有:

①在固体材料的表面设置弹性面层,如楼板上铺设地毯、木板、橡胶片等;

②在构件面层与结构层间设置弹性垫层,如在楼板的结构层与面层间设置弹性垫层以降低结构层的振动;

③在楼板下做吊顶处理。

2.6　建筑装饰材料的装饰性能

装饰性是建筑材料的主要性能之一。材料的装饰性是指材料的外观特性给人的心理感觉效果。影响材料装饰性的因素很多,除了与材料本身的外观特性有密切关系外,还与每个人的感受程度、审美观点等因素有关。这里主要论述材料自身的外观特性。建筑装饰材料的外观特性,主要包括材料的颜色、光泽、透明性、表面组织、形状和尺寸等。

2.6.1　材料的颜色

装饰效果中最明显、最突出、最直接的是材料的色彩,它是构成人造环境的重要内容和标志。色彩是最吸引人的,建筑色彩如朴素而美观的外衣,罩在建筑物的外表上,利用材料的色彩来突出和体现建筑的美。我国很多古建筑就是色彩利用的典范,有助于丰富现代建筑的艺术形式及风格。

材料的颜色反映了材料的色彩特征。材料表面的颜色,与材料的光谱反射、人观察材料时射于材料上的光线的光谱组成、观察者眼睛对光谱的敏感性等因素有关。由于以上几个因素的作用,不同的人对同一种颜色的感觉是不同的,如色盲患者对色彩的敏感性要比正常人低得多,不能正常区分不同的颜色。

材料的颜色给人的心理作用也是不同的,因此设计师在进行装饰工程设计时,应充分考虑色彩给人的心理作用,以适宜的颜色创造出符合实际要求的空间环境。

2.6.2　材料的光泽

当光线射到物体表面时,一部分光线被物体吸收,另一部分光线被物体反射,如果物体是透明的,还有部分光线透射过物体。若光线经物体表面反射后形成的光线是集中的,这种反射称为镜面反射;若反射的光线分散在各个方向,这种反射称为漫反射。材料的光泽是有方向性的光线反射,它对形成于材料表面上的物体形象的清晰程度起着决定性的作用。

材料的光泽度与材料表面的平整程度、材料的材质、光线的投射及反射方向等因素有关。在建筑装饰工程常用材料中,釉面砖、磨光石材、镜面不锈钢等装饰材料均具有较高的光泽度,可用光电光泽计进行测定。

2.6.3　材料的透明性

材料的透明性是指光线透过物体时所表现的光学特征。能透光、透视的物体称为透明体,如普通平板玻璃等;能透光而不透视的物体称为半透明体,如磨砂玻璃等;不透光也不透视的物体称为不透明体,如混凝土等。

在建筑装饰工程设计和施工中,材料的透明性是非常重要的,应根据具体要求来选择材料的透明性。如发光天棚的罩面材料,一般应选用半透明体,这样不仅能将灯具外形遮住,又能透过光线,既美观又符合室内照明的需要;又如商业供销的橱窗,就应选用透明性非常高的浮法玻璃,从而使顾客看清所陈列的商品,达到宣传展览的目的。

2.6.4　材料的表面组织

材料的表面组织是指材料表面呈现出的质感效果,它与材料的原料组成、生产工艺及加工方法等有关。材料的表面组织常呈现或细致或粗糙、或平整或凹凸、或密实或疏松等质感效果,它与色彩相似,也能给人不同的心理感受。如粗糙不平的表面组织,能产生粗犷、豪放的感觉;光滑细致的表面组织,能产生细腻、精美的装饰效果。

2.6.5　材料的形状和尺寸

材料的形状和尺寸能给人带来空间尺寸大小的直观感受和使用是否舒适的感觉。设计人员在进行装饰工程设计时,一般要考虑到人体尺寸的需要,对装饰材料的形状和尺寸作出合理的规定。同时,有些表面具有一定色彩或花纹图案的材料在进行拼花施工时,也需要考虑其形状和尺寸,如拼花大理石墙面和花岗岩地面等。在装饰工程设计和施工时,只有精心考虑材料的形状和尺寸,才能取得较好的装饰效果。

第3章 装饰混凝土与装饰砂浆

3.1 普通混凝土

混凝土是当代最主要的土木工程材料之一。它是由胶凝材料、颗粒状集料(也称为骨料)、水以及必要时加入的外加剂和掺和料按一定比例配制,经均匀搅拌、密实成型、养护硬化而成的一种人工石材。混凝土具有原料丰富、价格低廉、生产工艺简单的特点,因此在当代建筑中的用量越来越大。同时,混凝土还具有抗压强度高、耐久性好、强度等级范围宽等特点。在现代建筑工程中,无论是在工业与民用建筑、水利工程,还是道路桥梁、地下工程中,混凝土都有着非常广泛的应用。混凝土已是当代最重要的建筑材料之一,也是世界上用量最大的人工材料。

3.1.1 普通混凝土的组成材料

普通混凝土的基本组成材料是水泥、水、天然砂和石子,另外还常掺入适量的掺和料和外加剂。砂、石在混凝土中起骨架作用,所以也称为骨料。水泥和水形成水泥浆,又包裹在砂粒表面并填充砂粒间的空隙而形成水泥砂浆,水泥砂浆包裹在石子表面并填充石子间的空隙而形成混凝土。在混凝土硬化前水泥浆起润滑作用,赋予混凝土拌和物一定的流动性,便于施工;硬化后水泥浆起胶结作用,把砂石骨料胶结在一起,成为坚硬的人造石材,并产生力学强度。

一般土木建筑工程通常采用的水泥主要是指《通用硅酸盐水泥》(GB 175—2007)规定的六大类水泥,即硅酸盐水泥、普通硅酸盐水泥、矿渣硅酸盐水泥、火山灰质硅酸盐水泥、粉煤灰硅酸盐水泥和复合硅酸盐水泥。在本章主要介绍装饰工程常采用的普通硅酸盐水泥。

3.1.2 普通硅酸盐水泥

普通硅酸盐水泥是由硅酸盐水泥熟料和6%～15%混合材料及适量石膏共同磨细而成的水硬性胶凝材料。根据国标《通用硅酸盐水泥》(GB 175—2007)规定,普通硅酸盐水泥分为42.5、42.5R、52.5、52.5R 四个强度等级。在混凝土装饰工程中多采用普通硅酸盐水泥。

3.1.3 水泥的选择

1. 选择适宜标号的水泥

水泥标号应与混凝土的设计强度等级相适应。一般以水泥标号为混凝土28 d强度的1.5～2.0倍为宜。

2. 正确选用水泥的品种

品种不同的水泥,其技术性能不同,适用范围也不同,因此在实际生产和施工中应根据具体情况(见表 3.1)选用所需要的水泥。

表 3.1　建筑工程中常用水泥的选用

混凝土工程特点及所处环境条件	优先选用	可以选用	不宜选用
在一般气候环境中的混凝土	普通硅酸盐水泥	矿渣硅酸盐水泥、火山灰硅酸盐水泥、粉煤灰硅酸盐水泥、复合硅酸盐水泥	
在干燥环境中的混凝土	普通硅酸盐水泥	矿渣硅酸盐水泥	火山灰硅酸盐水泥、粉煤灰硅酸盐水泥
在高湿度环境中或长期处于水中的混凝土	矿渣硅酸盐水泥、火山灰硅酸盐水泥、粉煤灰硅酸盐水泥、复合硅酸盐水泥	普通硅酸盐水泥	
厚大体积的混凝土	矿渣硅酸盐水泥、火山灰硅酸盐水泥、粉煤灰硅酸盐水泥、复合硅酸盐水泥		硅酸盐水泥
要求快硬高强(> C40)的混凝土	硅酸盐水泥	普通硅酸盐水泥	矿渣硅酸盐水泥、火山灰硅酸盐水泥、粉煤灰硅酸盐水泥、复合硅酸盐水泥

3.2　装饰混凝土

装饰混凝土是一种近年来开始流行并在世界主要发达国家得以推广的装饰材料。它能在原本普通的混凝土表层,通过色彩、色调、质感、款式、纹理、肌理和不规则线条的创意设计以及图案与颜色的有机组合,创造出各种天然大理石、花岗岩、砖、瓦、木地板等铺设效果。装饰混凝土具有图形美观自然、色彩真实持久、质地坚固耐用等特点。装饰混凝土按照外观可以分为彩色混凝土、清水装饰混凝土、露骨料混凝土等,按照制作工艺可以分为正打工艺、反打工艺和露骨料工艺等。

3.2.1　装饰混凝土的组成材料

装饰混凝土的原材料基本上与普通混凝土相同,只不过在原材料的颜色方面要求更加严格。

1. 水泥

水泥是装饰混凝土的主要原材料。它直接影响混凝土的强度、耐久性和经济性。所以,在混凝土中要合理选择水泥的品种和强度等级。

2. 粗、细骨料

混凝土骨料按其粒径大小不同可分为细骨料和粗骨料,粒径在 150 μm ~ 4.75 mm 的岩石颗粒称为细骨料;粒径大于 4.75 mm 的岩石颗粒称为粗骨料。粗、细骨料的总体积占混凝土体积的 70% ~80% 。

3. 水

混凝土拌和用水按水源不同可分为饮用水、地表水、地下水、海水以及经适当处理或处置后的工业废水。对混凝土拌和及养护用水的质量要求是:不得影响混凝土的和易性及凝结;不得有损于混凝土强度的发展;不得降低混凝土的耐久性、加快钢筋的腐蚀及导致预应力钢筋脆断;不得污染混凝土表面。

4. 颜料

装饰混凝土的色彩与颜料的性质、掺和量和掺加方法有关。因此,掺加到装饰混凝土的颜料,必须具有良好的分散性,暴露在自然环境中能够耐腐蚀、不褪色,并与水泥和骨料相容。在正常情况下,颜料的掺和量约为水泥用量的 6% ,最多不超过 10% 。在掺加颜料时,若同时加入适量的表面活性剂,可使混凝土的色彩更加均匀。

5. 外加剂

混凝土外加剂是一种除水泥、砂、石和水之外,在混凝土拌制之前或拌制过程中以控制量加入的,使混凝土性能产生所希望变化的物质。常用的外加剂有减水剂、缓凝剂、早强剂、引气剂、防冻剂等。

3.2.2 彩色混凝土

彩色混凝土是用彩色水泥或白水泥掺加颜料以及彩色粗、细骨料和涂料罩面而得到的。

1. 彩色混凝土的分类及着色方法

彩色混凝土可分为整体着色混凝土和表面着色混凝土两种。整体着色是用无机颜料混入混凝土拌和物中,使整个混凝土结构具有同一色彩。表面着色是将水泥、砂、无机颜料均匀拌和后干撒在新成型的混凝土表面并抹平;或用水泥、粉煤灰、颜料、水拌和成色浆,喷涂在新成型的混凝土表面。

2. 彩色混凝土的泛白及预防措施

彩色混凝土在使用中易出现泛白现象,即混凝土中某些盐类、碱类物质被水溶解,并随水迁移到混凝土表面,当水分蒸发干燥后,上述可溶性物质就以白色结晶物的形式在混凝土表面析出形成白霜,俗称泛白。白霜的成分主要是 $Ca(OH)_2$、Na_2SO_4、Na_2CO_3 等。防止泛白现象产生的主要措施有:

①降低水灰比,机械振捣,提高混凝土密实度,以减少水分的迁移;

②掺加碳酸铵、丙烯酸钙,它们可与白霜反应,消除掉白霜;

③在硬化混凝土表面喷涂可形成保护膜的有机硅憎水剂或丙烯酸酯。

3. 彩色混凝土的应用

目前,整体着色的彩色混凝土应用较少,而在普通混凝土或硅酸盐混凝土基材表面加做彩色饰面层,制成面层着色的彩色混凝土路面砖,应用十分广泛。如图 3.1 所示是几种常用的彩色混凝土路面砖和花格砖的外形图样。

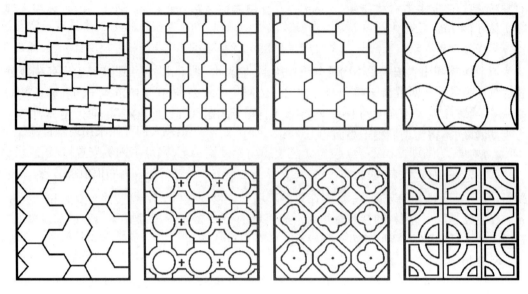

图3.1　彩色混凝土路面砖外形图样

3.2.3　清水装饰混凝土

　　清水装饰混凝土是利用混凝土结构体本身造型的竖线条或几何外形得到简单、大方、明快的立面效果，从而获得装饰性；或者在成型时利用模板等在构件表面上做出凹凸花纹，使立面质感更加丰富。其成型工艺有以下三种。

1. 正打成型工艺

　　正打成型工艺多用于大板建筑的墙板预制。它是在混凝土墙板浇筑完毕、水泥初凝前后，在混凝土表面进行压印，使之形成各种线条和花饰。根据其表面的加工工艺方法不同，可分为压印和挠刮两种方式。压印工艺一般有凸纹和凹纹两种做法，如图3.2所示。挠刮工艺是在新浇筑的壁板表面，用硬毛刷等工具挠刮形成一定毛面质感。

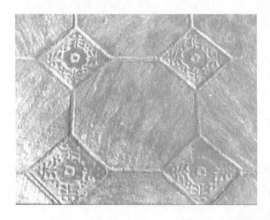

图3.2　清水混凝土路面压印图样

2. 反打成型工艺

反打成型工艺是在浇筑混凝土的底面模板上做出凹槽,或在底模上加垫具有一定花纹或图案的衬模,拆模后使混凝土表面具有线型或立体装饰图案。预制平模反打工艺,通过在钢模底面上做出凹槽,能形成尺寸较大的线型。预制反打成型采用衬模,不仅工艺比较简单,而且制成的饰面质量也较好。

3. 立模工艺

正打、反打工艺均属于预制条件下的成型工艺。而近年来人们开始采用现浇混凝土墙面饰面处理工艺,即立模工艺。立模工艺使用墙板升模工艺,在外模内侧安置衬模,脱模后的板面则显示出设计要求的墙面图案或线型。立模生产也可用于成组立模预制工艺。

3.2.4 露骨料混凝土

露骨料混凝土是在混凝土硬化前或硬化后,通过一定工艺手段使混凝土骨料适当外露,以骨料的天然色泽和不同的排列组合造型,达到一定的装饰效果。露骨料混凝土的制作工艺有水洗法、缓凝剂法、酸洗法、水磨法、喷砂法、抛丸法、凿剁法、火焰喷射法和劈裂法等。下面主要介绍四种方法。

1. 水洗法

水泥硬化前的露骨料工艺主要是水洗法,直接水洗只能用于预制正打工艺。

2. 缓凝剂法

缓凝剂法用于反打或立模工艺。它是先将缓凝剂涂刷在模板上,然后浇筑混凝土,借助缓凝剂使混凝土表面层水泥浆不硬化,以便脱模后用水冲洗,露出骨料。

3. 酸洗法

酸洗法是利用化学作用去掉混凝土表层水泥浆,使骨料外露。

4. 水磨法

水磨法即水磨石工艺,所不同的是水磨露骨料工艺一般不另抹水泥石渣浆,而是将抹平的混凝土表面磨至露出骨料。

3.3 装饰水泥

装饰水泥是指起到装饰作用的水泥,如白色水泥和彩色水泥。它们主要用于建筑装饰工程,可配制成彩色灰浆或制成各种白色和彩色的混凝土,如水磨石、斩假石等。白色和彩色的水泥与其他的天然和人造装饰材料相比,具有许多优点,例如其价格较低廉、耐火性好、能使装饰工程机械化等。

3.3.1 白色水泥

白色硅酸盐水泥简称白色水泥,是由氧化铁含量极少的硅酸盐水泥熟料,加入适量的石膏磨制而成的。

硅酸盐水泥熟料的颜色主要是由氧化铁所形成的,氧化铁含量的高低不同,硅酸盐水泥熟料的颜色就不同。当氧化铁的含量在 3% ~4% 时,熟料呈暗灰色;在 0.45% ~0.70% 时,熟料呈淡绿色;进一步降低至 0.35% ~0.40% 时,熟料呈白色。

此外,氧化锰、氧化铬、氧化钛等着色氧化物会对白色水泥的颜色产生显著影响,故不宜存在或允许含有极微量。

3.3.2 彩色水泥

1.彩色水泥的生产

彩色水泥的制造方法有两种:一种是将着色剂以干式混合的方式,混入白色水泥或硅酸盐水泥之中,或在粉磨白色水泥和硅酸盐水泥时掺入着色剂;另一种是在水泥生料中掺入定量的着色物质,煅烧成彩色熟料,然后磨制成彩色硅酸盐水泥。

2.着色剂

干式混合法常用的着色剂有氧化铁、二氧化锰、氧化铬、酞菁蓝、群青蓝等。

直接法烧制的着色剂加入 Cr_2O_3,可得黄绿色、绿色、蓝绿色;加入 Co_2O_3,可得玫瑰红色至红褐色;加入 Mn_2O_3,可得紫红色。彩色水泥熟料颜色的深浅随着色剂的掺量而变化。

当今的生产技术可生产的彩色水泥品种有深红、砖红、桃红、米黄、樱黄、孔雀蓝、浅蓝、深绿、深灰、银灰、米白、白色、黑色、咖啡色等颜色。

3.3.3 装饰水泥的应用

装饰水泥可直接应用于彩色水泥浆,以各种彩色水泥为基料,同时掺入适量的氧化钙促凝剂和皮胶水胶料配制成刷浆材料。凡混凝土、砖石、水泥砂浆等基层均可使用。

施工方法如下。

①彩色水泥浆的配制。分头道浆和二道浆两种,头道浆按水灰比0.75配制,二道浆按水灰比0.65配制。

②刷浆。首先将基层用水充分湿润,先刷头道浆,有足够的强度后,再刷第二道浆。第二道浆面初凝后,立即开始洒水养护,至少养护3天。

为保证不发生脱粉或被雨水冲掉,还可以在水泥浆中加入1%~2%水泥重量的皮胶液,以加速凝固、增强黏结力。

彩色水泥浆可用于建筑物内、外墙面粉刷及天棚、柱子的粉刷等。

3.4 装饰砂浆

装饰砂浆是指专门用于建筑物室内、外表面装饰,以增加建筑物美观程度的砂浆。装饰砂浆通过饰面处理后,能获得特殊的装饰效果,如图3.3和图3.4所示。

装饰砂浆饰面可分为两类:一类是通过彩色砂浆或彩色砂浆表面形态的艺术加工,获得一定色彩、线条、纹理、质感,达到装饰目的的饰面,称为灰浆类饰面;另一类是在水泥砂浆中掺入各种彩色的石渣作为骨料,制得水泥石渣浆抹于墙体基层表面,然后用水洗、斧剁、水磨等手段,除去表面水泥砂浆皮,露出石渣的颜色、质感的饰面,称为石渣类饰面。它们的主要区别在于:石渣类饰面主要是靠石渣的颜色、颗粒的形状来达到装饰的目的,且石渣类饰面的色泽较明亮,质感较丰富,也不易褪色;而灰浆类饰面则主要是靠掺入颜料以及砂浆本身所形成的质感来达到装饰的目的。

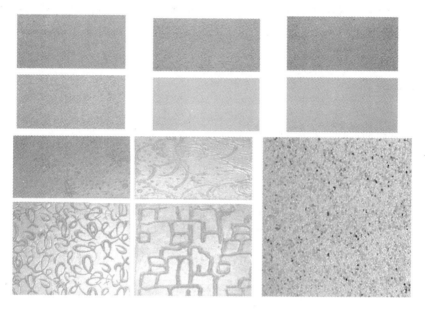

图 3.3　彩色装饰砂浆装饰效果 1

注:该装饰砂浆为多纹理、多色彩的原浆型矿物质感涂料,它具有比乳液型砂壁状建筑质感涂料更好的质量稳定性和可施工性,可有多种施工工艺和涂抹效果,让墙面具有丰富的肌理、古朴的质感和多彩的装饰性。

图 3.4　彩色装饰砂浆装饰效果 2

3.4.1　装饰砂浆的组成材料

1. 胶凝材料

装饰砂浆所用胶凝材料主要有水泥、石灰、石膏等,其中水泥多以白色水泥和彩色水泥为主。

一般水泥的强度为砂浆强度的 4 ～ 5 倍,以强度等级在(32.5 ～ 42.5)MPa 的水泥为多。

2. 骨料

装饰砂浆用骨料分为天然骨料和人造骨料。如天然或人造的黑色、白色及彩色砂,或彩色碎陶瓷、碎玻璃等骨料,可使制品获得更丰富的色彩与质感。

3. 颜料

颜料的选择要根据其价格、砂浆品种、建筑物所处环境和设计要求而定。建筑物处于受侵蚀的环境中时,要选用耐酸性好的颜料;受日光曝晒的部位,要选用耐光性好的颜料;设计要求鲜艳颜色的,可选用色彩鲜艳的有机颜料。在装饰砂浆中,通常采用耐碱性和耐光性好的矿物颜料。

3.4.2　灰浆类饰面

1. 拉毛灰

拉毛灰是用铁抹子或木抹子将罩面灰轻压后,顺势轻轻拉起,形成一种凹凸质感较强的饰面层。拉毛灰饰面兼具装饰和吸声作用,多用于外墙面及影剧院、有吸声要求的室内墙壁和天棚,如图 3.5 所示。

图 3.5　拉毛灰砂浆饰面

2. 甩毛灰

甩毛灰是用竹丝刷等工具,将罩面灰浆甩洒在墙面上,形成大小不一但又很有规律的云朵状毛面。还有一种做法,先在基层上刷水泥色浆,再甩上不同颜色的罩面灰浆,并用抹子轻轻压平,形成两种颜色套色的效果。这种传统的饰面做法装饰效果较好。

3. 搓毛灰

搓毛灰是在罩面灰浆初凝时,用硬木抹子由上至下搓出一条细而直的纹路,也可以沿水平方向搓出一条 L 形细纹路,当纹路明显搓出后即停。这种装饰方法工艺简单、造价低、效果朴实大方,远看犹如石材经过细加工,应用于外墙装饰。

4. 扫毛灰

扫毛灰是用竹丝扫帚把按设计组合分格的面层砂浆,扫出不同方向的条纹,或做成仿岩石的装饰抹灰。通过扫毛灰做成假石以代替天然石饰面,适用于影剧院、宾馆的内墙和庭院的外墙饰面。

5. 拉条抹灰

拉条抹灰是采用专用模具将面层砂浆做出竖向线条的装饰做法。利用条形模具上下拉动,使墙面抹灰呈现规律的细条形、粗条形、波形、半圆形、梯形、方形等多种形式,是一种较新的抹灰做法。它具有美观、大方、不易积灰、成本低等优点,并有良好的音响效果,适用于公共建筑门厅、会议室观众厅等。

6. 假面砖

假面砖是采用掺氧化铁系颜料的水泥砂浆,通过手工操作达到模拟砖面装饰效果的饰面做法,特别适用于装配式墙板外墙抹灰饰面。

7. 假大理石

假大理石是用掺加适当颜料的石膏色浆和素石膏浆,按 1∶10 的比例配合,通过手工操作做成具有大理石表面特征的装饰抹灰,如图 3.6 所示。这种装饰接近天然大理石效果,适用于高级装饰工程中的室内墙面抹灰饰面。

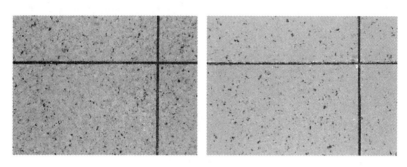

图 3.6 假大理石砂浆饰面

8. 外墙喷涂

外墙喷涂是用挤压式砂浆泵或喷斗将聚合物水泥砂浆喷涂在墙面基层或底灰上,形成饰面层。在涂层表面再喷一层甲基硅醇钠或甲基硅树脂疏水剂,以提高涂层耐久性和减少墙面污染。根据涂层质感外墙喷涂可分为波面喷涂、颗粒喷涂和花点喷涂,以获得不同的饰面效果。

9. 辊涂

外墙辊涂是将聚合物水泥砂浆抹在墙体表面上,用辊子滚出花纹,再喷罩甲基硅醇钠疏水剂形成饰面层。

此法施工方法简单、易于掌握、工效也高。同时,施工时不易污染其他墙面及门窗,对局部施工尤为适用。

10. 弹涂

弹涂是在墙体表面涂刷一道聚合物水泥色浆后,通过电动(或手动)筒形弹力器,分几遍将各种水泥色浆弹到墙面上,形成直径 1～3 mm、大小近似、颜色不同、互相交错的圆粒状色点,深浅色点互相衬托,构成一种彩色的装饰面层。这种饰面黏结力好,可直接弹涂在底层灰上和底基较平整的混凝土墙板、石膏板等墙面上。

3.4.3 石渣类饰面

1. 水刷石

水刷石是将按比例配制的水泥石渣浆用作外墙的面层抹灰,待水泥浆初凝后,用一定的方法冲刷掉石渣浆层表面的水泥浆皮,半露出石渣,从而达到装饰的作用,如图 3.7 所示。还可以结合适当的分格、分色、凹凸线条等处理,使饰面获得一定的艺术效果。

2. 斩假石(又称剁斧石)

斩假石是以水泥石渣浆做成面层抹灰,待其具有一定强度时,用钝斧或凿子等工具,在面层上剁出纹理,可获得类似天然石材经加工后的纹理质感,如图 3.8 所示。斩假石主要用于外柱面、勒脚、栏杆、踏步等处的装饰。

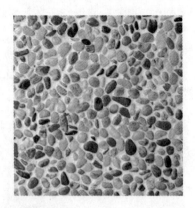

图 3.7　水刷石砂浆饰面

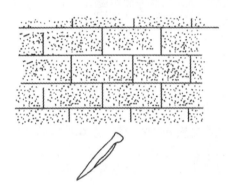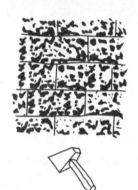

图 3.8　斩假石的几种装饰效果

3. 拉假石

拉假石是用废锯条或 5 ~ 6 mm 厚的铁皮加工成锯齿形,钉于木板上构成抓耙,用抓耙挠刮去除表层水泥浆皮,露出石渣,形成条纹效果。

拉假石饰面的材料与斩假石基本相同,也可用石英砂代替石屑。

4. 干粘石

干粘石是由水刷石演变而来的一种新装饰工艺,外观效果一样好。干粘石是在素水泥浆或聚合物水泥浆黏结层上,把石渣、彩色石子等骨料粘在其上,再拍平压实即可。操作方法有手工甩粘和机械甩喷两种。手工甩粘得三个人合作:一人抹黏结层,一人撒石子,一人随即用抹子将石子均匀地拍入黏结层,拍入深度不小于石子尺寸的 1/2。

5. 水磨石

水磨石是由水泥、彩色石渣及水,按适当比例配合,掺入适量颜料,经均匀浇筑、捣实、养护、硬化、表面打磨、洒草酸冲洗、干后上蜡等工序制成的。它既可以现场制作,也可以工厂预制。水磨石多用于地面装饰,关键工序是打磨。施工前,应预先按设计要求的图案画线并固定好分格条,一般需用磨石机浇水打磨三遍。

第4章　建筑装饰木材

4.1　建筑装饰木材概述

　　木材作为建筑与装饰材料,已有悠久的历史。中国在石器时代已以石为刃,削木为舟,开始了木材加工的历史。青铜时代出现了锯条的雏形;春秋时期相传鲁班发明墨斗、角尺等多种木工工具;秦汉之际木工工具种类更多,锛、凿相继发明;北魏时贾思勰在《齐民要术》中对木材的加工和利用均有论述;沿至唐、宋,已采用锯开、气干、拼合、包封等较为复杂的技术制造木柱,并有了提高木结构稳定性的蒸煮和干燥处理方法以及加楔、留缝技术;明代木家具以其结构精巧、造型简朴驰名中外。

　　木材作为建筑与装饰材料具有许多优良性能,如质轻高强、容易加工、导电性差、有很好的弹性和塑性、能承受冲击和振动荷载的作用等。有的木材具有美丽的天然花纹,给人以淳朴、古雅、亲切的质感,是非常好的装饰材料,有其独特的功能和价值。但是,木材也有非常明显的缺陷,如构造具有不均匀性、存在各向差异、易吸湿吸水致使形状和物理力学性能发生变化、防火性差、易腐朽、易虫蛀等。建筑工程中一般采用的木材是树干部分,由于树木生长缓慢,再加上一些人为的因素,导致供需矛盾比较突出,所以对木材的节省使用和综合利用显得非常重要。

4.1.1　木材的分类

　　木材按树种不同可分为针叶树木材和阔叶树木材两大类。

　　1. 针叶树木材

　　针叶树叶子细长呈针状,大多为四季常青树,树干通直且高大,纹理顺直,材质均匀,木质较软,易于加工,故称"软木材"。这类木材强度较高,耐腐蚀性比较强,表观密度和湿胀干缩变形较小,是建筑与装饰工程的主要材料,广泛用于各个构件和装饰部件。常用的树种有松、杉、柏等。

　　2. 阔叶树木材

　　阔叶树树叶宽大,叶脉呈网状,大多为落叶树,树干通直部分较短,材质较硬,较难加工,故称"硬木材"。这类木材表观密度大,湿胀干缩变形大,易翘曲或开裂,在建筑工程上常用来制作尺寸较小的构件。常用的树种有榆木、椴木、榉木、水曲柳、泡桐、柞木等。

4.1.2　木材的特性

　　木材是经济建设的主要物资,也是建筑装修主要的材料之一,它具有其他材料无法比拟的优点,是其他材料无法代替的。木材的优点:其一,材质轻,抗压强度较大,即质轻高强;其二,具有较佳的弹性和韧性,耐冲击和振动;其三,易于加工和进行表面处理,如表面涂饰、用胶黏合等;其四,对电、热和声音有高度的绝缘性;其五,具有美丽的自然纹理(图4.1),其柔和温暖的视觉及触觉感受是其他材料所无法替代的。但木材也有缺点:其一,吸湿性,湿材易发生体积和强度的变化;其二,差异性,同一木材由于它的产地和生长条件不同,材性也不同;其三,易受虫、菌的侵蚀而腐朽,并且易燃烧。

图4.1 木材纹理

4.1.3 木材的装饰效果

由于木材具有上述优良特性,所以深受人们喜爱。在国内外,木材历来被广泛用于建筑物的室内装修与装饰,是高档建筑装饰工程中不可缺少的材料,如门窗、楼梯扶手、地板、家具等。可以看到木材不仅给人以自然美的享受,还能使室内空间产生温暖与亲切感,是一种工艺性极高的艺术装饰。

4.2 木材的构造和物理力学性质

4.2.1 木材的构造

1.木材的宏观构造

木材的宏观构造是指用肉眼或放大镜所看到的木材组织。如图4.2和图4.3所示,木材由树皮、木质部和髓三个部分组成。

2.木材的微观构造

木材的微观构造是指用显微镜所能观察到的木材组织。如图4.4和图4.5所示,在显微镜下观察木材的切片,可以看到木材是由无数管状细胞结合而成的。木材细胞按其各部分功能不同可分为管胞、导管、木纤维、髓射线等多种。

4.2.2 木材的物理力学性质

木材与建筑工程有关的性质主要有密度和表观密度、含水率、湿胀干缩、强度、硬度和耐磨性等,其中对木材性质影响最大的是含水率。

1.木材的密度和表观密度

各种木材的密度相差不大,一般在 1 480 ~ 1 560 kg/m³ 范围内波动。但木材是一种多孔性材料,它的表观密度随树种的不同有很大差异。例如,广西的蚬木表观密度为 1 128 kg/m³,而台湾的二色轻木表观密度仅为 186 kg/m³。另外,对于同一树种,木材的表观密度

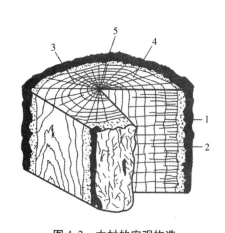

图 4.2　木材的宏观构造

1—树皮；2—木质部；3—年轮；4—髓线；5—髓心

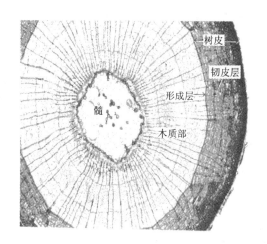

图 4.3　木材的横切面

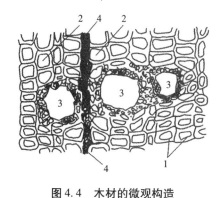

图 4.4　木材的微观构造

1—细胞壁；2—细胞腔；3—树脂流出孔；4—髓线

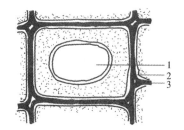

图 4.5　细胞壁的结构

1—细胞腔；2—初生层；3—胞间层

也会因产地、树龄及在树干中的部位等的不同而不同。大多数木材的表观密度在 400～600 kg/m³，平均为 500 kg/m³。

2. 木材的含水率

正常状态下的木材及其制品，都会含有一定量的水分。我国把木材中所含水分的质量与绝干后木材质量的百分比，称为木材的含水率。

（1）木材中水的种类

木材中所含的水分可分为三种，即自由水、吸附水和化合水。自由水存在于组成木材的细胞间隙中，影响木材的表观密度、燃烧性、干燥性及渗透性；吸附水是指以吸附状态存在于细胞壁中微毛细管的水，即细胞壁微纤丝之间的水分，对木材物理力学性质和加工利用有着重要的影响，故在木材生产和使用过程中，应充分关注吸附水的变化与控制；化合水是组成细胞化合成分的水分，对木材的性能没有影响。

（2）木材的纤维饱和点

木材中的水分会随着环境的温度和湿度而慢慢蒸发，首先蒸发的是自由水，当自由水蒸发完毕而吸附水尚在饱和状态时的含水率为纤维饱和点。纤维饱和点是所有木材材性变异的转折点,对木材的强度、胀缩变化、导电性有很大影响。木材的纤维饱和点随树种不同而有差别,一般为 25% ~35%,平均为 30%。

（3）木材的平衡含水率

木材长时间暴露在一定温度和湿度的空气中,干燥的木材能从空气中吸收水分,潮湿的木材能向周围释放水分,直到木材的含水率与周围空气的相对湿度达到平衡为止。与周围空气的相对湿度达到平衡时木材的含水率为平衡含水率。木材的平衡含水率是木材进行干燥时的重要指标。木材的平衡含水率受大气湿度的影响,因地区差异而不同,北方为 12% 左右,南方为 18% 左右,华中为 16% 左右。木材的平衡含水率在生产上有很大的意义,家具、门窗、室内装修等用材的含水率,必须干燥到使用地区的平衡含水率以下,否则木制品会开裂和变形。

3. 木材的湿胀干缩

木材细胞壁内吸附水的变化会使木材发生变形,这就是木材的湿胀干缩变形。在木材从潮湿状态干燥到纤维饱和点的过程中,木材的尺寸形状不会有所变化,只是质量有所降低。当木材从纤维饱和点干燥到细胞壁中的吸附水开始蒸发时,木材才会收缩。当木材中的吸附水增加时,木材的体积也会增大。

由于木材的构造具有不均匀性,所以在不同方向的干缩值也不同,顺纹方向干缩最小(0.10% ~0.35%),径向干缩较大(3% ~6%),弦向干缩最大(6% ~12%)。木材的湿胀干缩变形,给木材的实际应用带来严重影响。干缩会造成木结构拼缝不严、接榫松弛、翘曲开裂,而湿胀又会使木材产生凸起变形。为了避免这种不利影响,最根本的措施是在木材加工制作前预先对其进行干燥处理,使木材含水率与将做成的木构件使用时所处环境的湿度相适应,即达到平衡含水率。

4. 木材的强度

（1）木材的各类强度

在房屋建筑中,木材常用的强度有抗拉强度、抗压强度、抗弯强度和抗剪强度,如图 4.6 所示。由于木材的构造各向不同,致使各向强度有差异,因此木材的强度有顺纹强度和横纹强度之分。木材的顺纹强度和横纹强度差别很大,强度试验证明,木材强度以顺纹抗拉强度为最大,抗弯强度次之,顺纹抗压强度再次,横纹抗拉强度最小,它们之间的关系如表 4.1 所示。

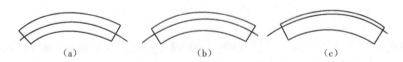

(a)　　　　　　　　　　(b)　　　　　　　　　　(c)

图 4.6　木材受力弯曲示意

(a)瞬间弯曲仍有弹性　　(b)永久性变形　　(c)纤维分裂使弯曲固定

表 4.1　木材强度之间的关系

抗压强度		抗拉强度		抗弯强度	抗剪强度	
顺纹	横纹	顺纹	横纹		顺纹	横纹切断
1	1/10 ~1/3	2 ~3	1/20 ~1/3	3/2 ~2	1/7 ~1/3	1/2 ~1

　　木材的强度检验是采用无疵病的木材制成标准试件,按《木材物理力学试验方法总则》(GB/T 1928—2009)进行测定。试验时,木材在各向上受不同外力时的破坏情况各不相同,其中顺纹受压破坏是因为细胞壁失去稳定所致,而非纤维断裂;横纹受压破坏是因木材受力压紧后产生显著变形所致;顺纹抗拉破坏通常是因为纤维断裂而后拉断所致。木材受弯时其上部为顺纹受压,下部为顺纹抗拉,水平面内则有剪力,破坏时首先是受压区达到强度极限,产生大量变形,但这时构件仍能继续承载,当受拉区也达到强度极限时,则纤维与纤维间的联结产生断裂,导致最终破坏。常用树种木材的主要物理力学性能如表4.2所示。

表4.2　常用树种木材的主要物理力学性能

树种名称		产　地	气干表观密度/(kg/m³)	顺纹抗压强度/MPa	顺纹抗拉强度/MPa	抗弯强度/MPa	顺纹抗剪强度/MPa	
							径　面	弦　面
针叶树材	杉　木	湖南	371	38.8	77.2	63.8	4.2	4.9
		四川	416	39.1	83.5	68.4	6.0	5.9
	红　松	东北	440	32.8	98.1	65.3	6.3	6.9
	马尾松	安徽	533	41.9	99.0	80.7	7.3	7.1
	落叶松	东北	641	55.7	129.9	109.4	8.5	6.8
	鱼鳞云杉	东北	451	42.4	100.9	75.1	6.2	6.8
	柏　木	湖北	600	54.3	117.1	100.5	9.6	11.1
阔叶树材	柞　栎	东北	766	55.6	155.1	124.1	11.8	12.9
	麻　栎	安徽	930	52.1	155.4	128.6	15.9	18.0
	水曲柳	东北	686	52.5	138.1	118.6	11.3	10.5
	杨　木	陕西	486	42.1	107.0	79.6	9.5	7.3

(2)影响木材强度的主要因素

1)树种及材质

　　木材的强度首先取决于树种及材质,常用阔叶树材的顺纹抗压强度为49~56 MPa,常用针叶树材的顺纹抗压强度为33~40 MPa。

2)含水率

　　木材含水率的大小直接影响木材的强度。当木材的含水率在纤维饱和点以上变化时,木材的强度不发生变化。当木材的含水率在纤维饱和点以下变化时,随着木材含水率降低,即吸附水减少,细胞壁趋于紧密,木材强度增大;反之,则强度减小。

3)负荷时间

　　木材抵抗荷载作用的能力与荷载的持续时间长短有关。木材在长期荷载作用下不发生破坏的最大强度,称为持久强度。木材的持久强度比其极限强度小得多,一般为极限强度的50%~60%。木材在外力作用下产生等速蠕滑,经过长时间作用后,会产生大量连续变形,从而导致木材的破坏。

　　木结构的构筑物一般都处于某一种负荷的长期作用下,因此在设计木结构时,应该充分考虑负荷时间对木材强度的影响。

4）温度

木材的强度随着环境温度的升高而降低。一般当温度由 25 ℃升到 50 ℃时，针叶树种的木材抗拉强度降低 10%～15%，抗压强度降低 20%～24%。当木材长期处于 60～100 ℃时，木材中的水分和所含挥发物会蒸发，从而导致木材呈暗褐色，强度明显下降，变形增大。当温度超过 140 ℃时，木材中的纤维素发生热裂解，色渐变黑，强度显著下降。因此，长期处于高温环境的构筑物，不宜采用木结构。

5）疵病

疵病是指木材的缺陷。木材在生长、采伐、保存过程中，在其内部和外部产生的包括木节、斜纹、腐朽和虫害等缺陷，统称为疵病。一般情况下，木材或多或少都存在一些疵病，致使木材的物理力学性质受到影响。

5. 木材的硬度和耐磨性

木材的硬度是指木材抵抗其他物体压入木材的能力。木材端面的硬度最大，弦面次之，径面稍小。

木材的耐磨性是指木材抵抗磨损的能力。用于制作木地板的国产阔叶树种中以荔枝叶红豆耐磨性最大，南方的泡桐树耐磨性最小。

4.3 常用木质装饰制品

尽管当今世界已生产了多种新型建筑结构材料和装饰材料，但由于木材具有其独特的优良特性，木质饰面能给人一种特殊的优美观感，这是其他装饰材料无法与之相比的。因此，木材广泛用于建筑物的室内装修与装饰，如门窗、栏杆、扶手、木地板、装饰线条等。木材天然生长具有的自然纹理使木材装饰效果典雅、亲切，使装修的空间具有亲切和温暖感。建筑装饰中常用的木质品有木地板、木质人造板材、旋切微薄木、木装饰线条等。

4.3.1 木地板

木地板是由硬木材料（如水曲柳、樱桃木、柚木等）和软木材料（如松、杉等）经加工处理而制成的木板面层。木地板可分为实木地板、实木复合地板、强化木地板、竹材地板和软木地板。

1. 实木地板

顾名思义，实木地板就是采用完整的木材制成的木板材，即地板从表到底均为同一种木材，不包括黏合或用机械压制而成的人造地板。根据国家标准《实木地板 第一部分：技术要求》（GB/T 15036.1—2009）规定，实木地板按照形状不同分为榫接实木地板、平接实木地板、仿古实木地板；按表面有无涂饰分为涂饰实木地板和未涂饰实木地板；按表面涂饰类型分为油漆实木地板和油饰实木地板。实木地板的特点是坚固耐用、纹路自然。常用的实木地板可分为条木地板和拼花实木地板。

（1）条木地板

条木地板是室内使用最普遍的一种地板。常用的树种有松木、杉木、水曲柳、柚木、桦木等。材质要求选用不易腐蚀、不易变形开裂的木板条。

条木地板的宽度一般不大于 120 mm,板厚为 20～30 mm。条木拼缝做成企口或者错口,如图 4.7 所示。条木地板的铺设方式有实铺和空铺两种。实铺是直接将条木地板粘贴在找平后的混凝土基层上。空铺条木地板由龙骨、水平撑和地板三部分组成,地板有单层和双层两种,双层地板下层为毛板、面层为硬木板。条木地板铺设完工后,应经过一段时间,待木材变形稳定后再刨光、清扫和上涂料。条木地板一般采用调和漆做涂层,当地板的颜色和纹理较好时,可采用清漆做涂层,使木材天然纹理清晰可见,以自然美增添室内的美感。条木地板适用于办公室、会议室、休息室、宾馆客房、舞台、住宅等的地面装饰。

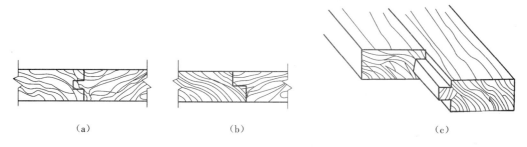

（a）　　　　　　　　　（b）　　　　　　　　　（c）

图 4.7　条木地板拼缝示意

（a）企口拼缝　（b）错口拼缝　（c）端头接缝错开

（2）拼花实木地板

拼花实木地板是一种人们喜爱的装饰地面材料。这种木地板是通过小木板条不同方向的组合,以一定的艺术性和规律性拼出多种图案花纹,达到装饰的目的,如图 4.8 所示。常见的花纹图案有正芦席纹、斜芦席纹、人字纹、清水砖墙纹,依次如图 4.8 第三行后四个图所示。拼花实木地板的木块尺寸一般为长 250～300 mm、宽 40～60 mm、厚 20～25 mm。

图 4.8　拼花实木地板拼装图案

拼花实木地板纹理多样、美观大方、耐磨性好、变形稳定、品种繁多,适用于高级楼宇、宾馆、别墅、会议室、展览室、体育馆和住宅等的地面装饰。

（3）常用实木地板实图

甘巴豆

俗称:黄花梨

产地:印度尼西亚

材性及用途:气干密度 0.85~0.95 g/cm³,木材纹理交错、重硬坚韧,木质稳定,花纹美观,木材耐久、耐腐、耐磨,适用于家具、地板、室内装饰等

规格:1 200×125×18、910×125×18、610×125×18（mm）

紫檀木

俗称:重蚁木(Tabebuidtpc spp)

产地:印度

材性及用途:气干密度 0.80~1.06 g/cm³,木材材质重硬、结构细腻、纹理交错、耐腐、耐虫蛀,材色呈绿紫色,美观大方,木质稳定,适用于高档家具、地板等

规格:910×78×18、760×93×18、610×93×18(mm)

香脂木豆

俗称:红檀香

材性及用途:气干密度 0.85~1.03 g/cm³,木材纹理交错、重硬坚韧,芳香四溢、木质稳定、花纹美观,木材耐久、耐腐、耐磨,适用于地板、高级家具、室内装饰、雕刻等

规格:1 200×135×18、910×125×18(mm)

角香茶茱萸

俗称:芸香木

产地:印度尼西亚、马来西亚

材性及用途:气干密度 0.97~1.11 g/cm³,材质重硬或甚重硬,纹理、结构细腻,色泽金黄,透出淡淡香气,且香气持久,耐磨、抗白蚁,适用于地板、家具等

规格:1 200×135×18、910×125×18(mm)

柚木
俗称:泰柚
产地:缅甸(为缅甸国宝)
材性及用途:气干密度 0.48 ~ 0.70 g/cm³,直纹或稍交错纹理、密度中等、干缩极小、甚耐腐耐磨、易于加工,是名贵家具、地板、船车板、实验设备最理想的材料
规格:910 × 123 × 18(mm)

铁苏木(Apulcia spp)
俗称:金象牙
产地:南美洲
材性及用途:气干密度 0.81 ~ 0.93 g/cm³,材质重硬、纹理交错、结构细匀、耐腐耐磨、材色美观、木质甚稳定,适用于建房屋、桥梁等重型结构以及地板、船甲板、门窗框、枕木、旋座、雕刻等

坤甸铁樟木
俗称:铁木
产地:东南亚
材性及用途:气干密度 0.86 ~ 0.98 g/cm³,材质沉稳厚重、耐磨抗腐,木质极其稳定,典雅稳重的色调,匹配硬朗流畅的纹理,凸显出一股硬朗、洒脱的感觉,适用于重型结构、房柱、电杆、码头、桥梁、造船等

巴福芸香木
俗称:白象牙
产地:南美洲
材性及用途:气干密度 0.73 ~ 0.89 g/cm³,纹理长直、结构细匀、耐腐耐磨、材色美观、甚稳定,适用于建房屋、桥梁等重型结构以及地板、船甲板、门窗框、枕木、旋座、雕刻等
规格:910 × 125 × 18(mm)

非洲楝
俗称:沙比利
产地:非洲
材性及用途:气干密度 0.67 g/cm³,木材重量中等、红褐色、纹理交错、结构细腻均匀、光泽强、强度高、天然抗腐性能强、抗菌性能高、抗蚁性能极强,适用于地板、室内装饰、高档家具、门窗等
规格:910 × 125 × 18(mm)

印茄木（Intsia spp）

俗称:波罗格

产地:印度尼西亚

材性及用途:气干密度 0.80 ~ 0.94 g/cm³,纹理交错、重硬坚韧、木质甚稳定、花纹美观、芯材甚耐久、抗菌性能高、抗蚁性能极强,适用于地板、高级家具

规格:610 × 125 × 18(mm)

香二翅豆

俗称:龙凤檀

产地:南美洲

材性及用途:气干密度 1.07 ~ 1.11 g/cm³,木材密度很大、强度很高、材质重硬、结构细、天然耐腐性强,能抵抗真菌、蛀虫和蛀船生物的侵袭,而且有蜡质或油质感,不容易开裂变形,适用于地板、枕木和桥梁等

红铁木

俗称:金丝红檀

产地:西非至中非

材质及用途:气干密度 0.97 ~ 1.09 g/cm³,略具光泽,结构中,均匀,木质甚重,强度高,木材耐久、耐腐性好,适用于船板、室内地板、装饰板材等

桦木

俗称:欧枫

产地:俄罗斯

材性及用途:气干密度 0.6 ~ 0.8 g/cm³,纹理直、结构细至甚细,均匀性、稳定性、重量中等,冲击韧性好,适用于地板、家具、运动器械、乐器等

水曲柳

俗称:白蜡木

产地:俄罗斯

材性及用途:气干密度 0.96 ~ 1.39 g/cm³,材料坚韧、富有弹性、结构细腻、花纹美观、木材耐久、耐腐耐磨、加工简单,适用于制桶、家具、地板和包装箱等

2. 实木复合地板

实木复合地板是以实木拼板或单板为面层、实木条为芯层、单板为底层制成的企口地板,或以单板为面层、胶合板为基材制成的企口地板。实木复合地板按结构可分为三层结构实木复合地板和以胶合板为基材的实木复合地板;按表面有无涂饰可分为涂饰实木复合地板和无涂饰实木复合地板。

三层结构实木复合地板由三层实木交错层压而成,总厚度一般为 14 ~ 15 mm。表层常用厚度为 3～4 mm,通常选用质地坚硬、纹理美观的树种,如水曲柳、桦木、榉木、枫木、樱桃木等;芯层为软木板条,常用厚度为 8～9 mm,通常选用的树种有松木、杉木、杨木等;底层为旋切单板,厚度为 2 mm,通常采用杨木、松木、桦木等速生材。

实木复合地板的主要优点有:规格尺寸大、不易变形、不易翘曲、板面具有较好的尺寸稳定性、整体效果好、铺设工艺简捷方便、阻燃、绝缘、隔潮、耐腐蚀等。其存在的缺点有:胶黏剂中含有一定的甲醛,必须严格控制,严禁超标;结构不对称,生产工艺复杂,成本较高。

3. 强化木地板

强化木地板是由耐磨层、装饰层、芯层、防潮层胶合而成的木地板,如图 4.9 所示。强化木地板的耐磨层是采用 Al_2O_3 或碳化硅覆盖在装饰层上;芯层也称基材层,多采用高密度纤维板、中密度纤维板或特殊形态的优质刨花板,前两者居多;防潮层又称平衡层,多采用热固压树脂装饰层压板、浸渍胶膜纸或单板,其作用是防潮和防止强化木地板变形。

图 4.9　强化木地板的结构

1—耐磨层(Al_2O_3);2—装饰层;3—基材层(高密度板);4—平衡层(平衡纸)

强化木地板的主要优点有:耐磨耗、花色品种多、色彩典雅大方、规格尺寸大、稳定性好、强度高、抗静电、耐污染、耐腐蚀、耐香烟灼烧等。常见的尺寸规格为(1 120～1 400)mm ×(180～200)mm ×(6～10)mm,榫面宽度不小于 3 mm。

对强化木地板而言,地板环保的最主要标准在于甲醛释放量。国家标准《室内装饰装修材料人造板及其制品中甲醛释放限量》(GB/T 18580—2001)中规定,甲醛释放量必须小于或等于 1.5 mg/L 可直接用于室内。

复合木地板图样如图 4.10 所示。

PD9101雅典风情　　　　PD9285美洲红木　　　　PD9163克理斯玛杉纹　　　　PD9137黑海樱桃

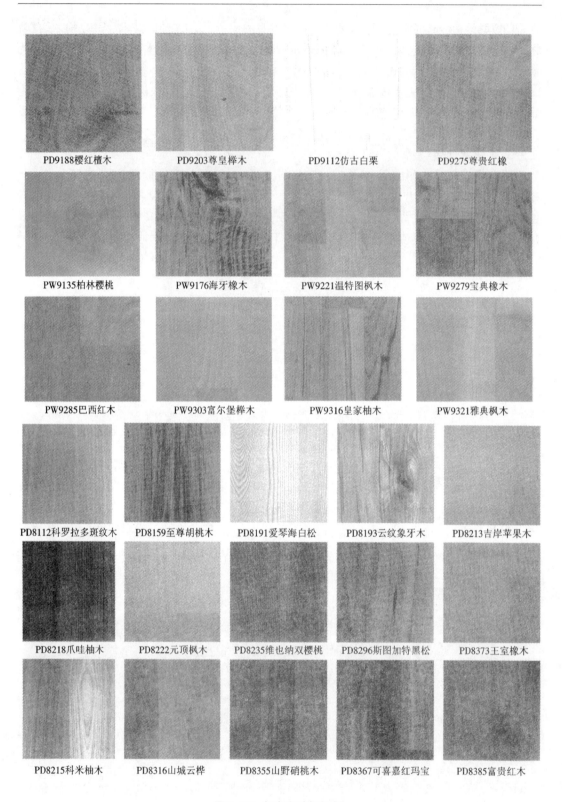

图 4.10　复合木地板图样

4. 竹材地板

竹材地板是将三年以上的毛竹经烘烤及防虫、防霉处理加工成型,胶合热压而成的装饰材料。竹材地板按结构可分为单层竹条地板、多层竹片地板、竹片竹条复合地板(图 4.11)和立竹拼花地板等;按表面颜色可分为本色竹地板、漂白竹地板和炭化竹地板;按表面有无涂饰可分为涂饰竹地板和无涂饰竹地板。

图 4.11 竹片竹条复合地板

竹地板以其天然赋予的优势和成型之后的诸多优良性能给建筑装饰材料市场带来了一股清新之风。竹地板有竹子的天然纹理,色泽美观,清新文雅,给人一种回归自然、高雅脱俗的感觉,符合人们回归自然的心理。竹地板还具有耐磨、耐压、阻燃、弹性好、防潮、经久耐用等特点,是高级宾馆、办公室及现代家庭地面装饰的新型材料。

5. 软木地板

软木实际上并非木材,它是从阔叶树种栓皮栎(属栎木类)的树皮上采割的"栓皮"。该类树的树皮不同于一般的树皮,它的树皮中栓皮层极其发达,其质地柔软,皮很厚,纤维细,成片状剥落。软木作为天然材料,弹性、柔韧性好,保温、隔热性好。此外,软木还是一种吸声性和耐久性极佳的材料,吸水率接近零,这是由于软木的细胞结构呈蜂窝状,中间密封空气占 70%。

软木地板经过特殊的处理后,不仅保持了原木天然的色泽纹理,还具有特有的弹性和韧性,看似木板,踩上去却似地毯。总之,软木地板具有可压缩性、弹性、不透气、不透水、耐油、耐酸、绝热、减振、吸声、隔声、摩擦系数大、耐磨等优异性能,而且经漂染可成为彩色拼花地板,具有隔声、阻燃、无声的特性,可取代地毯。

4.3.2 木质人造板材

凡以木材为主要原料或以木材加工过程中剩余的边皮、碎料、刨花、木屑等废料进行加工处理而制成的板材,统称为人造板材。人造板材科学合理地利用木材,提高了木材的利用率,同时又具有与天然木材相同的装饰功能。在建筑装饰工程中常用的木质人造板材有胶合板、细木工板、刨花板、纤维板、木丝板、蜂巢板、三聚氰胺板等。

1. 胶合板

胶合板是由木段旋切成单板或由木方刨切成薄木,再用胶黏剂胶合而成的三层或多层的板状材料,通常用奇数层单板,并使相邻层单板的纤维方向互相垂直胶合而成。胶合板一般为3～13层,最多可达到15层。在建筑装饰工程中常用的是3层、5层和7层,俗称三合板、五合板和七合板。

胶合板的最大优点是相邻层单板按木纹方向纵横交错胶合,从而很大程度上改善了天然木材各向异性的特性,使胶合板材质均匀、形状稳定。另外,胶合板还具有变形小、幅面大、施工方便、不翘曲、纹理美观及装饰性好等优点,广泛用于建筑室内的天花板、隔墙板、门面板以及家具和装修领域。

胶合板根据胶合强度不同可分为:Ⅰ类(NQF,耐气候、耐沸水胶合板),这类胶合板具有耐久、耐煮沸或蒸汽处理等性能,能在室外使用;Ⅱ类(NS,耐水胶合板),这类胶合板能经受冷水或短期热水浸渍,但不耐煮沸;Ⅲ类(NC,耐潮胶合板),这类胶合板具有一定的耐潮性能,适于室内使用;Ⅳ类(BNC,不耐潮胶合板)。胶合板按材质和加工工艺质量不同可分为特等、一等、二等和三等四个等级。建筑装饰工程中常用的胶合板的幅面尺寸如表4.3所示。

表4.3 常用胶合板的幅面尺寸

宽度/mm	长度/mm				
915	915	1 220	1 830	2 135	—
1 220	—	1 220	1 830	2 135	2 440

2. 细木工板

细木工板俗称大芯板,是由木条或木块组成板芯,两面粘贴单板或胶合板的一种人造板材,如图4.12所示。它具有质轻、易加工、握钉力好、不变形、耐久、吸声、隔热等优点,并有一定强度和硬度,是木装修中做基底的主要材料之一,主要用于室内装修和家具制作。

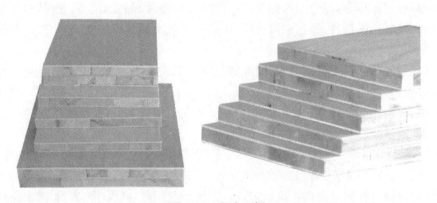

图4.12 细木工板

细木工板按结构不同可分为芯板不胶拼和芯板胶拼两种;按表面加工状况可分为一面砂光、两面砂光和不砂光三种;按所使用的胶合剂不同可分为Ⅰ类胶细木工板和Ⅱ类胶细木工板两种;按面板的材质和加工工艺质量不同可分为一等、二等、三等三个等级。细木工板的尺寸规格和技术性能如表 4.4 所示。

表 4.4　细木工板的尺寸规格和技术性能

长度/mm						宽度/mm	厚度/mm	技术性能
915	—	—	1 830	2 135	—	915	16 19	含水率:10% ±3% 静曲强度(MPa): 厚度为 16 mm,不低于 15
—	1 220	—	1 830	2 135	2 440	1 220	22 25	厚度 <16 mm,不低于 12 胶层剪切强度不低于 1 MPa

3. 刨花板

刨花板是将木材加工的剩余物、小径木、木屑等,经切碎、筛选后拌入胶料、硬化剂、防水剂等热压而成的一种人造板材,如图 4.13 所示。

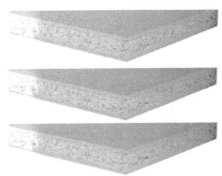

图 4.13　刨花板

刨花板表观密度小、材质均匀、孔隙率较大、易吸湿、强度不高、价格便宜,主要用作绝热和吸声材料。对刨花板进行二次加工或进行贴面处理可制成装饰板,这样既增强了板材的表面硬度和强度,又使板材具有装饰性,可用于吊顶、隔墙、家具等。

4. 纤维板

纤维板是以木质纤维或其他植物纤维材料为主要原料,经破碎、浸泡、研磨成木浆,再加入一定的胶料,经热压成型、干燥等工序制成的一种人造板材。

纤维板按体积密度不同可分为硬质纤维板、半硬质纤维板、软质纤维板三种,如图 4.14和图 4.15 所示。硬质纤维板强度高、耐磨、不易变形,可用于墙壁、门板、地面、家具等。硬质纤维板按其物理力学性能和外观质量可分为特级、一级、二级、三级四个等级,如表 4.5 所示。半硬质纤维板表面光滑、材质细密、结构均匀、加工性能好,且与其他材料黏结力强,是制作家具的良好材料,主要用于家具、隔断、隔墙、地面等。例如建筑装饰工程常用的奥松板就是一种进口的中密度板,一般用于门套、衣柜门、窗套或雕刻造型等。软质纤维板的结构松散,故强度低,但吸音性和保温性好,主要用于吊顶等。

图 4.14 硬质纤维板

图 4.15 半硬质纤维板

表 4.5 硬质纤维板的物理力学性能

指标项目	特级	一级	二级	三级
密度,大于(g/cm^3)	0.80			
静曲强度,不小于(MPa)	49.0	39.0	29.0	20.0
吸水率,不大于(%)	15.0	20.0	30.0	35.0
含水率(%)	3.0~10.0			

在建筑装饰工程中最常用是硬质纤维板,按其板面质量可分为一面光硬质纤维板和两面光硬质纤维板。硬质纤维板的厚度有 2.5 mm、3.0 mm、3.2 mm、4.0 mm、5.0 mm 等,幅面尺寸有 610 mm×1 220 mm、915 mm×1 830 mm、1 000 mm×2 000 mm、915 mm×2 150 mm、1 220 mm×1 830 mm、1 220 mm×2 440 mm。

5. 木丝板

木丝板又叫万利板或木丝水泥板,是将木材的下脚料用机器刨成木丝,经过化学溶液的浸透,然后拌和水泥,入模成型加压、热蒸、凝固、干燥而成,如图 4.16 所示。

木丝板的主要优点及特征有:防火性高,本身不燃烧;质量轻,施工时不至于因荷重产生危险;具有隔热、吸音、隔音效果;表面可任意粉刷、喷漆和调配色彩;不易变质腐烂,耐虫蛀;韧性强,施工简便。木丝板主要用于天花板、内外壁板、门板基材、家具装饰侧板等。木丝板的厚度有 4 mm、6 mm、8 mm、10 mm、12 mm、16 mm、20 mm 等,长度为 1 800~3 600 mm,宽度为 600~1 200 mm。

6. 蜂巢板

蜂巢板是由两块较薄的面板牢固地黏结在一层较厚的蜂巢状芯材两面而合成的板材,如图 4.17 所示。蜂巢状芯材通常用浸渍过合成树脂(酚醛、聚酯等)的牛皮六角形空腰(蜂巢状)的整块芯板,芯板的厚度通常在 15~45 mm 范围内,空腔的尺寸在 10 mm 左右。常用的面板为浸渍过树脂的牛皮纸、纤维板、石膏板等。面板用合适的胶黏剂与芯板牢固地黏合在一起。

蜂巢板的特点有:强度重量比大、受力平均、耐压力强(破坏力为 720 kg/m^2)、导热性低、抗震性好、不易变形、质轻、有隔音效果、安装简便,是装修木作材料中最佳的一种,可用于各类空间的墙面、屋面、吊顶装饰等。

图 4.16　木丝板

图 4.17　蜂巢板

7.三聚氰胺板

三聚氰胺板又叫双饰面板,也有人称它为一次成型板,如图 4.18 所示。它的基材是刨花板,由基材和表面黏合而成,是将带有不同颜色或纹理的纸放入三聚氰胺树脂胶黏剂中浸泡,然后干燥到一定固化程度,再将其铺装在刨花板、防潮板、中密度纤维板、胶合板、细木工板或其他硬质纤维板表面,经热压而成的。

图 4.18　三聚氰胺板

三聚氰胺板的主要特点有:阻燃、耐水、耐热、耐老化、耐电弧、耐化学腐蚀,有良好的绝缘性能、光泽度和机械强度。一般用于板式家具、办公家具及厨房家具等。

4.3.3　旋切微薄木

旋切微薄木是以色木、桦木或多瘤的树根为原料,经水煮软化后,旋切成厚 0.1 mm 左右的薄片,再用胶黏剂粘贴在坚韧的纸上制成卷材;或者采用水曲柳、柳桉等树材,旋切成厚 0.2 ~ 0.5 mm 的微薄木,再采用先进的粘贴工艺,将微薄木粘贴在胶合板基层上,制成微薄木贴面板。

旋切微薄木花纹清晰美丽、材色悦目,真实感和立体感强,具有自然美的特点。采用树根瘤制作的微薄木,具有鸟眼花纹的特色,装饰效果更佳。旋切微薄木主要用作高级建筑物的室内墙面、门等部位的装饰和家具饰面。

旋切微薄木贴面板样图如图 4.19 所示。

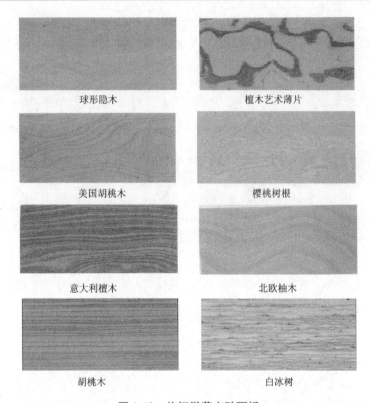

球形隐木　　　　　　　檀木艺术薄片

美国胡桃木　　　　　　樱桃树根

意大利檀木　　　　　　北欧柚木

胡桃木　　　　　　　　白冰树

图 4.19　旋切微薄木贴面板

4.3.4　木装饰线条

木装饰线条简称木线,是选用质硬、结构细密、材质较好的木材,经过干燥处理后,再经机械加工或手工加工而成的建筑装饰木材。木线在室内装饰中主要起着固定、连接、加强装饰饰面的作用,可用作建筑装饰工程中各界面相接处、相交处、对界面的衔接口、交接条等的收边封口材料。

木线种类繁多,按材质不同可分为硬度杂木线、进口洋杂木线、白元木线、水曲柳木线、山樟木线、核桃木线、柚木线等;按功能不同可分为压边线、柱角线、压角线、墙角线、墙腰线、上楣线、覆盖线、封边线、镜框线等;按外形不同可分为半圆线、直角线、斜角线、指甲线等;按款式不同可分为外凸式、内凹式、凸凹结合式、嵌槽式等。

4.4　木材的防腐与防火

4.4.1　木材的防腐

1. 木材腐朽的原因

木材腐朽的原因是木材被真菌侵害。引起木材变质的真菌有三种,即霉菌、变色菌和腐朽菌,前两种菌对木材影响较小,但腐朽菌影响很大。腐朽菌寄生在木材的细胞壁中,能分泌出一种酵素,把细胞壁物质分解成简单的养分,供自身摄取生存,从而致使木材细胞壁完全破坏,使木材腐朽而严重降低材质和强度。

2. 木材腐朽的条件

真菌在木材中生存和繁殖必须具备以下三个条件:适当的水分、空气和温度。

(1)水分

水分不仅是构成木腐菌菌丝体的主要成分,而且是木腐菌分解木材的媒介。多数真菌适合在木材含水率为 35% ~ 50% 时生长。如果木材含水率低于 20% ,或者含水率达到 100% ,均可抑制真菌的发育。

(2)温度

真菌生存和繁殖的适宜温度为 25 ~ 35 ℃,当温度低于 5 ℃时,真菌则停止繁殖,当温度高于 60 ℃时,真菌则死亡。

(3)空气

真菌与其他生物一样,需要空气才能生存。木材含水率很高时,木材内部就缺乏空气,抑制真菌生长。

3. 木材的防腐措施

木材的防腐就是消除真菌的生长条件。可采用以下的方法进行防腐处理。

(1)干燥处理

采用干燥处理,实际就是破坏真菌的生存条件之一——含水率,即采用气干法或窑干法将木材的含水率控制在 20% 以下,并在设计和施工中采取各种防潮和通风措施,使木结构、木制品常年处于通风干燥的状态。

(2)表面处理

在木结构、木制品表面涂刷一层耐水性好的涂料,形成一层完整而坚韧的装饰保护膜,这样使木材既隔绝了空气,又隔绝了水分,彻底破坏了真菌生存的条件,从而达到防腐的效果。

(3)防腐剂法

用化学防腐剂对木材进行处理,使木材变为有毒的物质而使真菌无法寄生。木材防腐剂种类很多,一般分为水溶性、油质和膏状三类。对木材进行防腐处理的方法很多,主要有涂刷或喷涂法、压力渗透法、常压浸渍法、冷热槽浸透法等。

4.4.2　木材的防火

木材的防火是指将木材经过具有阻燃性能的化学物质处理后,变成难燃的材料,以达到遇小火能自熄,遇大火能延缓或阻止燃烧蔓延,从而赢得补救时间的目的。

木材防火的处理方法通常有以下两种。

1. 表面涂敷法

木材防火处理的表面涂敷法是指在木材的表面涂敷上一层防火涂料,使其能起到防火、防腐和装饰的作用。这种处理做法简单、投资较少,但对木材内部的防火效果不一样。木材防火涂料种类很多,主要分为溶剂型防火涂料和水乳型防火涂料两类。

2. 溶液浸注法

木材防火溶液浸注法处理,可分为常压浸注和加压浸注两种。加压浸注由于施加一定的压力,阻燃剂吸入量及浸入深度均高于常压浸注法,阻燃效果较好。无论何种方法浸注,在浸注处理前,一定使木材达到充分气干,并经初步加工成型,以免处理后在进行大量锯、刨等加工时,木料中浸入的阻燃剂被部分除去。

第5章 建筑装饰石材

　　天然石材是古老的建筑材料之一,世界上许多的古建筑都是由天然石材建造而成的。如埃及人用石头堆砌出的无与伦比的金字塔、太阳神庙;意大利著名的比萨斜塔全是用石材(大理石)建成的;古希腊人用石材建造的雅典卫城,经历了2 000多年的风雨,依然耸立在地中海边,成为雅典不朽的象征。我国在战国时代就有石基、石阶,东汉时有全石建筑,隋唐时代的石窟、石塔、石墓都有杰出的代表作,宋代用石材建造城墙、桥梁(如河北的赵州桥、福建泉州的洛阳桥等),明、清的宫殿基座、栏杆都是用汉白玉大理石建造的。在现代建筑中,北京的人民英雄纪念碑、人民大会堂、毛主席纪念堂、北京火车站等都是大量使用石材的建筑典范。在当代,很多建筑创造性地使用石材,取得了独特的效果。

　　建筑装饰石材是指在建筑上作为饰面材料的石材,包括天然装饰石材和人造装饰石材两大类。天然装饰石材不仅具有较高的强度、耐磨性、耐久性等,而且通过表面处理可获得优良的装饰效果,天然装饰石材的主要品种有天然大理石、天然花岗岩等。人造装饰石材是近年来发展起来的新型建筑装饰材料,主要有人造大理石、人造花岗岩等,人造装饰石材主要应用于建筑的室内装饰。

5.1　石材概述

5.1.1　岩石的形成与分类

1.岩石的形成

　　岩石是由造岩矿物组成的,建筑装饰工程中常用的岩石造岩矿物有石英、长石、云母、方解石和白云石等,每种造岩矿物具有不同的颜色和特性。绝大多数岩石是由多种造岩矿物组成的,例如花岗岩由长石、石英、云母及某些暗色矿物组成,因此颜色多样;而白色大理石由方解石或白云石组成,通常呈现白色。由此可见,作为矿物集合体的岩石并无确定的化学成分和物理性质,同种岩石由于产地不同,其矿物组成和结构均有差异,因而岩石的颜色、强度等性能也会有所差异。

2.岩石的分类

　　由于不同地质条件的作用,各种造岩矿物在不同的地质条件下,会形成不同类型的岩石,通常可分以下三类。

　　(1)岩浆岩

　　岩浆岩又称火成岩,是因地壳变动,熔融的岩浆在地壳内部上升后冷却而形成的。岩浆岩是组成地壳的主要岩石,占地壳总质量的98%。岩浆岩根据冷却条件的不同,又分为深成岩、喷出岩和火山岩三种。

　　深成岩是地壳深处的岩浆在很大的覆盖压力下缓慢冷却形成的岩石。深成岩构造致密,表观密度大,抗压强度高,耐磨性好,吸水率小,抗冻性、耐水性和耐久性好。天然石材中的花岗岩属于典型的深成岩。用深成岩加工成的石材色泽鲜明圆润,装饰效果较好,广泛用于星级宾馆、公共空间、高档商业场所及写字楼、有品位的私人物业等空间的装修,如图5.1所示。

该场所设计创意源自岩浆岩中的深成岩(Plutonic Rock),采用深成岩制成的石材来装饰界面,可得到晶莹剔透、色泽轻盈、质感丰润、宛如天造的效果。

图5.1 深成岩加工后的石材装饰效果

喷出岩是熔融的岩浆喷出地表后,在压力降低并迅速冷却的条件下形成的岩石。当喷出岩形成的岩层较厚时,其性质类似深成岩;当喷出岩形成的岩层较薄时,形成的岩石常呈多孔结构,性质近似于火山岩。建筑上常用的喷出岩有玄武岩、安山岩等,如图5.2所示。

火山岩又称火山碎屑岩,它是火山爆发时的岩浆被喷到空中,经急速冷却后落下而形成的碎屑岩石,如火山灰、浮石等。火山岩是具有轻质、多孔结构的材料,其中火山灰被大量用作水泥的混合料,而浮石可用作轻质骨料来配制轻骨料混凝土。

(2)沉积岩

沉积岩又称水成岩(图5.3),它是由露出地表的岩石(母岩)风化后,经过风力搬迁、流水冲移而沉淀堆积,在离地表不太深处形成的岩石。沉积岩为层状结构,各层的成分、结构、颜色、厚度等均不相同。与岩浆岩相比,沉积岩结构密实性较差、孔隙率大、表观密度小、吸水率大、抗压强度较低、耐久性也较差。

沉积岩虽然只占地壳总质量的5%,但在地球上分布极其广泛,约占地球地表面积的70%。沉积岩一般藏在地表不太深处,易于开采。沉积岩在建筑工程中用途广泛,最重要的是石灰岩。石灰岩是烧制石灰和水泥的主要原料,更是配制普通水泥混凝土的重要组成材料。石灰岩还可用来修筑堤坝、铺筑道路,结构致密的石灰岩经切割、打磨、抛光后,还可代替大理石板材使用。

图 5.2　喷出岩　　　　　　　　　　　　　　　　图 5.3　沉积岩

（3）变质岩

变质岩是由原生的岩浆岩或沉积岩,经过地壳内部高温、高压作用而形成的岩石。通常沉积岩变质后,性能变好,结构变得致密、耐用,如沉积岩中石灰岩变质为大理石;而岩浆岩变质后,性能反而变差,如花岗岩(深成岩)变质为片麻岩,易产生分层剥落,耐久性差。

5.1.2　石材的技术指标

1. 表观密度

天然石材按其表观密度不同可分为重石和轻石两类。表观密度大于 1 800 kg/m³ 为重石,主要用于建筑物的基础、墙体、地面、路面、桥梁以及水上建筑物等;表观密度小于 1 800 kg/m³ 为轻石,可用来砌筑保暖房屋的墙体。

天然石材的表观密度与其矿物组成、孔隙率、含水率等有关。致密的石材,如花岗岩、大理石等,其表观密度接近其密度,为 2 500 ~ 3 100 kg/m³;而孔隙率大的石材,如火山灰、浮石等,其表观密度为 500 ~ 1 700 kg/m³。石材表观密度越大,结构越致密,抗压强度越高,吸水率越小,耐久性越好,导热性也越好。

2. 抗压强度

建筑装饰石材的抗压强度是以边长 50 mm 的立方体试件用标准试验方法测得的,单位为 MPa。而用于砌体等的石材的抗压强度是用边长 70 mm 的立方体试件用标准试验测得的。石材的抗压强度是划分其强度等级的依据,如 MU60 表示石材的抗压强度为 60 MPa。

天然石材抗压强度的大小,取决于岩石的矿物组成、结构特征、胶结物质的种类以及均匀性等因素。此外,试验方法对测定出的抗压强度大小也有影响。

3. 吸水性能

石材吸水性的大小用吸水率表示,其大小主要与石材的化学成分、孔隙率大小、孔隙特征等因素有关。

酸性岩石比碱性岩石的吸水性强。常用岩石的吸水率:花岗岩小于 0.5%;致密石灰岩一般小于 1%;贝壳石灰岩约为 15%。石材吸水后,降低了矿物的黏结力,破坏了岩石的结构,从而降低了石材的强度和耐水性。

4. 抗冻性能

石材的抗冻性用冻融循环次数表示。石材在吸水饱和状态下,经过规定次数的反复冻融循环,若无贯穿裂纹,且质量损失不超过 5%,强度损失不大于 25%,则为抗冻性合格。根据能经受的冻融循环次数,可将石材分为 5、10、15、25、50、100 及 200 等标号。吸水率低于 0.5% 的石材,其抗冻性较高,无须进行抗冻性试验。

5. 耐水性能

石材的耐水性用软化系数 K 表示。软化系数是指石材在吸水饱和条件下的抗压强度与干燥条件下的抗压强度之比,反映了石材的耐水性能。石材的耐水性分为高、中、低三等。$K > 0.90$ 的石材称为高耐水性石材,$0.70 < K \leq 0.90$ 的石材称为中耐水性石材,$0.60 < K \leq 0.70$ 的石材称为低耐水性石材。一般 $K < 0.80$ 的石材,不允许用于重要建筑中。

6. 风化作用

石材在使用环境中会受到雨水、环境水、温度和湿度变化、阳光、冻融循环、外力等一系列因素作用,还会受到空气中的二氧化碳、二氧化硫、三氧化硫的侵蚀及其形成的酸雨的侵蚀作用等,这些作用会使石材发生断裂、破碎、剥蚀、粉化等破坏,这种破坏称为岩石的风化作用。粉化后形成的沙砾,若被风卷起,则会对石材建筑形成更为猛烈的侵蚀和破坏,如埃及金字塔及其旁边的狮身人面像,正面临着这种侵蚀。

世界各地的建筑,千百年来均受到较为严重的风化破坏作用。因此,保护石材免遭风化破坏,意义重大。石材风化破坏的速度主要取决于石材的种类,所以合理选择石材品种是防止风化的最主要措施。同时,在石材表面涂刷合理的憎水性保护剂,形成防水防侵蚀保护膜,也可以起到防风化作用。

7. 硬度和耐磨性

岩石的硬度以莫氏或肖氏硬度表示。它取决于岩石组成矿物的硬度与构造。凡由致密、坚硬矿物组成的石材,其硬度就高。岩石的硬度与抗压强度有很好的相关性,一般抗压强度高的岩石,硬度也大。岩石的硬度越大,其耐磨性和抗刻划性能越好,但表面加工越困难。

耐磨性是指石材在使用过程中抵抗摩擦、边缘剪切以及冲击等复杂作用的性质。石材的耐磨性以单位面积磨耗量表示。石材的耐磨性与其组成矿物的硬度、结构、构造特征以及石材的抗压强度和冲击韧性等有关。作为建筑物铺地饰面的石材,要求其耐磨性要好。

5.2　天然装饰石材

我国建筑装饰用的天然装饰石材资源丰富,主要有天然大理石和天然花岗岩两类,其中大理石有 300 多个品种,花岗岩有 150 多个品种。

5.2.1　天然大理石

天然大理石是石灰岩或白云石经过地壳高温、高压作用形成的一种变质岩,通常为层状结构,具有明显的结晶和纹理,主要矿物成分为方解石和白云石,属中硬石材。从大理石矿体中开采出来的块状石料称为大理石荒料,大理石荒料经锯切、磨光等加工后就成为大理石装饰板材。大理石是以云南省大理市的大理城命名的,云南的大理以盛产大理石而驰名中外。

大理石的颜色与其组成成分有关,白色含碳酸钙和碳酸镁,紫色含锰,黄色含铬化物,红褐色、紫红色、棕黄色含锰及氧化铁水化物。许多大理石都由多种化学成分混杂而成,因此颜色变化多端,纹理错综复杂、深浅不一,光泽度也差异很大。质地纯正的大理石为白色,俗称汉白玉(图5.4),是大理石中的珍品。如果在变质过程中混入了其他杂质,就会出现各种色彩或斑纹,从而产生了众多的大理石品种,如丹东绿(图5.5)、雪浪、秋景、艾叶青(图5.6)、雪花、彩云、桃红、墨玉等。斑斓的色彩和石材本身的质地使大理石成为古今中外高级的建筑装饰材料。

 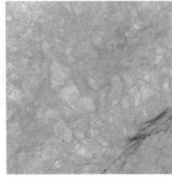 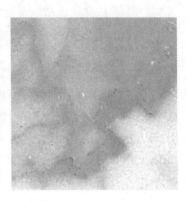

图5.4　汉白玉大理石　　　　图5.5　丹东绿大理石　　　　图5.6　艾叶青大理石

1. 天然大理石的性能特点和应用

天然大理石的结构致密,表观密度为 2 600 ~ 2 700 kg/m³;抗压强度较高,一般为 100 ~ 150 MPa;吸水率小,常在 0.75% 以下;既具有良好的耐磨性,又易于加工;耐腐蚀、耐久性好;变形小,易于清洁。经过锯切、磨光后的板材光洁细腻、如脂如玉、纹理自然,花色品种可达上百种,装饰效果美不胜收。浅色大理石的装饰效果庄重而清雅,深色大理石的装饰效果则显得华丽而高贵。

天然大理石的主要缺点有两个:一是硬度较低,如用大理石铺设地面,磨光面容易损坏,其耐用年限一般在 30 ~ 80 年;二是抗风化能力较差,除个别品种(如汉白玉等)外,一般不宜用于室外装饰。这是由于空气中常含有二氧化硫,其与水生成亚硫酸,之后变成硫酸。而大理石中的主要成分为碳酸钙,碳酸钙与硫酸反应生成易溶于水的硫酸钙,使表面失去光泽,变得粗糙多孔,从而降低装饰效果。公共卫生间等经常使用水冲刷和酸性材料洗涤处,也不宜用大理石做地面材料。

大理石可制成高级装饰工程的饰面板,用于宾馆、展览馆、影剧院、商场、图书馆、机场、车站等公共建筑工程的室内墙面、地面、柱面、服务台面、窗台板、电梯间门脸的饰面等,是非常理想的室内高级装修材料。除此之外,还可加工成大理石工艺品、壁画、生活用品等。如人民大会堂云南厅的大屏风上,镶嵌着一块呈现山河云海图的彩色大理石,气势雄伟,十分壮观,这是大理人民借大自然的神笔"描绘"出的歌颂祖国大好河山的画卷。

2. 天然大理石板材的分类、规格、等级和命名

(1)天然大理石板材的分类和规格

根据国家标准《天然大理石建筑板材》(GB/T 19766—2005)规定,天然大理石板材按形状可分为普型板和圆弧板。常用天然大理石板材定型规格如表 5.1 所示。

表 5.1　常用天然大理石板材定型规格　　　　　　　　mm × mm × mm

长 × 宽 × 厚	长 × 宽 × 厚
300 × 150 × 20	1 200 × 600 × 20
300 × 300 × 20	1 200 × 900 × 20
400 × 200 × 20	305 × 305 × 20
400 × 400 × 20	610 × 305 × 20
400 × 300 × 20	610 × 610 × 20
600 × 600 × 20	915 × 610 × 20
900 × 600 × 20	1 067 × 762 × 20
1 070 × 750 × 20	1 220 × 915 × 20

（2）天然大理石板材的等级

按照天然大理石规格尺寸允许偏差、平面度允许极限偏差、角度允许极限偏差、外观缺陷要求和镜面光泽度等标准,将天然大理石板材分为优等品（A）、一等品（B）、合格品（C）三个等级。

（3）天然大理石板材的命名和标记

天然大理石板材的命名顺序:荒料产地地名、花纹色调特征名称、大理石（M）。

天然大理石板材的标记顺序:命名、分类、规格尺寸、等级、标准号。

例如用北京房山白色大理石荒料生产的普通型大理石板材,若是规格尺寸为 900 mm × 600 mm × 20 mm 的一等品板材,其标准号为 JC – 79,根据上述命名与标记的规定示例如下。

命名:房山汉白玉大理石

标记:房山汉白玉（M）N – 900 × 600 × 20 – B-JC79

3. 天然大理石板材的质量技术要求

（1）规格尺寸允许偏差

天然大理石普型板和圆弧板的规格尺寸允许偏差如表 5.2 所示。圆弧板壁厚最小值应不小于 20 mm。

表 5.2　天然大理石规格尺寸允许偏差（GB/T 19766—2005）　　　　　　mm

项目			允许偏差		
			优等品	一等品	合格品
普型板	长度、宽度		0 – 1.0		0 – 1.5
	厚度	≤12	± 0.5	± 0.8	± 1.0
		>12	± 1.0	± 1.5	± 2.0
	干挂板材厚度		+2.0 0		+3.0 0
圆弧板	弦长		0 – 1.0		0 – 1.5
	高度		0 – 1.0		0 – 1.5

（2）平面度允许偏差和角度允许偏差

天然大理石平面度允许偏差和角度允许偏差如表5.3所示。圆弧板端面角度允许偏差：优等品为0.4 mm，一等品为0.6 mm，合格品为0.8 mm。

表5.3　天然大理石平面度允许偏差和角度允许偏差（GB/T 19766—2005）　　　　　mm

类型	项目	允许偏差			
		板材长度	优等品	一等品	合格品
普型板	平面度允许偏差	≤400	0.2	0.3	0.5
		400~800	0.5	0.6	0.8
		>800	0.7	0.8	1.0
	角度允许偏差	≤400	0.3	0.4	0.5
		>400	0.4	0.5	0.7
圆弧板	直线度	≤800	0.6	0.8	1.0
		>800	0.8	1.0	1.2
	线轮廓度		0.8	1.0	1.2

注：普通板拼缝板材正面与侧面的夹角不得大于90°。

（3）天然大理石板材正面的外观质量

天然大理石板材正面的外观质量应满足表5.4的要求。同一批板材的花纹色调应基本一致，不可以与标准样板有明显差异。

表5.4　天然大理石板材正面的外观质量（GB/T 19766—2005）

名称	规定内容	优等品	一等品	合格品
裂纹	长度超过10 mm的不允许条数/条	0		
缺棱	长度不超过8 mm，宽度不超过1.5 mm（长度≤4 mm，宽度≤1 mm不计），每米长允许个数/个	0	1	2
缺角	沿板材边长顺延方向，长度≤3 mm，宽度≤3 mm（长度≤2 mm，宽度≤2 mm不计），每块板允许个数/个			
色斑	面积不超过6 cm²（面积小于2 cm²不计），每块板允许个数/个			
砂眼	直径在2 mm以下		不明显	有，但不影响

（4）天然大理石板材的物理性能

天然大理石板材的物理性能指标应符合表5.5的规定。

表 5.5　天然大理石板材的物理性能指标(GB/T 19766—2005)

项目		技术要求
体积密度		≥2.30 g/cm^3
吸水率		≤0.50%
干燥压缩强度		≥50.0 MPa
干燥 水饱和	弯曲强度	≥7.0 MPa
耐磨度①		≥10 L/cm^3

注:镜面板材的镜向光泽值不应低于 70 光泽单位,若有特殊要求,由供需双方协商确定。

①为了颜色和设计效果,以两块或多块大理石组合拼接时,耐磨度差异应不大于 5,建议经受严重踩踏的阶梯、地面和月台,使用的石材耐磨度最小为 12。

4. 国产天然大理石的品种

我国大理石储量非常丰富,花色、品种繁多,天然大理石的品种以磨光后所呈现的花纹、色泽、特征及荒料产地命名,常见品种及特征如表 5.6 所示。

表 5.6　国产天然大理石的常见品种及特征

名称	产地	产品特征
紫螺纹	安徽灵璧	灰红底布满红灰相间螺纹
螺红	辽宁金县	绛红底夹有红灰相间螺纹
桃红	河北曲阳	桃红色粗晶,有黑色缕纹或斑点
汉白玉	北京房山、湖北黄石	玉白色,微有杂光和脉纹
艾叶青	北京房山	青底深灰间白色叶状,斑云间有片状纹缕
雪花	山东莱州	白色晶粒,细致而均匀
雪云	广东云浮	白和灰白相间
晚霞	北京顺义	石黄间土黄斑底,有深黄叠脉,间有黑晕
虎纹	江苏宜兴	赭色底,有流纹状石黄色经络
灰黄玉	湖北大冶	浅黑灰底,有焰红色、黄色和浅灰脉络
砾红	广东云浮	浅红底,满布白色大小碎石斑
橘络	浙江长兴	浅灰底,密布粉红和紫红叶脉
岭红	辽宁铁岭	紫红底
墨叶	江苏苏州	黑色,间有少量白络或白斑
影晶白	江苏高资	乳白色
墨晶白	河北曲阳	玉白色,微晶,有黑色脉纹或斑点
风雪	云南大理	灰白间有深灰色晕带
冰琅	河北曲阳	灰白色均匀粗晶
黄花玉	湖北黄石	淡黄色,有较多稻黄脉纹
碧玉	辽宁连山关	嫩绿或深绿和白色絮状相渗

名称	产地	产品特征
彩云	河北获鹿	浅翠绿色底，深绿絮状相渗，有紫斑或脉纹
驼灰	江苏苏州	土灰色底，有深黄赭色浅色疏脉
裂玉	湖北大冶	浅灰色微红色底，有红色脉络和青灰色斑

5.2.2　天然花岗石

花岗石是典型的深成岩，主要成分是石英、长石及少量云母和暗色矿物（橄榄石类、辉石类、角闪石类及黑云母等），岩质坚硬密实，属于硬石材。花岗石矿体开采出来的块状石料称为花岗石荒料，花岗石荒料经锯切、研磨、抛光后成为天然花岗石装饰板材。

花岗石构造密实，呈整体均匀粒状结构，花纹特征是晶粒细小，并分布着繁星般的云母黑点和闪闪发光的石英结晶。我国花岗石资源丰富，主产地要有：北京西山，山东崂山、泰山，安徽黄山、大别山，陕西华山、秦岭，广东云浮、丰顺县、连县，广西岭西县，河南太行山，四川峨眉山、横断山以及云南、贵州山区等。国产花岗石较著名的品种有济南青（图5.7）、泉州黑、将军红（图5.8）、白虎涧、莱州白（青、黑、红、棕黑等）（图5.9）、岑溪红等。

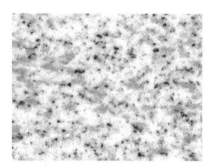

图5.7　济南青花岗石　　　　图5.8　将军红花岗石　　　　图5.9　莱州白花岗石

1. 天然花岗石的性能特点和应用

天然花岗石结构致密、质地坚硬，表观密度为2 600～2 800 kg/m³；抗压强度高，一般为120～250 MPa；孔隙率和吸水率很低，吸水率一般在1%以下；耐磨性、耐腐蚀性、抗冻性好；耐久性好，耐久年限可达200年以上；经加工后的板材呈现出各种斑点状花纹，具有良好的装饰性。

天然花岗石的缺点主要有：自重大，用于房屋建筑会增加建筑物的自重；硬度大，开采加工较困难；质脆，耐火性差，当花岗石受热温度超过800 ℃时，花岗石中的石英晶态转变造成体积膨胀，从而导致石材爆裂，失去强度；某些花岗石含有微量放射性元素，对人体有害。

花岗石主要用于建筑物室内外装饰，如室内地面、内外墙面、柱面、墙裙、楼梯等处，也可用于吧台、服务台、收款台、家具装饰以及制作各种纪念碑、墓碑等，还可用来砌筑建筑物的基础、墙体、桥梁、踏步、堤坝以及铺筑路面、制作城市雕塑等。

2. 天然花岗石板材的分类、规格、等级和命名

（1）天然花岗石板材的分类和规格

根据国家标准《天然花岗石建筑板材》（GB/T 18601—2009）规定，天然花岗石板材按形状可分为毛光板、普型板、圆弧板和异型板；按表面加工程度可分为镜面板、细面板和粗面板。常用天然花岗石板材定型规格如表 5.7 示。

表 5.7　常用天然花岗石板材定型规格　　　　　　　　　　　　　　mm

项目	规格
边长系列	300、305、400、500、600、800、900、1 000、1 200、1 500、1 800
厚度系列	10、12、15、18、20、25、30、35、40、50

（2）天然花岗石板材的等级

天然花岗石板材按加工质量和外观划分等级。毛光板按厚度偏差、平面度偏差、外观质量等，分为优等品（A）、一等品（B）、合格品（C）三个等级；普型板按尺寸允许偏差、平整度允许极限偏差、角度允许极限偏差和外观缺陷要求，分为优等品（A）、一等品（B）、合格品（C）三个等级；圆弧板按尺寸允许偏差、直线度偏差、线轮廓度偏差、外观质量等，分为优等品（A）、一等品（B）、合格品（C）三个等级。

（3）天然花岗石板材的命名和标记

天然花岗石板材的命名顺序：荒料产地名称、花纹色调特征名称、花岗岩（G）。

天然花岗石板材的标记顺序：命名、分类、规格尺寸、等级、标准号。

例如用山东济南黑色花岗石荒料生产的规格尺寸为 400 mm × 600 mm × 20 mm 的普型、镜面、一等品板材，标准号为 JC － 205，其命名和标记如下。

命名：济南青花岗石

标记：济南青（G）N-PL － 400 × 600 × 20 － B-JC205。

3. 天然花岗石板材的质量标准

（1）加工质量技术要求

天然花岗石毛光板的平面度偏差和厚度偏差应符合表 5.8 的规定。天然花岗石普型板和圆弧板的规格尺寸允许偏差应满足表 5.9 的规定，圆弧板壁厚最小值应大于或等于 18 mm。天然花岗石普型板的平面度偏差和角度偏差应符合表 5.10 的规定。天然花岗石圆弧板的直线度与线轮廓度允许偏差应符合表 5.11 的规定。

表 5.8　天然花岗石毛光板的平面度偏差和厚度偏差（GB/T 18601—2009）　　　mm

项目	技术指标					
	镜面和细面板材			粗面板材		
	优等品	一等品	合格品	优等品	一等品	合格品
平面度	0.8	1.0	1.5	1.5	2.0	3.0

续表

项目		技术指标					
		镜面和细面板材			粗面板材		
		优等品	一等品	合格品	优等品	一等品	合格品
厚度	≤12	±0.5	±1.0	+1.0 -1.5	—		
	>12	±1.0	±2.0	±1.5	+1.0 -2.0	±2.0	+2.0 -3.0

表 5.9　天然花岗石普型板和圆弧板的规格尺寸允许偏差（GB/T 18601—2009）　　mm

项目			允许偏差					
			镜面和细面板材			粗面板材		
			优等品	一等品	合格品	优等品	一等品	合格品
普型板	长度、宽度		0 -1.0		0 -1.5	0 -1.0		0 -1.5
	厚度	≤12	±0.5	±1.0	+1.5 -1.0	—		
		>12	±1.0	±1.5	±2.0	+1.0 -2.0	±2.0	+2.0 -3.0
圆弧板	弦长		0 -1.0		0 -1.5	0 -1.5	0 -2.0	0 -2.0
	高度					0 -1.0	0 -1.0	0 -1.5

表 5.10　天然花岗石普型板的平面度偏差和角度偏差（GB/T 18601—2009）　　mm

板材长度(L)		允许公差					
		镜面和细面板材			粗面板材		
		优等品	一等品	合格品	优等品	一等品	合格品
平面度允许偏差	L≤400	0.2	0.35	0.5	0.6	0.8	1.0
	400<L≤800	0.5	0.65	0.8	1.2	1.5	1.8
	L>800	0.7	0.85	1.0	1.5	1.8	2.0
角度允许偏差	L≤400	0.3	0.5	0.8	0.3	0.5	0.8
	L>400	0.4	0.6	1.0	0.4	0.6	1.0

表 5.11　天然花岗石圆弧板的直线度与线轮廓度允许偏差（GB/T 18601—2009）　　mm

项目		技术指标					
		镜面和细面板材			粗面板材		
		优等品	一等品	合格品	优等品	一等品	合格品
直线度（按板材高度）	≤800	0.8	1.0	1.2	1.0	1.2	1.5
	>800	1.0	1.2	1.5	1.5	1.5	2.0
线轮廓度		0.8	1.0	1.2	1.0	1.5	2.0

（2）花岗石板材正面的外观质量

花岗石板材正面的外观质量应满足表5.12的要求。同一批板材的花纹色调应基本一致，不可以与标准样板有明显差异。

表5.12　花岗石板材正面的外观质量（GB/T 18601—2009）

名称	规定内容	优等品	一等品	合格品
裂纹	长度不超过两端顺延至板边总长度的1/10（长度小于20 mm不计），每块板允许条数/条	0	1	2
缺棱	长度不超过10 mm，宽度不超过1.2 mm（长度小于5 mm，宽度小于1.0 mm不计），每边每米长允许个数/个	0	1	2
掉角	沿板材边长，长度不超过3 mm，宽度不超过3 mm（长度不超过2 mm，宽度不超过2 mm不计），每块板允许个数/个	0	1	2
色斑	面积不超过15 mm×30 mm（面积小于10 mm×10 mm不计），每块板允许个数/个	0	2	3
色线	长度不超过两端顺延至板边总长度的1/10（长度小于40 mm不计），每块板允许条数/条	0	2	3

（3）天然花岗石板材的物理性能

天然花岗石板材的物理性能指标应符合表5.13的规定。

表5.5　天然花岗石板材的物理性能指标（GB/T 18601—2009）

项目		技术要求	
		一般用途	功能用途
体积密度		$\geqslant 2.56$ g/cm^3	$\geqslant 2.56$ g/cm^3
吸水率		$\leqslant 0.6\%$	$\leqslant 0.4\%$
干燥压缩强度	干燥	$\geqslant 100$ MPa	$\geqslant 131$ MPa
	水饱和		
弯曲强度	干燥	$\geqslant 8.0$ MPa	$\geqslant 8.3$ MPa
	水饱和		
耐磨度①		$\geqslant 25$ L/cm^3	$\geqslant 25$ L/cm^3

注：①表示使用在地面、楼梯踏步、台面等严重踩踏或磨损部位的花岗石石材应验此项。

（4）花岗石板材的放射性

天然石材的放射性是人们普遍关注的问题。经检验表明：绝大多数天然石材中所含放射性物质的剂量很小，一般不会危及人体健康。但有部分花岗石产品的放射性物质指标超标，长期使用会影响人体健康、污染环境，因此有必要加以控制。天然石材中含有的放射性物质主要有镭、钍、铀等，这些放射性元素在衰变过程中生成放射性气体氡。氡气无色、无味，人不易觉察到，如果人长期生活在氡浓度过高的环境中，氡气会通过人的呼吸道沉积在肺部，尤其是气管、支气管内，并放出大量放射线，从而导致肺癌或其他呼吸道疾病，在通风不良的地方危害更大。

根据国家标准《建筑材料放射性核素限量》（GB 6566—2010）的规定，所有石材均应提供放射性物质含量检测证明,并将天然石材按照放射性物质的比活度分为 A 级、B 级、C 级三个等级。A 级,比活度低,不会对人体健康造成危害,可用于一切场合;B 级,比活度较高,用于宽敞高大且通风良好的空间;C 级,比活度很高,只能用于室外。

5.2.3 天然装饰石材的选用原则

天然装饰石材具有良好的技术性能和装饰性,特别是在耐久性方面,是其他装饰材料难以比拟的。因此,在永久性建筑和高档建筑装修时,经常采用天然石材作为装饰材料。但是,天然石材也具有成本高、自重大、运输不方便、部分使用性能较差等缺陷。为了保证装饰工程的装饰效果和经济性,在选用天然石材时应考虑以下几个方面。

1. 经济性

从经济性方面考虑,尽量就地取材,缩短石材的运输距离,减轻劳动强度,降低产品成本。另外,还要考虑一次性投资与长期维护费用、当地材料价格、施工成本等方面对装饰工程造价的影响。

2. 适用性

适应性主要指石材的技术性能能满足使用要求。应根据石材在建筑中的功能、部位及所处的环境条件等,来正确选择石材。例如:用于地面的材料,首先应当考虑它的耐磨性和防滑性;用于室外的饰面材料,应选择耐风雨侵蚀能力强、经久耐用的材料;用于室内的饰面材料,主要考虑其工艺性质,如光泽、颜色、花纹等的美观。而且同一部位上,尽可能选用同一矿山出产的石材,以免存在明显色差和花纹不一的现象。

3. 安全性

天然石材可能含有对人体有害的放射性物质。国家质量技术监督部门对全国花岗石、大理石等天然石材的放射性抽查结果表明,其合格率为 70% 左右。其中花岗石的放射性较高,大理石较低。从颜色上看,红色、深红色等颜色较深的石材放射性超标较多。因此,室内装修应尽量选用放射性较低的石材产品。

5.3 人造装饰石材

人造石材是以水泥或不饱和聚酯、树脂为黏结剂,以天然大理石、花岗岩碎料或方解石、白云石、石英砂、玻璃粉等无机矿物为骨料,加入适量的阻燃剂、稳定剂、颜料等,经过拌和、浇筑、加压成型、打磨抛光以及切割等工序制成的板材。与天然石材相比,人造石材具有色彩艳丽、光洁度高、颜色均匀一致、抗压耐磨、韧性好、结构致密、坚固耐用、比重轻、不吸水、耐侵蚀风化、色差小、不褪色、放射性低等优点。人造石材具有资源综合利用的优势,在环保节能方面具有不可低估的作用,也是名副其实的建材绿色环保产品。现已成为现代建筑首选的饰面材料。

5.3.1 人造石材的类型

人造石材按生产所用材料不同可分为树脂型人造石材、复合型人造石材、水泥型人造石材和烧结型人造石材。

1. 树脂型人造石材

树脂型人造石材是以不饱和聚酯、树脂为黏结剂,将天然大理石、花岗岩、方解石及其他无机填料按一定的比例配合,再加入固化剂、催化剂、颜料等,经搅拌、成型、抛光等工序加工而成的。树脂型人造石材光泽好、色彩鲜艳丰富、可加工性强、装饰效果好,是目前国内外主要使用的人造石材。人造大理石、人造花岗岩、微晶玻璃均属于此类石材。室内装饰工程中采用的人造石材主要是树脂型的。

2. 复合型人造石材

复合型人造石材是指采用的胶结料中,既有无机胶凝材料(如水泥),又有有机高分子材料(树脂)。它是先用无机胶凝材料将碎石、石粉等基料胶结成型并硬化,再将硬化体浸渍在有机单体中,使其在一定条件下聚合而成。对于板材,底层可采用性能稳定而价格低廉的无机材料制成,面层可采用聚酯和大理石粉制作。无机胶结材料可用快硬水泥、白水泥、普通硅酸盐水泥、铝酸盐水泥、粉煤灰水泥、矿渣水泥以及熟石膏等。有机单体可用苯乙烯、甲基丙烯酸甲酯、醋酸乙烯、丙烯腈、丁二烯等,这些单体可单独使用,也可组合使用。复合型人造石材的造价较低,装饰效果好,但受温差影响后聚酯面容易剥落和开裂。

3. 水泥型人造石材

水泥型人造石材是以各类水泥为胶结材料,以天然大理石、花岗岩碎料等为粗骨料,以砂为细骨料,经搅拌、成型、养护、磨光、抛光等工序制成的。若在配制过程中加入色料,便可制成彩色水泥石。水泥型人造石材取材方便、价格低廉,但装饰性较差。水磨石和各类花阶砖均属于此类石材。

4. 烧结型人造石材

烧结型人造石材是以长石、石英石、方解石粉和赤铁粉及部分高岭土混合,用泥浆法制坯,半压干法成型后,在窑炉中高温焙烧而成的。烧结型人造石材装饰性好、性能稳定,但经高温焙烧能耗大,产品破碎率高,因而造价高。

总之,由于不饱和聚酯树脂具有黏度小、易于成型、光泽好、颜色浅,容易配制成各种明亮的色彩与花纹,固化快,常温下可进行操作等特点,因此在上述四类石材中,目前使用最广泛的是以不饱和聚酯树脂为胶结剂而生产的树脂型人造石材,其物理、化学性能稳定,适用范围广,又称聚酯合成石。

5.3.2 常用人造石材

人造石材在建筑装饰工程中应用广泛,常见的有聚酯型人造大理石和人造花岗岩、微晶玻璃装饰板和水磨石板材。

1. 聚酯型人造石

聚酯型人造大理石和人造花岗岩是以不饱和聚酯树脂为胶结剂,以天然石渣和石粉为填料,加入适量的固化剂、稳定剂、颜料等,经磨制、固化成型、加工制成的一种人造石材,统称为聚酯型人造石。

(1)聚酯型人造石的性能

聚酯型人造石与天然石材相比,表观密度小、强度高,其物理力学性能如表 5.14 所示。

表 5.14 聚酯型人造石的物理力学性能

抗压强度	抗折强度	表观密度	冲击韧性	表面硬度	吸水率	表面光泽度	线膨胀系数
80~110 MPa	25~40 MPa	100~2 300 g/cm³	15 J/cm²	50~60 HRC	<0.1%	60~90 光泽单位	(2~3)× 10⁻⁵

（2）聚酯型人造石的特点

1）装饰性好

聚酯型人造石的装饰图案、花纹、色彩可根据需要人为地控制，厂商可根据市场需求生产出各式各样的颜色及图案组合，这是天然石材所不及的。另外，聚酯型人造石的仿真性好，其质感和装饰效果完全可以达到天然石材的装饰效果。

2）强度高，耐磨性好

聚酯型人造石的强度高，可以制成薄板（多数为 12 mm 厚），规格尺寸最大可达 1 200 mm×300 mm。同时，硬度较高，耐磨性较好。

3）耐腐蚀性、耐污染性好

由于聚酯型人造石以不饱和聚酯树脂为胶凝材料，因而具有良好的耐酸性、耐碱性和耐污染性。

4）生产工艺简单，可加工性好

聚酯型人造石生产工艺及设备简单，可根据要求生产出各种形状、尺寸和光泽的制品，且制品较天然石材易于切割、钻孔。

5）耐热性、耐酸性较差

不饱和聚酯树脂的耐热性较差，使用温度不宜过高，一般不高于 200 ℃。此外，树脂在大气中光、热、电的作用下会老化，使产品表面逐渐失去光泽，出现变暗、翘曲等质量问题，降低装饰效果，故一般应用于室内。

（3）聚酯型人造石的种类与用途

聚酯型人造石由于生产时所加的颜料不同，采用的天然石料的种类、粒度和纯度不同，还有加工工艺不同，因此所制成的人造石的花纹、图案、色彩和质感也不同，通常可以仿制成天然大理石、花岗岩或玛瑙石等的装饰效果，故称之为人造大理石、人造花岗岩和人造玛瑙石等。此外，还可以仿制出具有类似玉石色泽和透明状的人造石材，称为人造玉石，如图 5.4 和图 5.5 所示。人造玉石色泽透明，可惟妙惟肖地仿造出彩翠、紫晶、芙蓉石等名贵玉石产品，甚至可以达到以假乱真的程度。

聚酯型人造石通常用于制作饰面人造大理石板材和人造玉石板以及制作卫生洁具，如浴缸、带梳妆台单双洗脸盆、立柱式脸盆、坐便器等。另外，还可以做成人造大理石工艺品。

意大利在聚酯型人造石的加工技术方面非常先进，举世闻名，所仿制的人造大理石，其外观与天然大理石极为相似，堪称独特产品，但价格昂贵。目前，我国的北京、天津、江苏、山东和广东等地均有生产聚酯型人造石的厂家。

2. 人造石材新产品——微晶石材

微晶石材又称微晶玻璃，如图 5.6 所示。它是以石英砂、石灰石、萤石、工业废渣为原料，在助剂的作用下高温熔融形成微小的玻璃结晶体，再按要求高温晶化处理后磨制而成的仿石材料。微晶玻璃可以是晶莹剔透、类似无色水晶的外观，也可以是五彩斑斓的。后者经切割和表面加工后，表面可呈现出大理石或花岗岩的表面花纹，具有良好的装饰性。

图 5.4　高温人造玉石及楼梯踏步

图 5.5　人造玉石地面

图 5.6　微晶石材

　　微晶玻璃装饰板是应用受控晶化高新技术而得到的多晶体,这种新型材料具有结构密实、高强、耐磨、耐腐蚀以及外观上纹理清晰、色泽鲜艳、无色差、不褪色等特点。微晶玻璃装饰板除了比天然石材具有更高的强度和耐腐蚀性外,还具有吸水率小(0% ~ 1%)、无放射性污染、颜色可调整、规格大小可控制等优点。微晶玻璃装饰板作为新型高档装饰材料,正逐步受到设计和使用单位的青睐,目前已代替天然花岗岩用于墙面、地面、柱面、楼梯、踏步等处的装饰。

　　微晶玻璃装饰板由于其优良的装饰性能,其产品越来越受消费者喜欢。近几年,日本新建车站或者车站翻新时,其内、外墙大多改用微晶玻璃板,如名古屋附近的车站、箱崎地铁站等。另外,在建筑物、商业建筑、娱乐设施及工业建筑的饰面装修中采用微晶玻璃者更可谓比比皆是,如新千岁空港旅客进港大厅、新东京邮电局、竹井美术馆、大阪市立科学馆、住友银行等。我国台湾,桥福第一信托大楼、高雄南荣大楼等都采用了微晶玻璃装饰板。这些建筑物实实在在表明微晶玻璃板势必成为 21 世纪建材界的新宠儿。

3. 水磨石板

水磨石板是以水泥为胶结材料,以大理石渣为主要骨架,经成型、养护、研磨、抛光等工序制成的一种建筑装饰用人造石材。一般预制水磨石板以普通水泥混凝土为底层,以添加颜料的白水泥和彩色水泥与各种大理石渣拌制的混凝土为面层,如图 5.7 所示。

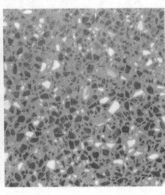

图 5.7　水磨石板

（1）水磨石板的特点和用途

装饰水磨石板是一种很好的饰面装饰材料,它具有强度高、坚固耐用、花色品种多、美观大方、使用范围广、施工方便等特点,颜色可以根据具体环境的需要任意配制,花纹样式多并可以在施工时拼铺成各种不同的图案。水磨石板在建筑装饰工程中广泛应用,可以制成各种形状的饰面板和制品,主要用于建筑物的地面、墙面、柱面、窗台、踢脚线、台面、楼梯踏步等处,还可制成桌面、水池、假山盘、花盆等。

（2）水磨石板的分类、等级和命名

1）水磨石板的分类

水磨石板根据表面加工程度可分为磨光水磨石(M)和抛光水磨石(P)两类;根据水磨石制品在建筑物中的使用部位可分为墙面和柱面用水磨石(Q),地面和楼面用水磨石(D),踢脚板、立板和三角板类水磨石(T),隔断板、窗台板和台面板类水磨石(G)四类。

2）水磨石板的等级和规格

水磨石板按其外观质量、尺寸偏差和物理力学性能,可分为优等品(A)、一等品(B)和合格品(C)三个等级。其常用规格有 300 mm×300 mm、305 mm×305 mm、400 mm×400 mm 和 500 mm×500 mm。其他规格的水磨石板可由设计、施工部门与生产厂家协商预定。

3）水磨石板的命名

水磨石板的标记顺序:牌号、类别、等级、规格和标准号。例如钻石牌规格尺寸为 400 mm×400 mm×25 mm 的一等品地面抛光水磨石,其标记为钻石牌水磨石 DPB400×400×25BJC507 。

（3）水磨石板的质量技术要求

水磨石板的质量技术要求包括规格尺寸允许偏差、外观质量缺陷和物理性能。规格尺寸允许偏差要求如表 5.15 所示,外观质量缺陷规定如表 5.16 所示。物理性能包括光泽、强度、吸水率等。抛光水磨石的光泽度,优等品不得低于 45.0 光泽单位,一等品不得低于 35.0 光泽单位,合格品不得低于 25.0 光泽单位;水磨石的吸水率不得大于 8.0%;抗折强度平均值不得低于 5.0 MPa，且单块的最小值不得低于 4.0 MPa。

表 5.15　水磨石板规格尺寸允许偏差　　　　　　　　　　　　mm

类别		长度、宽度	厚度	平面度	角度	类别		长度、宽度	厚度	平面度	角度
Q	优等品	0 / −1	±1	0.6	0.6	T	优等品	±1	+1 / −2	1.0	0.8
	一等品	0 / −1	+1 / −2	0.8	0.8		一等品	±2	±2	1.5	1.0
	合格品	0 / −2	+1 / −3	1.0	1.0		合格品	±3	±3	2.0	1.5
D	优等品	0 / −1	+1 / −2	0.6	0.6	G	优等品	±2	+1 / −2	1.5	1.0
	一等品	0 / −1	±2	0.8	0.8		一等品	±3	±2	2.0	1.5
	合格品	0 / −2	±3	1.0	1.0		合格品	±4	±3	3.0	2.0

表 5.16　水磨石板外观质量缺陷规定

缺陷名称	优等品	一等品	合格品
返浆杂质	不允许		长×宽≤10 mm×10 mm 不超过 2 处
色差、划痕、杂石、漏砂、气孔	不允许		不明显
缺口	不允许		不应有长×宽>5 mm×3 mm 的缺口 长×宽≤5 mm×3 mm 的缺口周边上不超过 4 处， 同一条棱上不超过 2 处

常见人造石样图如图 5.8 所示。

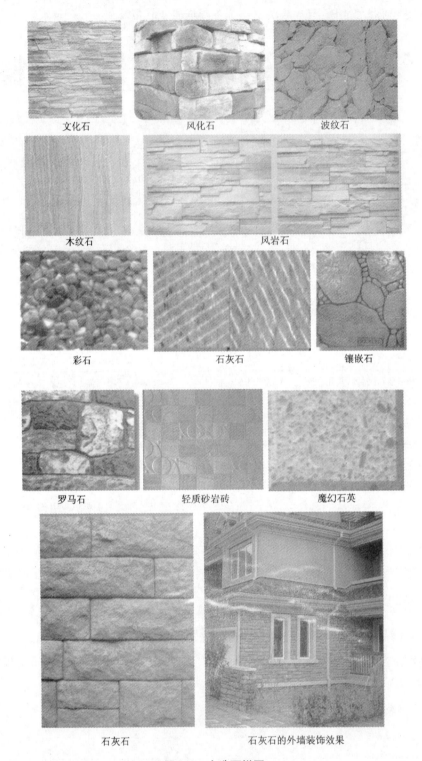

文化石　　　　　风化石　　　　　波纹石

木纹石　　　　　风岩石

彩石　　　　　石灰石　　　　　镶嵌石

罗马石　　　　轻质砂岩砖　　　　魔幻石英

石灰石　　　　　石灰石的外墙装饰效果

图 5.8　人造石样图

第6章 建筑装饰金属材料

金属材料是指一种或两种以上的金属元素或金属元素与非金属元素组成的合金材料的总称。金属材料通常分为两大类:一类是黑色金属材料,其基本成分为铁及其合金,如钢和铁;另一类是有色金属材料,是除铁以外的其他金属及其合金的总称,如铝、铜、铅、锌、锡等及其合金。

金属材料最大特点是色泽效果,如不锈钢、铝合金具有明显的时代感,铜和铜合金具有华丽、优雅、古典的特色等;此外,金属材料还具有韧性大、经久耐用、保养维护容易等特点,因此被广泛应用到各种建筑装饰工程中。

6.1 建筑装饰钢材及其制品

6.1.1 建筑装饰钢材

钢材是以铁为主要元素,含有2%以下的碳元素,并含有少量的硅、锰、硫、磷、氧等元素的材料。钢材是将生铁在炼钢炉中进行冶炼,然后浇注成钢锭,再经过轧制、锻压、拉拔等压力加工工艺制成。建筑装饰钢材是钢材中的主要组成部分,是建筑装饰工程中应用最广泛、最主要的材料之一。

1. 建筑装饰钢材的性能特点和应用

钢材具有许多优良的性能:一是材质均匀,性能可靠;二是强度高,塑性和冲击韧性好,可承受各种性质的荷载;三是加工性能好,可通过焊接、铆接和螺钉连接的方法制成各种形状的构件。钢材的缺点是易锈蚀、耐火性差、维修费用大。

建筑装饰钢材是指用于建筑装饰工程中的各种钢材,如用于建筑装饰工程中的不锈钢及其制品、轻钢龙骨、各类装饰钢板等;钢材更被广泛应用于建筑工程中,如作为结构材料以及钢筋混凝土中的钢筋、钢结构中的各类型钢等。

2. 钢材的分类

钢铁的分类方式很多,主要有按冶炼方法不同分类、按脱氧程度不同分类、按压力加工方式不同分类、按化学成分不同分类、按钢材质量不同分类和按钢材用途不同分类等,如表6.1所示。

表 6.1 钢铁的分类

按冶炼方法分类	转炉钢(氧气转炉钢、空气转炉钢)
	平炉钢
	电炉钢

续表

按脱氧程度分类	镇静钢——一般用硅脱氧,脱氧完全,钢液浇注后平静地冷却凝固,基本无CO气泡产生。镇静钢均匀密实,力学性能好,品质好,但成本高
	沸腾钢——一般用锰、铁脱氧,脱氧很不完全,钢液冷却凝固时有大量CO气体外逸,引起钢液沸腾,故称为沸腾钢。沸腾钢内部气泡和杂质较多,化学成分和力学性能不均匀,因此钢的质量较差,但成本较低
	半镇静钢——用少量的硅进行脱氧,脱氧程度和性能介于镇静钢和沸腾钢之间
按压力加工方式分类	热加工钢材
	冷加工钢材
按化学成分分类	碳素钢
	低碳钢(含碳量<0.25%)
	中碳钢(含碳量0.25%~0.60%)
	高碳钢(含碳量>0.60%)
	合金钢
	低合金钢(合金元素总量<5%)
	中合金钢(合金元素总量5%~10%)
	高合金钢(合金元素总量>10%)
按钢材质量分类	普通碳素钢(含硫量≤0.055%~0.60%,含磷量≤0.045%~0.085%)
	优质碳素钢(含硫量≤0.030%~0.045%,含磷量≤0.035%~0.040%)
	高级优质钢(含硫量≤0.020%~0.030%,含磷量≤0.027%~0.035%)
按钢材用途分类	结构钢
	主要用于建筑工程结构钢
	主要用于机械制品结构钢
	工具钢
	主要用于各种刀具、量具及磨具
	特塑钢
	具有特殊物理、化学或力学性能,如不锈钢、耐热钢、耐磨钢等

3. 建筑装饰钢材的技术性能

(1)钢材的拉伸性能

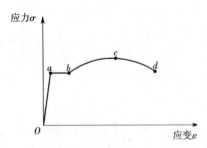

图6.1 低碳钢(软钢)受拉应力-应变曲线

拉伸是建筑钢材的主要受力形式,所以拉伸性能是表示钢材性能和选用钢材的重要指标。将低碳钢(软钢)制成一定规格的试件,放在材料试验机上进行拉伸试验,可以绘出如图6.1所示的应力-应变关系曲线。从图中可以看出,低碳钢受拉至拉断,经历了四个阶段:弹性阶段(Oa)、屈服阶段(ab)、强化阶段(bc)和颈缩阶段(cd)。自开始加载到a点之前,钢筋处于弹性阶段,应力-应变呈线性关系,在此阶段内,若卸去外力,试件仍能恢复原状;应力达到a点后,钢筋进入屈服阶段,应力不再增加,而应变急剧增长,形成屈服台阶ab;加载超过b点后,应力-应变关系重新表现为上升的曲线,bc段称为强化阶段;到达应力最高点c点后,钢筋产生颈缩现象,应力开始下降,到d点钢筋被拉断,cd段称为破坏阶段。

(2)钢材的伸长率

建筑装饰钢材应具有很好的塑性,钢材的塑性通常用伸长率来表示。钢材的伸长率为钢材试件拉断后的伸长值与原标距长度之比,用 δ 表示。如用 L_0 表示试件原始标距长度,L_1 表示断裂试件拼合后的标距长度,那么伸长率计算公式如下:

$$\delta = \frac{L_1 - L_0}{L_0} \times 100\%$$

伸长率是衡量钢材塑性的一个重要指标。δ 越大,说明钢材塑性越好。钢材的塑性大,不仅便于进行各种加工,而且能保证钢材在建筑上的安全使用。因为钢材在塑性破坏前,有很明显的变形和较长的变形持续时间,便于人们发现和补救。

(3)钢材的冲击韧性

钢材的冲击韧性是指钢材抵抗冲击荷载作用而不被破坏的能力。试验表明,钢材中的磷、硫含量较高,化学成分不均匀,含有非金属夹杂物以及焊接中形成的微裂纹等都会使冲击韧性显著降低。冲击韧性还随着温度的降低而下降,其变化规律为:开始时下降比较缓和,而当温度降低到一定程度时,冲击韧性急剧下降而使钢材呈脆性断裂,这一现象称为低温冷脆性,这时的温度称为脆性临界温度。脆性临界温度越低,说明钢材的低温冲击韧性越好。除此之外,钢材的冲击韧性还与冶炼方法、冷作及时效、组织状态等有关。

(4)钢材的冷弯性能

钢材的冷弯性能是指钢材在常温下承受弯曲变形的能力。衡量钢材冷弯性能的指标有两个:一个是试件的弯曲角度,另一个是弯心直径与试件的厚度(或直径)的比值。钢材的弯曲角度越大,弯心直径与钢材厚度(或直径)的比值越小,表示钢材的冷弯性能越好。在钢材的技术标准中,对钢材的冷弯性能有明确规定,通过按规定的弯曲角度和弯曲直径对试件进行试验,如试件弯曲后,试件弯曲处均不发生起层、裂纹及断裂现象,则认为该钢材冷弯性能合格,否则为不合格。

钢材的冷弯性能和伸长率一样反映钢的塑性变形,不过冷弯试验是一种更严格的质量检测,能揭示钢材是否存在内部不均匀、内应力和夹杂物等缺陷。总之,通过对钢材的冷弯试验,能检测出钢材在受弯表面存在的未融合、微裂缝和夹杂物等缺陷。

(5)钢材的焊接性能

在建筑工程中,各种型钢、钢板、钢筋及预埋件等需用焊接加工。钢结构有90%以上是焊接结构。焊接的质量取决于焊接工艺、焊接材料及钢铁焊接性能。

钢材的焊接性是指钢材是否适应一般的焊接方法与工艺的性能。焊接性好的钢材指用一般焊接方法和工艺施焊,焊口处不易形成裂纹、气孔、夹渣等缺陷;焊接后钢材的力学性能,特别是强度不低于原有钢材,硬脆性倾向小。钢材焊接性的好坏,主要取决于钢材化学成分,含碳量高将增加焊接接头的硬脆性,含碳量小于0.25%的碳素钢具有良好的焊接性。

6.1.2 建筑装饰钢材制品

金属材料独特的光泽和装饰效果,使它深受人们的欢迎,在现代建筑装饰工程中应用越来越广泛。目前,建筑装饰工程中常用的钢材制品种类很多,主要有不锈钢制品、彩色不锈钢板、彩色涂层钢板、彩色压型钢板、彩色复合钢板和轻钢龙骨等。

1. 普通不锈钢

(1)普通不锈钢的特性

普通钢材在一定介质的侵蚀下容易生锈。钢材被锈蚀后不仅降低了钢材的强度、韧性、塑性等性能,而且还造成大量的浪费。据有关资料统计,每年全世界有上千万吨钢材因遭到锈蚀而被破坏。钢材的锈蚀有两种形式:一是化学腐蚀,二是电化学腐蚀。钢材在大气中的锈蚀是化学锈蚀和电化学锈蚀共同作用所致,但以电化学锈蚀为主。

为了防止钢材锈蚀,在钢中加入适量的铬(Cr)元素,使其耐蚀性大大提高,不锈钢就是在钢中加入铬合金的合金钢。不锈钢中铬含量越高,钢材的抗腐蚀性越好。不锈钢中除含铬外,还含有镍、锰、钛、硅等元素,这些元素都能影响不锈钢的强度、塑性、韧性等性能。

(2)普通不锈钢的分类

不锈钢按其化学成分不同可分为铬不锈钢、铬镍不锈钢、高锰低铬不锈钢等;按不同耐腐蚀的特点又可分为普通不锈钢(耐大气和水蒸气侵蚀)和耐酸不锈钢(除对大气和水有抗蚀能力外,还对某些化学介质如酸、碱、盐具有良好的抗蚀性)两类;按光泽度不同可分为亚光不锈钢和镜面不锈钢。

(3)普通不锈钢制品及应用

目前,我国生产的普通不锈钢产品有40多种,建筑装饰用的不锈钢主要有Cr18Ni8、Cr17Mn2Ti等几种。在建筑装饰工程中,所用的普通不锈钢制品主要有薄钢板、各种型材和管材及各种异型材,其中应用最广泛的是厚度小于2 mm的不锈钢薄钢板。

不锈钢除了具有普通钢材的性质外,还具有极好的抗腐蚀性和表面光泽度。不锈钢表面经加工后,可获得镜面般光亮平滑的效果,光反射比可达90%以上,具有良好的装饰性,是极富现代气息的装饰材料。故普通不锈钢被广泛用于大型商场、宾馆、餐厅等的大厅、入口、门厅、中庭等处的墙柱面装饰。尤其用不锈钢包柱,其镜面反射作用与周围环境中的色彩、景物能够形成交相辉映的效果,同时在灯光的配合下,还可形成晶莹明亮的高光部分,对空间环境的效果起到强化、点缀和烘托的作用,如图6.2所示。此外,普通不锈钢板还可用于电梯门及门贴脸、各种装饰压条、隔墙、幕墙、屋面等的装饰。不锈钢管可制成栏杆、扶手、吊杆、隔离栅栏和旗杆等,如图6.3所示。不锈钢型材可用于制作柜台、各种压边等。

图6.2 某专卖店不锈钢包柱效果

2. 彩色不锈钢板

彩色不锈钢板是在普通不锈钢板的基面上,用化学镀膜的方法进行着色处理,使其表面具有各种绚丽色彩的不锈钢装饰板。彩色不锈钢板已成为不锈钢系列中靓丽的一族,其颜色齐全,可镀金色、香槟金色、黑金色、枪黑色、银白色、银灰色、古铜色、青铜色、玫瑰金色、紫

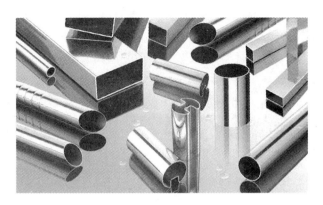

图 6.3　不锈钢管材

金色、咖啡金色、宝石蓝色、七彩色、茶色等。彩色不锈钢板色彩绚丽,是一种非常好的装饰材料,用它做装饰能够尽显雍容华贵的品质,同时它又具有抗腐蚀性强、力学性能较高、彩色面层经久不褪色、色泽随光照角度不同会产生色调变幻等特点,彩色面层能耐 200 ℃的温度不变,耐锈蚀性能和装饰性能良好,耐磨和耐刻划性能相当于箔层涂金的性能。

　　彩色不锈钢板应用广泛,可用作厅堂墙板、天花板、电梯厢板、车厢板、建筑装潢、广告招牌等装饰之用。现在一些商业大楼已经在使用这种彩色不锈钢磨砂板。例如滨州交通局高档玻璃楼梯护栏、山东省体育馆不锈钢玻璃门、金德利连锁店店面工程、槐荫医院不锈钢橱柜等。

　　不锈钢装饰板是近年来广泛使用的一种新型装饰材料,而且还在不断发展和创新中。彩色不锈钢板按表面效果分类,主要品种有彩色不锈钢喷砂板、彩色不锈钢板、彩色不锈钢镜面板及钛金不锈钢装饰板等,如图 6.4 所示。

彩色不锈钢镜面板
颜色:钛黑色、宝石蓝色、钛金色、玫瑰金色
特点:耐磨、耐腐蚀,冲压弯曲加工性能好
规格:1 219×2 438、1 219×3 048(mm)
材质:201、202、304
　　特征:镜面板又称 8K 板,不锈钢原材料用研磨液通过抛光设备在钢板面上进行抛光,使板面平整且光度像镜子一样清晰。镜面板系列产品广泛用于建筑装饰、电梯装饰、工业装饰、设施装饰等装修工程。

彩色不锈钢磨砂板

颜色:宝石蓝色、黑色、咖啡色、香槟金色

类型:磨砂板

特点:耐磨、耐腐蚀,冲压弯曲加工性能好

规格:1 219×2 438、1 219×3 048(mm)

材质:201、202、304

特征:磨砂板的表面有绸缎般的丝状纹理效果,而且表面是亚光的,形成不规则的横向短丝状,表面丝状纹路比拉丝板要短很多。

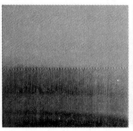

彩色不锈钢拉丝板

颜色:香槟金色、黑色、宝石蓝色、古铜色

类型:拉丝板

特点:耐磨、耐腐蚀,冲压弯曲加工性能好

规格:1 219×2 438、1 219×3 048(mm)

材质:201、202、304

特征:拉丝板(LH)表面有丝状的纹理,这是不锈钢的一种加工工艺;表面是亚光的,仔细看上面有一丝一丝的纹理,但是摸不出来,比一般亮面的不锈钢耐磨,看起来更上档次。

彩色不锈钢喷砂板

颜色:黑色、咖啡色、钛金色、蓝色

类型:喷砂板

特点:耐磨、耐腐蚀、冲压弯曲加工性能好

规格:1 219×2 438、1 219×3 048(mm)

材质:201、202、304

特征:喷砂板是指用锆珠粒通过机械设备在板面进行加工,使板面呈现细微珠粒状砂面,并经过复杂的工艺过程来实现,喷砂板表面色彩绚丽,增添了赏心悦目的美感。

钛金不锈钢装饰板

类型:钛金板、钛金镜面板、钛金刻花板

特点:颜色鲜明、豪华富丽、钛金镀膜永不褪色

规格:1 220×2 400、1 220×3 048(mm)

图 6.4 各种色彩不锈钢材料详细图解

3. 彩色涂层钢板

为了提高普通钢板的防腐蚀性能和表面装饰性能,近年来我国发展了彩色涂层钢板。彩色涂层钢板又称彩色钢板,是以冷轧钢板或镀锌钢板为基板,通过在基板表面进行化学预处理和涂漆等工艺进行处理后,使基层表面覆盖一层或多层高性能的涂层后制得的。彩色涂层钢板的涂层一般分为有机涂层、无机涂层和复合涂层三类,其中以有机涂层钢板用得最多、发展最快,常用的有机涂层有聚氯乙烯、聚丙烯酸酯、环氧树脂等。有机涂层可以配制各种不同色彩和花纹,故称之为彩色涂层钢板。彩色涂层钢板的结构如图 6.5 所示,彩色涂层钢板的分类和规格如表 6.2 所示。

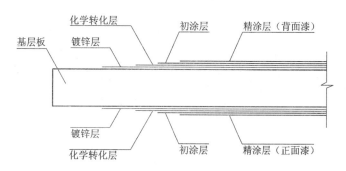

图 6.5 彩色涂层钢板结构

表 6.2　彩色涂层钢板的分类及规格（GB/T 12754—2006）

分类	项目		代号
用途	建筑外用		JW
	建筑内用		JN
	家电		JD
	其他		QT
基板类型	热镀锌基板		Z
	热镀锌铁合金基板		ZF
	热镀铝锌合金基板		AZ
	热镀锌铝合金基板		ZA
	电镀锌基板		ZE
涂层表面状态	涂层板		TC
	压花板		YA
	印花板		YI
面漆种类	聚酯		PE
	硅改性聚酯		SMP
	高耐久性聚酯		HDP
	聚偏氟乙烯		PVDF
涂层结构	正面二层,反面一层		2/1
	正面二层,反面二层		2/2
热镀锌基板表面结构	光整小锌花		MS
	光整无锌花		FS
规格	厚度	0.2 ~ 2 mm	
	宽度	600 ~ 1 600 mm	
	长度	钢板	钢带内径
		1 000 ~ 4 000 mm	405 mm、450 mm、610 mm

　　彩色涂层钢板具有良好的耐锈蚀性和装饰性,涂层附着力强,可长期保持新鲜的颜色,并且具有良好的耐污染性、耐高低温性、耐沸水浸泡性,绝缘性好,加工性能好,可切割、弯曲、钻孔、铆接、卷边等。彩色涂层钢板可用作建筑物内外墙板、吊顶、屋面板、护壁板、门面招牌的底板等,还可用作防水渗透板、排气管、通风管、耐腐蚀管道、电器设备罩、汽车外壳等。

　　常见彩色涂层钢板图样如图 6.6 至图 6.8 所示。

4. 彩色压型钢板

　　压型钢板是使用冷轧板、镀锌板、彩色涂层板等不同类型的薄钢板,经辊压、冷弯而成的。压型钢板的截面可呈 V 形、U 形、梯形或类似于这几种形状的波形,如图 6.9 所示。

　　压型钢板具有质量轻、波纹平直坚挺、色彩丰富多样、造型美观大方、耐久性好、抗震性及抗变形性好、加工简单和施工方便等特点,广泛应用于各类建筑物的内外墙面、屋面、吊顶

图 6.6   配制花纹的彩色涂层钢板(光面板)

图 6.7   彩色涂层钢板(拉丝面板)

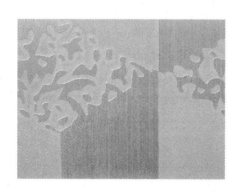
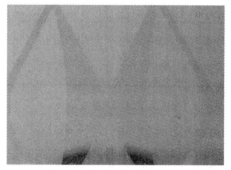

图 6.8   彩色涂层钢板(蚀刻装饰板)

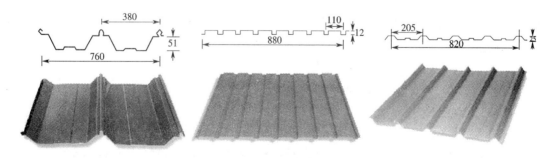

图 6.9   压型钢板的形式

等的装饰以及轻质夹芯板材的面板等。

5. 搪瓷装饰板

搪瓷装饰板是以钢板、铸铁等为基底材料,在这类基底材料的表面涂覆一层无机物,经高温烧成后,能牢固地附着于基底材料表面的一种装饰材料。

搪瓷装饰板不仅具有金属基材板的刚度,而且具有搪瓷釉层良好的化学稳定性和装饰性。金属基板的表面经涂覆装饰陶瓷釉面后,不生锈、耐酸碱、防火、绝缘,而且受热后不易氧化。在搪瓷装饰板的表面,可采用贴花、丝网印花和喷花等加工工序,制成各种色彩绚丽的艺术图案。搪瓷装饰板是一种新型的装饰板,可用于内外墙面、墙柱面、柜台面、吊顶等的装饰。该装饰板不仅成本比较低,而且施工比较方便,适用性也较广。

6. 轻钢龙骨

轻钢龙骨是目前装饰工程中最常用的顶面和隔墙等的骨料材料。轻钢龙骨是以优质的连续热镀锌板带为原材料,经冷弯工艺轧制而成的建筑用金属骨架。轻钢龙骨具有自重轻、刚度大、防火、抗震性能好、加工安装简便等特点,适用于工业与民用建筑等室内隔墙和吊顶的骨架。

轻钢龙骨的各项性能应符合国家标准《建筑用轻钢龙骨》(GB/T 11981—2008)的规定。轻钢龙骨按照使用场合可分为墙体龙骨(代号 Q)和吊顶龙骨(代号 D)两种类别,按照断面形状可分为 U、C、CH、T、H、V 和 L 七种形式。轻钢龙骨外形要平整,棱角要清晰,切口不允许有影响使用的毛刺和变形;防锈表面应镀锌防锈,镀锌层不许有起皮、起瘤、脱落等缺陷。

轻钢龙骨的标记顺序:产品名称、代号、断面形状的宽度和高度、钢板带厚度、标准号。例如,断面形状为 U 形,宽度为 50 mm,高度为 15 mm,钢板带厚度为 1.2 mm 的吊顶承载龙骨标记为建筑用轻钢龙骨 DU50×15×1.2GB/T 11981—2008;断面形状为 C 形,宽度为 75 mm,高度为 45 mm,钢板带厚度为 0.7 mm 的墙体竖龙骨标记为建筑用轻钢龙骨 QU75×45×0.7GB/T 11981—2008。

6.2　铝及铝合金制品

6.2.1　铝及铝合金的基本知识

铝及铝合金是现代装修中较为常用的一种装饰材料,以其特有的结构和独特的建筑装饰效果占领市场,无法被其他装饰材料取代。

1. 铝

铝作为化学元素,在地壳组成中占第三位(约占 8.13%),仅次于氧和硅。铝在自然界中以化合物状态存在,纯铝是通过从铝矿石中提取 Al_2O_3,再经电解、提炼而得的。

铝属于有色金属中的轻金属,外观呈银白色,密度为 2.7 g/cm³,只有钢的 1/3 左右,是各类轻结构的基本材料之一;铝的熔点低,为 660 ℃,对光和热的反射能力强;其导电性和导热性都很好,仅次于银、铜、金而居第四位;其强度低、塑性高,能通过冷或热的压力加工制成线、板、带、棒、管等型材。

铝的化学性质活泼,与空气中的氧结合,易生成一层致密而坚硬的氧化铝薄膜,这层氧化铝薄膜可阻止铝继续氧化,从而起到保护作用,所以铝在大气中的耐腐蚀性较强。

2. 铝合金

为了提高铝的强度,在不降低铝的原有特性的基础上,在铝中加入适量的镁、铜、锰、锌、硅等合金元素形成铝合金,以改变铝的某些性能。铝合金既保持了铝质量轻的特性,同时力学性能明显提高,是典型的轻质高强材料,其耐腐蚀性和低温变脆性也得到较大改善。常用的铝合金有铝－锰合金、铝－镁合金、铝－镁－硅合金、铝－铜合金、铝－锌－镁－铜合金等。其中,铝－镁－硅合金是目前制作铝合金门窗、幕墙等铝合金装饰制品的主要基础材料。

铝合金以其特有的结构和独特的建筑装饰效果,在建筑装饰方面主要用来制作铝合金装饰板、铝合金门窗、铝合金框架幕墙、铝合金屋架、铝合金吊顶、铝合金隔断、铝合金柜台、铝合金栏杆扶手以及其他室内装饰等。例如,日本的高层建筑 98% 采用了铝合金门窗;我国首都机场 72 m 大跨度飞机库(波音 747)采用彩色压型铝板做两端山墙,外观壮丽美观,效果显著;山西太原利用铝屋面质量轻、耐久性好的优点,建造了 34 m 悬臂钢结构机库,屋面及吊顶均采用压型铝板,吊顶上铺岩棉做保温层,降低了屋盖和下部承重结构的耗钢量。我国铝合金门窗发展较快,目前已有平开门窗、推拉门窗、弹簧门等几十种产品,是所有门窗中用量最大的一种。

铝合金的弹性模量约为钢的 1/3,线膨胀系数约为钢的 2 倍。铝合金由于弹性模量小,因此刚度和承受弯曲变形的能力较小。铝合金的主要缺点是弹性模量小、热膨胀系数大、耐热性低,焊接需采用惰性气体保护等焊接新技术。

3. 建筑装饰铝合金的表面处理技术

在现代建筑装饰中,铝合金的用量与日俱增,为了提高铝合金的性能,常对其进行表面处理。铝合金表面处理的目的有两个:一是为了进一步提高铝合金耐磨、耐腐蚀、耐候、耐光的性能,因为铝合金表面自然氧化膜薄(一般为 0.1 μm)且软,在较强的腐蚀介质作用下,不能起到有效的保护作用;二是在提高氧化膜的基础上可进行着色处理,获得各种颜色的膜层,提高铝合金表面的装饰效果。常用的铝合金表面处理的方法主要有以下几种。

(1)氧化处理

铝型材阳极氧化的原理,实质上就是水的电解。水电解时在阴极上放出氢气,在阳极上析出氧气,该原生氧气和铝型材阳极形成的三价铝离子结合形成氧化铝薄层,从而达到铝型材氧化的目的。铝合金经氧化处理后,表面膜层为多孔状,容易吸附有害物质,使铝合金制品表面易被腐蚀或污染,故在使用前还需对其表面进行封孔处理,从而提高氧化膜的防污染性和耐腐蚀性。

(2)表面着色处理

铝合金的表面着色是通过控制铝材中不同合金元素的种类和含量以及控制热处理条件来实现的。不同铝合金由于所含合金成分及其含量不同,所形成的膜层的颜色也不相同。

常用的铝合金着色方法有自然着色法和电解着色法。自然着色法是指铝材在特定的电解液和电解条件下,被阳极氧化的同时又能着色的方法。电解着色法是指对常规硫酸法中生成的氧化膜进一步电解,使电解液所含的金属阳离子沉积到氧化膜孔底后而着色的方法。

6.2.2　铝合金装饰制品

1. 铝合金门窗

铝合金门窗是将表面处理过的铝合金型材,经下料、打孔、铣槽、攻丝、制作等加工工艺而制成的门窗框料构件,再用连接件、密封材料和开闭五金配件一起组合装配而成的。铝合金门窗虽然价格较贵,但它的性能好,长期维修费用低,且美观、节约能源等,在国内外得到广泛应用。另外,还可用高强度铝花格制成装饰性极好的高档防盗铝合金门窗。

(1)铝合金门窗的特点

铝合金门窗与普通门窗相比,具有以下主要特点。

1)质量轻

铝合金门窗用材省、质量轻,每平方米用铝型材量平均为 8 ~ 12 kg,而每平方米钢门窗用钢量平均为 17 ~ 20 kg。

2)性能良好

气密性、水密性、隔声性均好,保温隔热性好,强度高,刚度好,坚固耐用。

3)色泽美观

铝合金门窗框料型材表面可氧化着色处理,可着成银白色、古铜色、暗红色、暗灰色、黑色等多种颜色或带色的花纹,还可涂聚丙烯酸树脂装饰膜使表面光亮。

4)耐腐蚀强、维修方便

铝合金门窗不锈蚀、不褪色,表面不需要涂漆,维修费用少。

5)加工方便,便于工业化生产

铝合金门窗的加工、制作、装配都可在工厂进行,有利于实现产品设计标准化、系列化、零件通用化、产品的商品化。

(2)铝合金门窗的分类和代号

铝合金门窗的分类方法很多,按其结构和开启方式分类,铝合金窗分为推拉窗、平开窗、固定窗、悬挂窗、百叶窗、纱窗等;铝合金门分为推拉门、平开门、折叠门、地弹簧门、旋转门、卷帘门等。其中以推拉门窗和平开门窗用得最多。铝合金门窗按其门窗框的宽度分类,分为 46 系列、50 系列、65 系列、70 系列和 90 系列推拉窗;70 系列、90 系列推拉门;38 系列、50 系列平开门;70 系列、100 系列平开门等。

根据国家标准规定,各类铝合金门窗的代号如表 6.3 所示。

表 6.3　各类铝合金门窗代号

窗类型	代号	门类型	代号
平开铝合金窗	PLC	铝合金窗	LC
滑轴平开铝合金窗	HPLC	铝合金门	LM
带纱平开铝合金窗	APLC	平开铝合金门	PL
固定铝合金窗	GLC	带纱平开铝合金门	SPLM
上/中/下悬铝合金窗	SLC/CLC/XLC	推拉铝合金门	TLM
立转铝合金窗	ILC	带纱推拉铝合金门	STLM
推拉铝合金窗	TLC	铝合金地弹簧门	LIHM
带纱推拉铝合金窗	ATLC	固定铝合金门	GLM

(3)铝合金门窗的性能

铝合金门窗要达到规定的性能指标后才能出厂安装使用。铝合金门窗通常要进行以下主要性能的检验。

1）强度

铝合金窗的强度是在压力箱内进行压缩空气加压试验测得的,用所加风压的等级来表示其强度,单位为 Pa。一般性能的铝合金窗强度可达 1 961~2 353 Pa,测定窗扇中央最大位移应小于窗框内沿高度的 1/70。

2）气密性

铝合金窗在压力试验箱内,使窗的前后形成一定的压力差,用每平方米面积每小时的通气量（m^3）来表示窗的气密性,单位为 $m^3/(hm^2)$。一般性能的铝合金窗前后压力差为 10 Pa 时,气密性可达 8 $m^3/(hm^2)$,高密封性能的铝合金窗可达 2 $m^3/(hm^2)$。

3）水密性

铝合金窗在压力试验箱内,对窗的外侧施加周期为 2 s 的正弦波脉冲压力,同时向窗内每分钟每平方米喷射 4 L 的人工降雨,进行连续 10 min 的风雨交加的试验,在室内一侧不应有可见的漏渗水现象。水密性用水密性试验施加的脉冲风压平均压力表示,一般性能铝合金窗为 343 Pa,抗台风的高性能窗可达 490 Pa。

4）开闭力

装好玻璃后,窗扇打开或关闭所需外力应在 49 N 以下。

5）隔热性

通常用窗的热对流阻抗值（R）来表示铝合金窗的隔热性能,单位是 $m^2 \cdot h \cdot ℃/kJ$。一般可分为三级:$R_1 = 0.05$,$R_2 = 0.06$,$R_3 = 0.07$。采用 6 mm 厚的双层玻璃高性能的隔热窗,热对流阻抗值可以达到 0.05 $m^2 \cdot h \cdot ℃/kJ$。

6）隔声性

在音响试验室内对铝合金窗的响声透过损失进行试验发现,当声频达到一定值后,铝合金窗的响声透过损失趋于恒定,这样可测出隔声性能的等级曲线。有隔声要求的铝合金窗,响声透过损失可达 25 dB,即响声透过铝合金窗声级可降低 25 dB。高隔声性能的铝合金窗,响声透过可降低 30~45 dB。

（4）铝合金门窗的命名和标记

铝合金门窗按门窗用途（可省略）、功能、系列、品种、产品简称的顺序命名,按产品的简称、尺寸规格型号、物理性能符号与等级（或指标值）、标准代号的顺序进行标记。例如:（外墙用）普通型 70 系列平开铝合金窗,该产品规格型号 115145（窗宽为 1 150 mm、窗高为 1 450 mm）,抗风压性能 5 级,水密性能 3 级,气密性能 7 级,其标记为铝合金窗 WPL70PLC – 115145（$P_3 5 - \Delta P_3 - q_1 7$）GB/T 8478—2008;（内墙用）隔声型 80 系列提升推拉铝合金门,该产品规格型号 175205（门宽为 1 750 mm、门高为 2 050 mm）,隔声性能 4 级,其标记为铝合金门 NGS80TLM – 175205（$R_w + C_4$）GB/T 8478—2008。

2. 铝合金装饰板

铝合金装饰板是现代较为流行的建筑装饰材料之一,具有质量轻、不燃烧、强度高、刚度好、经久耐用、易加工、表面形状多样（光面、花纹面、波纹面及压型等）、色彩丰富、防腐蚀、防火、防潮等优点,适用于公共建筑的内、外墙面和柱面。在商业建筑中,入口处的门脸、柱面、招牌的衬底使用铝合金装饰板时,更能体现建筑物的风格并吸引顾客注目。

（1）铝合金压型板

铝合金压型板是一种目前被广泛应用的新型建筑装饰材料,它具有质量轻、外形美观、耐腐蚀、耐久性好、安装容易、施工简单、经表面处理可得到多种颜色等优点,主要用于墙面和屋面装饰。部分板型的断面形状和尺寸如图6.10和图6.11所示。

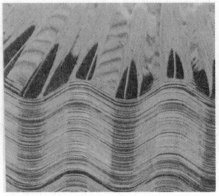

图6.10　铝合金压型板

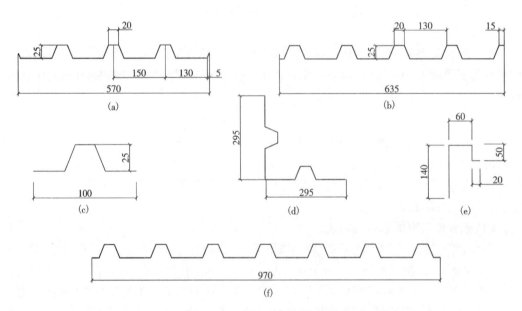

图6.11　铝合金压型板的板型

(a)1型压型板　(b)2型压型板　(c)6型压型板　(d)7型压型板　(e)8型压型板　(f)9型压型板

（2）铝合金花纹板

铝合金花纹板是采用防锈铝合金做坯料,用具有一定花纹的轧辊轧制而成的一种铝合金装饰板,如图6.12所示。铝合金花纹板具有花纹美观大方、突筋高度适中、防滑性能好、防腐蚀性能好、不易磨损、便于清洗等特点。此外,铝合金花纹板板材平整、裁剪尺寸精确、便于安装,广泛应用于现代建筑的墙面装饰以及楼梯踏步等处。

图6.12　铝合金花纹板

铝合金浅花纹板是优良的建筑装饰材料之一。其花纹精巧别致、色泽美观大方,除具有普通铝板共有的优点外,刚度提高20%,抗污垢、抗划伤、抗擦伤能力均有提高,尤其是增加了立体图案和美丽的色彩,更使建筑物生辉。它是我国所特有的建筑装修产品。

铝合金花纹板对白光反射率达75%～90%,热反射率达85%～95%。在氨、硫、硫酸、磷酸、亚磷酸、浓硝酸、浓醋酸中耐蚀性好。

(3)铝合金波纹板

铝合金波纹板是国内外应用比较广泛的一种装饰材料,是用机械轧辊将板材轧成一定的波形后制成的,主要用于墙面和屋面的装饰,其波形如图6.13所示。

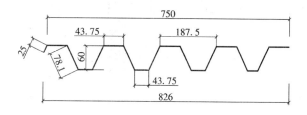

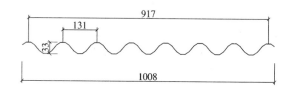

图6.13　铝合金波纹板波形

铝合金波纹板自重轻,表面经化学处理可以有各种颜色,有较好的装饰效果和很强的反射光能力,同时具有防火、防潮、耐腐蚀、隔热、保温等优良性能。铝合金波纹板的牌号和规格如表6.4所示。

表 6.4 铝合金波纹板的牌号和规格(GB/T 4438—2006) mm

牌号	状态	波形代号	规格				
			坯料厚度	长度	宽度	波高	波距
1050A、1050、1060、1070A、1100、1200、3003	H18	波 20 - 106	0.6 ~ 1.0	2 000 ~ 1 000	1 115	20	106
		波 33 - 131			1 008	31	131

(4)铝合金穿孔板

铝合金穿孔板是用各种铝合金平板经机械穿孔而成的,如图 6.14 所示。其孔径为 6 mm,孔距为 10 ~ 14 mm,孔形根据需要做成圆孔、方孔、长圆孔、长方孔、三角孔、大小组合孔等。铝合金穿孔板既突出了板材质轻、耐高温、耐腐蚀、防火、防潮、防震、化学稳定性好等特点,又可以将孔形处理成一定图案,立体感强,装饰效果好。同时,内部放置吸声材料后可以解决建筑中吸声的问题,是一种集降噪装饰双重功能于一体的理想材料。

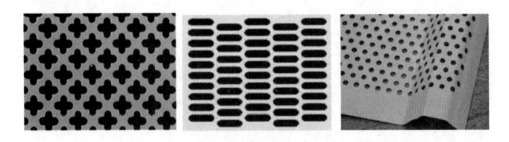

图 6.14 铝合金穿孔板

铝合金穿孔板可用于宾馆、饭店、影剧院、播音室等公共建筑和高级民用建筑中以改善音质条件,也可用于各类噪声大的车间、厂房和计算机房等的天棚或墙壁作为降噪材料。

(5)铝塑复合板

铝塑板是一种复合材料,它是将氯化乙烯处理过的铝片用黏结剂覆贴到聚乙烯板上而制成的。按铝片覆贴位置不同,铝塑板有单层板和双层板之分。

铝塑板的耐腐蚀性、耐污染性和耐候性较好,可制成多种颜色,装饰效果好,施工时可弯折、截割,加工灵活方便。与铝合金板材相比,具有质量轻、造价低、施工简便等优点。铝塑板可用作建筑物的幕墙饰面、门面及广告牌等处的装饰。

3. 铝合金型材

铝合金型材制作时先将铝合金锭坯按需要长度锯成坯段,加热到 400 ~ 450 ℃,送入专门的挤压机中连续挤出型材,挤出的型材冷却到常温后,切去两端斜头,在时效处理炉内进行人工时效处理消除内应力,经检验合格后再进行表面氧化和着色处理,最后形成成品。

铝合金型材的断面形状及尺寸是由型材的使用特点、用途、构造及受力等因素决定的。用户应根据装饰工程的具体情况进行选用,对结构用铝合金型材一定要经力学计算后才能选用。

在装饰工程中,常用的铝合金型材有窗用型材(46 系列、50 系列、65 系列、70 系列和 90 系列推拉窗型材;38 系列、50 系列平开窗型材;其他系列窗用型材)、门用型材(推拉门型材、地弹门型材等)、柜台型材、幕墙型材(120 系列、140 系列、150 系列、180 系列隐框或明框龙骨型材)、通用型材等。

4. 铝合金龙骨

铝合金龙骨是室内吊顶装饰中常用的一种材料,可以起到支架、固定和美观的作用,主要用于吊顶龙骨与隔墙龙骨。(详细内容见第 11 章建筑装饰骨架材料)

铝合金龙骨具有强度高、质量较轻、个性化性能强、装饰性能好、易加工、安装便捷等优点。

5. 铝箔和铝粉

(1)铝箔

铝箔是用纯铝或铝合金加工成的 6.3 ~ 200 μm 的薄片制品。铝箔具有良好的防潮、绝热性能,在建筑及装饰工程中可作为多功能保温隔热材料和防潮材料来使用。常用的铝箔制品有铝箔波形板、铝箔布、铝箔牛皮纸等。

(2)铝粉(俗称"银粉")是以纯铝箔加入少量润滑剂,经捣击压碎成为极细的鳞状粉末,再经抛光而成。铝粉质轻,漂浮力强,遮盖力强,对光和热的反射性能均很高。在建筑工程中铝粉常用来制备各种装饰涂料和金属防锈涂料,也可用于土方工程中的发热剂和加气混凝土中的发气剂。

6.3　其他金属装饰材料

建筑装饰工程中常用的金属材料,除钢制材料和铝合金材料外,还常用到铜及铜合金、铁艺制品等。

6.3.1　铜及铜合金

1. 铜及铜合金的基本知识

(1)铜的特性与应用

铜是呈紫红色光泽的金属,密度 8.92 g/cm³。铜呈紫红色主要是由于纯铜表面氧化形成氧化铜薄膜,故又称紫铜。纯铜具有较高的导电性、导热性、耐腐蚀性以及良好的延展性、塑性和易加工性,可碾压成极薄的板(紫铜片),拉成很细的丝(铜线材),既是一种古老的建筑材料,又是一种良好的导电材料。但纯铜强度低,不宜直接作为结构材料。

在古代建筑中,铜常用于宫廷、寺庙、纪念性建筑以及商店铜字招牌等。在现代建筑装饰中,铜主要用于高级宾馆、饭店、商厦等建筑中的柱面、楼梯扶手、栏杆、防滑条等,使建筑物显得光彩耀目、美观雅致、光亮耐久,并烘托出华丽、高雅的氛围,是集古朴与华贵于一身的高级装饰材料。除此之外,铜材还可用于制作外墙板、把手、门锁、五金配件等。

(2)铜合金的特性与应用

由于纯铜强度不高,且价格较贵,因此在建筑装饰工程中通常使用的是在铜中掺入锌、锡等元素形成的铜合金。铜合金既保持了铜的良好塑性和高抗腐蚀性,又改善了纯铜的强度、硬度等力学性能。建筑工程常用的铜合金有黄铜(铜锌合金)和青铜(铜锡合金)。

1)黄铜

黄铜是指以铜、锌为主要合金元素的铜合金。普通黄铜呈金黄色或黄色,色泽随含锌量的增加而逐渐变淡。黄铜不易生锈腐蚀,延展性较好,易于加工成各种建筑五金、装饰制品、水暖器材等。黄铜粉俗称"金粉",常用于调制装饰涂料,代替"贴金"。

2)青铜

青铜是指以铜、锡为主要合金元素的铜合金,因颜色青灰,被称为青铜。青铜有锡青铜和铝青铜两种。锡青铜中锡的质量分数在30%以下,它的抗拉强度以锡的质量分数在15%~20%时为最大;而伸长率以锡的质量分数在10%以内比较大,超过这个限度,就会急剧变小。铝青铜中铝的质量分数在15%以下,往往还添加了少量的铁和锰,以改善其力学性能。铝青铜耐腐蚀性好,经过加工的材料,强度接近于一般碳素钢,在大气中不变色,即使加热到高温也不会氧化,这是由于合金中铝经氧化形成致密的薄膜所致。铝青铜可用于制造铜丝、棒、管、弹簧和螺栓等。

2. 铜及铜合金装饰制品

铜合金经挤压或压制可形成不同横断面形状的型材,有空心型材和实心型材,可用来制造管材、板材、线材、固定件及各种机器零件等。铜合金型材也具有铝合金型材类似的特点,可用于门窗的制作,也可以作为骨架材料装配幕墙。以铜合金型材做骨架,以吸热玻璃、热反射玻璃、中空玻璃等为立面形成的玻璃幕墙,一改传统外墙的单一面貌,使建筑物乃至城市生辉。另外,用铜合金制成的各种铜合金板材(如压型板),可用于建筑物的外墙装饰,使建筑物金碧辉煌、光亮耐久。铜合金还可制成五金配件、铜门、铜栏杆、铜嵌条、防滑条、雕花铜柱和铜雕壁画等,广泛应用于建筑装饰工程中。铜合金的另一应用是铜粉,俗称"金粉",是一种由铜合金制成的金色颜料,主要成分为铜及少量的锌、铝、锡等。铜粉常用来调制装饰涂料,代替"贴金"。

用铜合金制成的产品表面往往光亮如镜、气度非凡,有高雅华贵的感觉。在古代,人们认为以铜或金来装饰的建筑是高贵和权势的象征,例如古希腊的宗教及宫殿建筑多采用金、铜来装饰,帕提农神庙的大门为铜质镀金,古罗马的雄狮凯旋门有青铜的雕塑,我国盛唐时期的宫殿建筑也多以金、铜来装饰。

在现代建筑装饰中,铜制产品主要用于高档场所的装修,如宾馆、饭店、高档写字楼和银行等。如显耀的厅门配以铜质的把手、门锁;变幻莫测的螺旋式楼梯扶手栏杆选用铜质管材,踏步上附有铜质防滑条;浴缸龙头、坐便器开关、沐浴器配件、灯具、家具采用制作精致且色泽光亮的铜合金制品等,无疑会在原有豪华、华贵的氛围中增添装饰的艺术性,使其装饰效果得以淋漓尽致地发挥。

由于铜制品的表面易受空气中的有害物质的腐蚀,为提高其抗腐蚀能力和耐久性,可采用在铜制品的表面镀钛合金等方法进行处理,从而极大地提高其光泽度,增加铜制品的使用寿命。

6.3.2　铁艺制品

在众多装饰点缀生活的形式中,铁构件以其独特的韵味而独占一角。以铁件为主体的装饰艺术,称为铁艺。铁艺制品是铁制材料经锻打、弯花、冲压、打磨等多道工序制成的装饰性铁件,常见的铁艺制品有阳台护栏、楼梯扶手、艺术门、屏风、家具及装饰件等。其制作过程是将含碳量很低的生铁烧熔,倾注在透明的硅酸盐溶液中,两者混合形成椭圆状金属球,再经高温剔除多余的熔渣,之后轧成条形熟铁环,再经过除油污、杂质和除锈、防锈以及艺术处理,最后成为家庭装饰用品。

铁艺制品的分类:一类是用锻造工艺即以手工打制生产的铁艺制品,这种制品材质比较纯正,含碳量较低,其制品也较细腻、花样丰富,是家居装饰的首选;另一类是铸铁铁艺制品,这类制品外观较为粗糙,线条直白粗犷,整体制品笨重,这类制品价格不高,但易生锈。

在建筑装饰工程中,铁艺制品小到烛台挂饰,大到旋转楼梯,都能起到其他装饰材料所不能替代的装饰效果,在局部选材时可作为一种具有特殊性的选择。例如装饰一扇用铁艺嵌饰的玻璃门,再配以居室的铁艺制品,会烘托出整个居室不同凡响的艺术效果。

6.3.3　金属装饰线条

金属装饰线条是室内外装修中比较重要的装饰材料,常用的金属装饰线条有不锈钢线条、铝合金线条和铜线条等。

1. 不锈钢装饰线条

不锈钢装饰线条以不锈钢为原料,经机械加工制成,是一种较高档的装饰材料。

(1)不锈钢装饰线条的特点

不锈铁装饰线条具有高强度、耐腐蚀、表面光洁如镜、耐水、耐擦、耐气候变化等优良性能。

(2)不锈钢装饰线条的用途

不锈钢装饰线条的用途目前并不十分广泛,主要用于各种装饰面的压边线、收口线、柱角压线等处。

2. 铝合金装饰线条

铝合金装饰线条是在纯铝中加入锰、镁等合金元素后,挤压而制成的条状型材。

(1)铝合金装饰线条的特点

铝合金装饰线条具有轻质、高强、耐蚀、耐磨、刚度大等优良性能。其表面经过阳极氧化着色处理,有鲜明的金属光泽,耐光和耐候性良好。其表面还涂以坚固透明的电泳涂膜,使其更加美观、实用。

(2)铝合金装饰线条的用途

铝合金装饰线条的用途比较广泛,可用于装饰面的压边线、收口线以及装饰画、装饰镜面的框边线。在广告牌、灯光箱、显示牌上作为边框或框架,在墙面或天花面作为一些设备的封口线。铝合金装饰线条还可用于家具的收边装饰线、玻璃门的推拉槽、地毯的收口线等。

3. 铜装饰线条

铜装饰线条是使用铜合金制成的一种装饰材料。

(1)铜装饰线条的特点

铜装饰线条是一种比较高档的装饰材料,它具有强度高、耐磨性好、不锈蚀、经过加工后表面有黄金色泽等优点。

(2)铜装饰线条的用途

铜装饰线条主要用于地面大理石、花岗石、水磨石块面的间隔线,楼梯踏步的防滑线,楼梯踏步的地毯压角线,高级家具的装饰线等。

6.3.4　金箔

金箔是以黄金为颜料制成的一种极薄的饰面材料,厚度仅为 0.1 pm 左右。目前较多应用于国家重点文物和高级建筑物的局部润色。例如金箔制作的招牌(即金字招牌),豪华名贵,永不褪色,能保持 20 年以上,是其他材料制作的招牌无法比拟的。它的价格比一般铜字招牌贵一倍左右,但外表色彩与光泽、使用年限都明显好于铜字招牌。

第 7 章　建筑装饰陶瓷

7.1　建筑装饰陶瓷概述

7.1.1　陶瓷的概念

陶瓷的生产经历了漫长的发展过程,工艺由简单到复杂、制作由粗糙到精细、烧制由低温到高温、装饰由无釉到有釉。随着生产力的发展和科学技术水平的提高,人们对陶瓷所赋予的含义与功能也在发生着显著的变化。

传统上,陶瓷是指以黏土及天然矿物为原料,经过粉碎加工成型、煅烧等工艺过程所制得的制品。现今,随着材料科学的发展,出现了许多新的陶瓷品种,如氧化物陶瓷、压电陶瓷、金属陶瓷等,这些陶瓷虽然还是沿用传统的陶瓷生产工艺,但采用的原料已扩大到化工原料和人工合成矿物原料,其组成范围也扩展到无机非金属材料领域,并在生产过程中采用了许多新技术。因此,广义的陶瓷通常是指用传统陶瓷生产方法制造的无机非金属固体材料和制品的统称。

在建筑装饰饰面陶瓷中,主要产品是陶瓷墙地砖是釉面砖、地砖与外墙砖的总称。地砖中包括铺路砖、大地砖、马赛克(即马赛克)和梯沿砖;外墙砖中包括彩釉砖和无釉外墙砖。

7.1.2　陶瓷材料的分类

陶瓷材料是以黏土等为主要原料,经配料、混合、制坯、干燥、焙烧等工艺而制成的。陶瓷因原料、烧制温度和用途不同,又可分为若干种。在一般情况下,陶瓷按原料和烧制温度不同分类,也可按其用途不同分类。

1. 按原料和烧制温度不同分类

陶瓷材料按原料和烧制温度不同,可分为陶器、瓷器和炻器。

(1)陶器

凡以陶土、河砂等为主要原料,经低温烧制而成的制品称为陶器。陶器断面粗糙无光,不透明,气孔率较高,强度较低。陶器又分为粗陶和精陶两种。粗陶一般由含杂质较多的黏土制成,精陶坯体是以可塑黏土为原料。建筑上用的红砖、陶管属于粗陶,釉面砖属于精陶。

由于陶质制品是多孔结构,所以其吸水率较大,通常在 8% ~ 12%,最高可达 18% 以上,按国家标准《釉面内墙砖》(GB/T 4100.5—1999)规定不能超过 22%。

(2)瓷器

凡以磨细的岩石粉如瓷土粉、长石粉、石英粉等为主要原料,经高温烧制而成的制品称为瓷器。瓷器结构致密、气孔率较小、吸水率低、强度较大、断面细致,敲之有金属声,有一定的半透明性。与陶器相比,其质地较坚硬但较脆。

瓷器又分为硬瓷、软瓷、粗瓷、细瓷数种。粗瓷接近于精陶。硬瓷的烧制温度较高,含玻璃相对较少,含莫来石($Al_2O_3 \cdot 2SiO_2$)较多;软瓷正好相反。莫来石含量越高,瓷器的质量越好。建筑装饰工程中所用的陶器马赛克及全瓷地砖属于硬瓷。

(3)炻器

炻器是介于陶器和瓷器之间的产品,也称为半瓷器,我国俗称石胎瓷。其坯体比陶器致密,吸水率低于陶器但高于瓷器,断面多数带有颜色,而无半透明性。炻器又分为粗炻器和细炻器两种。炻器与陶器的区别在于陶器坯是多孔的,炻器与瓷器的区别主要是炻器坯多数带有颜色而无半透明性。建筑装饰工程上所用的普通外墙面砖、铺地砖多为粗炻器,其吸水率一般小于2%。

2. 按其用途不同分类

陶瓷材料按其用途不同,可分为建筑陶瓷、卫生陶瓷、美术陶瓷、园林陶瓷、日用陶瓷、特种陶瓷、电子陶瓷和陶瓷机械等八种。

(1)建筑陶瓷

建筑装饰陶瓷制品是指建筑物室内外装修用的烧土制品,用于建筑装饰工程中的陶瓷制品种类很多,主要有瓷质砖、马赛克(马赛克)、细砖、仿古砖、彩釉砖、劈离砖和釉面砖等。该类产品具有良好的耐久性和抗腐蚀性,其花色品种及规格尺寸繁多(边长在 5 ~ 100 cm),主要用作建筑物内外墙和室内外地面的装饰。

(2)卫生陶瓷

卫生陶瓷也包括卫浴产品,主要有洗面器、坐便器、淋浴器、洗涤器、水槽等。该类产品的耐污性、热稳定性和抗腐蚀性良好,具有多种形状、颜色及规格,且配套比较齐全,主要用作卫生间、厨房、实验室等处的卫生设施。除此之外,还有搪瓷浴缸、亚克力浴缸和浴室等卫浴产品。

(3)美术陶瓷

美术陶瓷主要包括陶塑人物、陶塑动物、微塑、器皿等。该类产品造型生动、逼真传神,具有较高的艺术价值,不仅花色绚丽,而且款式、规格繁多,主要用作室内艺术陈列及装饰,并为许多陶瓷艺术品爱好者所珍藏。

(4)园林陶瓷

园林陶瓷主要包括中式、西式琉璃制品及花盆等。该类产品具有良好的耐久性和艺术性,并有多种形状、颜色及规格,特别是中式琉璃的瓦件、脊件、饰件配套齐全,是仿古园林式建筑装饰不可缺少的材料。

(5)日用陶瓷

日用陶瓷主要包括细炻餐具、陶制砂锅等。该类产品热稳定性良好,基本上没有铅、镉的溶出,有多种款式及规格,主要用作餐饮、烹饪用具。

(6)特种陶瓷

特种陶瓷以陶瓷辊棒为主。陶瓷辊棒具有良好的高温性能,直径分别有 4 cm、5 cm 等,长度在 200 ~ 400 cm,主要用于陶瓷砖干燥及烧成时对坯件的支承和传递。

(7)电子陶瓷

电子陶瓷包括火花塞、集成电路基卡、电压陶瓷片等。

（8）陶瓷机械

陶瓷机械包括球磨机、喷雾干燥塔、压砖机、辊道窑等建筑装饰陶瓷生产成套设备。

7.1.3　陶瓷的表面装饰

陶瓷制品表面装饰效果的好坏，直接影响到产品的使用价值。陶瓷的表面装饰能够大大提高制品的外观效果，同时很多装饰手段对制品也有保护作用，从而有效地把产品的使用性和艺术性有机地结合起来，使之成为一种能够广泛应用的优良陶瓷产品。

陶瓷制品的装饰方法有很多，较为常见的是施釉、彩绘和用贵金属装饰。

1. 施釉

施釉是对陶瓷制品进行表面装饰的主要方法之一，也是最常见的方法。烧结的坯体表面一般粗糙无光，多孔结构的陶坯更是如此，这不仅影响产品装饰性和力学性能，而且也容易被沾污和吸湿。对坯体表面采用施釉工艺之后，其产品表面会变得平滑、光亮、不吸水、不透气，并能够大大地提高产品的机械强度和装饰效果。

陶瓷制品的表面釉层又称瓷釉，是指附着于陶瓷坯体表面的连续的玻璃质物质。它是将釉料喷涂于坯体表面，经高温烧焙时釉料与坯体表面之间发生反应，熔融后形成的玻璃质层。使用不同的釉料，会产生不同颜色和装饰效果的画面。

2. 彩绘

陶瓷彩绘可分为釉下彩绘和釉上彩绘两种。

（1）釉下彩绘

釉下彩绘是在生坯上进行彩绘，然后喷涂上一层透明釉料，再经釉烧而成。釉下彩绘的特征在于彩绘画面是在釉层以下，受到釉层的保护，从而不易被磨损，使得画面效果能得到较长时间的保持。

釉下彩绘常常采用手工绘制，造成生产效率低、价格昂贵，所以应用不很广泛。但在大机器、流水线生产方式普及的今天，人们越来越重视手工制作的精致性、独特性以及手工产品中体现的匠人们的审美情趣和优秀的传统文化。中国传统的青花瓷器、釉里红以及釉下五彩等都是名贵的釉下彩制品，深受海内外人们的喜爱。

（2）釉上彩绘

釉上彩绘是在已经釉烧的陶瓷釉面上，使用低温彩料进行彩绘，再在 600 ~ 900 ℃ 的温度下经彩烧而成。由于釉上彩的彩烧温度低，使陶瓷颜料的选择性大大提高，可以使用很多釉下彩绘不能使用的原料，这使彩绘色调十分丰富、绚烂多彩。而且，由于彩绘是在强度相当高的陶瓷坯体上进行，因此可以采用机械化生产，大大提高了生产效率、降低了成本。因此，釉上彩绘的陶瓷价格便宜，应用量远远超过釉下彩绘的制品。釉上彩绘由于没有了釉层的保护，彩绘的图案易被磨损，而且在使用过程中，因颜料中加入一种含铅的原料，会对人体产生有害影响。

目前在生产中广泛采用釉上贴花、刷花、喷花和堆金等"新彩"方法，其中"贴花"是釉上彩绘中应用最广泛的一种方法。使用先进的贴花技术，采用塑料薄膜贴花纸，用清水就可以把彩料转移至陶瓷制品的釉面上，操作十分简单。

3. 贵金属装饰

高级贵重的陶瓷制品，常常采用金、铂、钯、银等贵金属对陶瓷进行装饰加工，这种陶瓷表面装饰方法被称为贵金属装饰。其中最为常见的是以黄金为原料进行表面装饰,如金边、图画描金装饰方法等。

　　饰金方法所使用的材料基本上有金水(液态金)与金粉两种。金材装饰陶瓷的方法有亮金、磨光金和腐蚀金等多种。亮金在饰金装饰中应用最为广泛。它采用金水为着色材料,在适当温度下彩烧后,直接获得光彩夺目的金属层。亮金所使用的金水的含金量必须严格控制在 10% ~ 12% 以内,否则金层容易脱落、并造成耐热性的降低。

　　贵金属装饰的瓷器,成本高昂,做工精细,制品雍容华贵、光泽闪闪动人,常常作为高档的室内陈设用品,营造室内高雅华贵的空间气氛。

7.2　装饰内墙面砖

　　内墙面砖又称釉面砖,是用瓷土或优质陶土经低温烧制而成的。由于要求其尺寸准确、平整光滑、表面洁净、耐火防水、易于清洗、热稳定性好、抗腐蚀性强,所以内墙面砖一般都要进行上釉,其釉层有不同类别,如有光釉、石光釉、花釉、结晶釉等,釉面有各种颜色,我国喜欢以浅色为主。不同类型的釉层各具特色,装饰优雅别致,经过专门设计、彩绘、烧制成的面砖可镶拼成各式各样的壁画,具有独特的艺术效果。在室内装饰工程中,釉面砖几乎是厨房、卫生间及公共设施不可缺少的装饰和维护材料。

7.2.1　内墙面砖的特点和用途

　　内墙面砖是用于建筑物内墙面装饰的薄板状精陶制品。装饰内墙面砖的结构由两部分组成,即坯体和表面釉彩层。内墙面砖表面施釉,制品经烧成后表面平滑、光亮,颜色丰富多彩,图案五彩缤纷,是一种性能优良、价格适宜的内墙装饰材料。内墙面砖除了具有装饰功能外,还具有防火、耐水、抗腐蚀、易清洗等功能。釉面砖的主要种类及特点如表 7.1 所示。

表 7.1　釉面砖的主要种类及特点

釉面砖种类		代号	主 要 特 点
白色釉面砖		FJ	色纯白、釉面光亮、清洁大方
彩色釉面砖	有光彩色釉面砖	YG	釉面光亮晶莹,色彩丰富雅致
	无光彩色釉面砖	SHG	釉面半无光,不晃眼,色泽一致柔和
装饰釉面砖	花釉砖	HY	花纹千姿百态,有良好装饰效果
	结晶釉砖	JJ	晶花辉映,纹理多姿
	斑纹釉砖	BW	斑纹釉面,丰富多彩
	大理石釉砖	LSH	具有天然大理石花纹,颜色丰富,美观大方
图案砖	白色地图案砖	BT	纹样清晰,色彩明朗,清洁优美
	彩色地图案砖	YGT、SHGT	在有光或无光彩色釉面砖上装饰各种图案,经高温烧成,产生浮雕、缎光、绒毛、彩漆等效果
字画釉面砖		—	以各种釉面砖拼各种瓷砖字画,或根据已有画稿烧制成釉面砖,组合拼装而成,色彩丰富,光亮美观,不易褪色

釉面砖是多孔的精陶坯体,在长期与空气的接触过程中,特别是在比较潮湿的环境中使用,会吸收大量水分而产生吸湿膨胀现象。由于釉面的吸湿膨胀非常小,当坯体膨胀的程度增长到使釉面处于张拉应力状态,应力超过釉的抗拉强度时,釉面发生开裂。如果将釉面砖用于室外,经长期风吹日晒雨淋、多次冻融循环,更易出现剥落掉皮现象。所以釉面砖只能用于室内装饰,且多用于浴室、厨房和厕所的墙面、台面以及实验室桌面等处。

7.2.2 内墙面砖的品种、形状和规格

按照国家标准《釉面内墙砖》(GB/T 4100.5—1999)规定,釉面内墙砖的定义为:用磨细的泥浆脱水干燥并进行半干法压型,素烧后施釉入窑釉烧而成;或生料坯施釉一次烧成的,用于内墙保护和装饰的有釉精陶质板状建筑材料。

釉面内墙砖的品种及规格很多,其厚度一般为 5 cm,常见的长和宽的规格有 297 mm × 297 mm、297 mm × 197 mm、197 mm × 197 mm、197 mm × 148 mm、148 mm × 148 mm、148 mm ×73 mm、98 mm ×98 mm 等多种。异型配件砖的外形及规格尺寸更多(图 7.1),可按需要进行选配。

图 7.1　异型配件砖示意图

$A = 152$ mm, $B = 38$ mm, $C = 50$ mm, $D = 5$ mm, $E = 3$ mm, $R = 3$ mm

釉面内墙砖按釉面颜色不同,可分为单色(含白色)、花色和图案砖;按形状不同,可分为正方形、矩形和异型配件砖。异型配件砖有阴角条、阳角条、压顶条、腰线砖、阴三角、阳三角、阴角座、阳角座等,主要在配合建筑物内墙阴、阳角等处镶贴釉面砖时起配件作用。

釉面砖的侧面形状如表 7.2 所示。选择不同侧面的釉面砖,可以组成各种形状的釉面砖图形,其中 R、r、H 值由生产厂家自定,E 不大于 0.5 mm,背纹的深度不小于 0.2 mm。

表 7.2　釉面砖的侧面形状

名　称	图　例	名　称	图　例
小圆边		大圆边	
平　边		带凸缘边	

　　釉面砖的规格尺寸如表 7.3 所示,其他尺寸由供需双方协商确定。

表 7.3　釉面砖的规格尺寸　　　　　　　　　　　mm

图　例	装配尺寸 C	产品尺寸 $A \times B$	厚度 D
模数化 $C=A$ 或 $C=B+J$ (J 为接缝尺寸)	300×250	297×247	生产厂家自定
	300×200	297×197	
	200×200	197×197	
	200×150	197×148	
	150×150	148×148	5
	150×75	148×73	5
	100×100	98×98	5
图　例		产品尺寸 $A \times B$	厚度 D
非模数化		300×200	生产厂家自定
		200×200	
		200×150	
		152×152	5
		152×75	5
		108×108	5

7.2.3　内墙面砖的技术质量要求

　　内墙面砖的技术质量要求主要包括尺寸允许偏差、外观质量、平整度和角度允许范围、物理力学性能等方面。

1. 尺寸允许偏差

　　内墙面砖的尺寸允许偏差应符合表 7.4 中的规定。异型配件砖的尺寸允许偏差在保证匹配的前提下,由生产厂家确定。

表7.4 釉面砖的尺寸允许偏差 mm

尺 寸		允许偏差
长度或宽度	≤152	±0.50
	>152，≤250	±0.80
	>250	±1.0
厚度	≤5	−0.30～+0.40
	>5	厚度的8%

2. 外观质量

根据外观质量,釉面砖可分为优等品、一等品和合格品三个等级。其表面缺陷名称和相应要求应符合表7.5中的规定。各等级的白色釉面砖的白度一般不小于78度,也可由供需双方协商确定。

表7.5 釉面砖表面缺陷名称和相应要求

缺陷名称	优等品	一等品	合格品
开裂、夹层、釉裂背面磕碰	不允许		
背面磕碰	深度为砖厚1/2	不影响使用	
剥边、落脏、釉泡、斑点、缺釉、棕眼裂纹、图案缺陷等	距离砖面1 m处目测无可见的缺陷	距离砖面2 m处目测缺陷不明显	距离砖面3 m处目测缺陷不明显
色差	基本一致	不明显	不严重

3. 平整度和角度允许范围

釉面砖平整度、边直角和直角度的允许范围应符合表7.6中的规定。

表7.6 釉面砖平整度、边直角和直角度的允许范围

平整度	优等品	一等品	合格品
中心弯曲度/%	+0.50	+0.70	+1.00
翘曲度/%	−0.40	−0.60	−0.80
边直角/%	+0.80	+1.00	+1.20
	−0.30	−0.50	−0.70
直角度/%	±0.50	±0.70	±0.90

4. 物理力学性能

釉面砖的物理力学性能主要包括吸水率、耐急冷急热性、弯曲强度、白度、抗龟裂性和釉面抗化学腐蚀性等。其物理力学性能应符合表7.7中的规定。

表 7.7　釉面砖的物理力学性能

物理力学性能	性 能 指 标
吸水率	不大于 21%
耐急冷急热性试验	150 ~ 190 ℃热交换一次不裂
弯曲强度	平均值不低于 16.0 MPa；当厚度大于 7.5 mm 时，弯曲强度平均值不应小于 13.0 MPa
白度	一般不低于 78 度，或由供需双方协商决定
抗龟裂性	经抗龟裂试验，釉面无裂纹
釉面抗化学腐蚀性	需要时，可由供需双方协商抗化学腐蚀的级别

7.3　装饰外墙面砖

7.3.1　装饰外墙面砖的特点和用途

　　装饰外墙面砖是指用于建筑物外墙的陶质建筑装饰砖，其以陶土为主要原料，经压制成型，然后在 1 100 ℃左右温度下焙烧而成。装饰外墙面砖有施釉和不施釉之分，从外观看表面有光泽或无光泽两种，或表面光滑和表面粗糙，具有不同的质感。从颜色上则有红、褐、黄、白等色之分。其背面为了与基层墙面能很好地黏结，常具有一定的吸水率，并制作有凹凸的沟槽。

　　用装饰外墙面砖饰面与用其他材料饰面相比具有很多优点。如塑料饰面不仅易散发有害气体，而且极易产生老化；如金属饰面不仅工程造价较高，而且材料易产生锈蚀。而装饰外墙面砖则坚固耐用、色彩鲜艳、容易清洗、防火防水、耐磨性好、耐蚀性强、维修方便、费用较低，由于具备这些优点，装饰外墙面砖可以获得理想的装饰效果，在建筑装饰工程中得到广泛应用。装饰外墙面砖与内墙釉面砖的主要区别如下。

　　①内墙釉面砖属于精陶类，而外墙面砖属于粗炻器类，釉面砖对黏土原料和生产工艺的要求高于外墙面砖。

　　②外墙面砖常为矩形，其尺寸接近于普通黏土砖的侧面或顶面，而釉面砖大多为正方形，近年来也生产长方形的，其规格尺寸不受普通黏土砖侧面或顶面尺寸的约束，在厚度上比外墙面砖薄，一般为 5 ~ 7 mm。

　　③釉面砖表面上都进行施釉，而外墙面砖有的施釉，也有的不施釉。

　　外墙面砖是一种比较高档的饰面材料，一般用于装饰等级要求较高的工程，它不仅可以防止建筑物的表面被大气侵蚀，而且可按照人们的设计去装饰外墙。但不足之处是造价比较高、工效比较低、自重比较大。

7.3.2　外墙面砖的品种及规格

　　外墙面砖按施釉和不施釉，可分为釉面外墙面砖和无釉外墙面砖；按着色方法不同，可分为自然着色、人工着色和色釉着色等三个品种；按外墙面砖表面的质感不同，可分为平面、麻面、毛面、磨光面、抛光面、纹点面、仿花岗石面、压花浮雕面等制品；根据国家标准《彩色釉面陶瓷墙地砖》(GB 11947—1889)中规定，按产品表面质量及变形允许偏差，可分为优等品、一等品和合格品三个等级。彩釉面砖的主要规格尺寸如表 7.8 所示。无釉外墙面砖的主要规格尺寸如表 7.9 所示。

表 7.8　彩釉面砖的主要规格尺寸　　　　　　　　　　　mm

100 × 100	300 × 300	200 × 150	115 × 60
150 × 150	400 × 400	250 × 150	240 × 60
200 × 200	150 × 75	300 × 150	130 × 65
250 × 250	200 × 100	300 × 200	260 × 65

表 7.9　无釉外墙面砖的主要规格尺寸　　　　　　　　　mm

50 × 50	150 × 150	200 × 50
100 × 50	150 × 75	200 × 200
100 × 100	152 × 152	300 × 200
108 × 108	200 × 100	300 × 300

7.3.3　外墙面砖的技术质量要求

外墙面砖的技术质量要求主要包括尺寸允许偏差、表面质量、物理力学性能和耐化学腐蚀性等。

1. 尺寸允许偏差

无釉外墙面砖的尺寸允许偏差应符合表 7.10 中的规定;彩釉外墙面砖的尺寸允许偏差应符合表 7.11 中的规定。

表 7.10　无釉外墙面砖的尺寸允许偏差　　　　　　　　　mm

基　本　尺　寸		允　许　偏　差
边长 L	$L < 100$	± 1.5
	$100 \leqslant L \leqslant 200$	± 2.0
	$200 < L \leqslant 300$	± 2.5
	$L > 300$	± 3.0
厚度 H	$H \leqslant 10$	± 1.0
	$H > 10$	± 1.5

表 7.11　彩釉外墙面砖的尺寸允许偏差　　　　　　　　　mm

基　本　尺　寸		允　许　偏　差
边长 L	$L < 150$	± 1.5
	$150 < L \leqslant 200$	± 2.0
	$L > 200$	± 2.5
厚度 H	$H < 12$	± 1.0

2. 物理力学性能

无釉外墙面砖的物理力学性质:吸水率 3% ~ 6% ;经 3 次急冷急热循环试验,不出现炸裂或裂纹;经 20 次冻融循环,不出现破裂或裂纹;弯曲强度平均值不小于 24.5 MPa。

彩釉外墙面砖的物理力学性质:吸水率大于 10% ;经 3 次急冷急热循环试验,不出现炸裂或裂纹;经 20 次冻融循环,不出现破裂或裂纹。

7.3.4　新型墙地砖

随着科学技术的不断发展,陶瓷制品日新月异,新型墙地砖不断涌现。目前,在建筑装饰工程中常见到的新型墙地砖有劈离砖、彩胎砖、麻面砖、玻化砖、陶瓷艺术砖(图 7.2)、梯沿砖、金属釉面砖、黑瓷装饰板等。

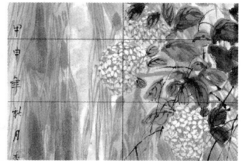

图 7.2　陶瓷艺术砖

1. 劈离砖

劈离砖是将一定配比的原料,经粉碎、炼泥、真空挤压成型,再经干燥、高温烧结而成,如图 7.3 所示。由于成型时为双砖背联坯体,烧成后再劈离成为两块砖,故称为劈离砖。劈离砖的种类很多,主要规格有 240 mm × 52 mm × 11 mm、240 mm × 115 mm × 11 mm、194 mm × 94 mm × 11 mm、190 mm × 190 mm × 13 mm、240 mm × 115 mm × 13 mm、240 mm × 52 mm × 13 mm 等。劈离砖的特点是:有釉者色彩丰富、色泽斑斓、富丽堂皇;无釉者古朴大方、色泽淡雅、无反炫光。劈离砖坯体密实,强度较高,抗折强度一般大于 30 MPa,吸水率一般小于 6% ,表面硬度大,耐磨防滑,耐腐抗冻,急冷急热性能稳定。

图 7.3　劈离砖

劈离砖的背面凹形槽纹与黏结砂浆成楔形结合,可以保证铺贴施工时黏结牢固,其结合形式如图7.4所示。

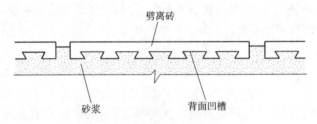

图7.4　劈离砖与砂浆的结合

劈离砖适用于各类建筑物的外墙装饰(图7.5),也适用于车站、会议室、候车室、餐厅、楼堂馆所等室内地面的铺设。厚型劈离砖还适用于广场、公园、停车场、人行道、走廊等露天地面的铺设,也可用于游泳池底及池岸的饰面材料。

图7.5　劈离砖外墙装饰效果

2. 彩胎砖

彩胎砖是一种本色无釉瓷质饰面砖。它是采用彩色颗粒土原料混合配料,经压制成多彩坯体后,再经一次焙烧制成呈多彩细花纹的表面,富有天然花岗岩的纹点,有红、绿、黄、蓝、灰、棕等多种基色的制品。彩胎砖具有纹点细腻、质朴高雅、强度较高、吸水率小、耐磨性好等优点。彩胎砖产品的主要规格有200 mm×200 mm、300 mm×300 mm、400 mm×400 mm、500 mm×500 mm、600 mm×600 mm等,其最小尺寸为98 mm×98 mm,最大尺寸为600 mm×900 mm。

彩胎砖表面有平面型和浮雕型两种,又有无光、磨光和抛光之分。其主要技术质量要求为抗折强度不小于27 MPa,吸水率小于1%。这种产品的耐磨性极好,特别适用于人流密度大的商场、影剧院、宾馆、舞厅、酒楼等公共场所地面的铺贴,也可用于住宅厅堂墙地面的装饰。

3. 麻面砖

麻面砖是采用仿天然岩石色彩的原料作为配料,压制成表面凹凸不平的麻面坯体后,经一次烧制成炻质面砖。面砖的表面酷似经人工修凿过的天然岩石面,纹理自然,粗犷雅朴,有白、黄、红、灰、黑等多种色调。

麻面砖的主要规格有200 mm×100 mm、200 mm×75 mm、100 mm×100 mm等。麻面

砖具有吸水率小(<1%)、抗折强度高(>20 MPa)、防滑耐磨等优点。

薄型麻面砖适用于建筑物外墙的装饰,厚型麻面砖适用于广场、停车场、码头、人行道等地面的铺设。作为广场用麻面砖,还有梯形和三角形,可用来拼贴成各种图案,以增加广场地坪的艺术感。

4. 玻化砖

玻化砖是坯料在 1 230 ℃以上的高温下,使砖中的熔融成分呈玻璃态,具有玻璃般的亮丽质感的一种新型高级铺地砖,在工程上也称为瓷质玻化砖。我国生产的斯米克玻化砖,是按照欧洲 EN – 176 标准生产的,共有 4 大系列、100 多个品种。斯米克玻化砖的主要特征如下。

(1)吸水率很低

斯米克玻化砖的吸水率很低,一般小于 0.1% ,是 EN – 176 标准及天然石材的 1/30 ~ 1/5,长年使用,不变颜色、不留水迹、始终如新。

(2)耐磨性能好

由于斯米克玻化砖经高温烧制而成,所以其质地密实坚硬,产品的莫氏硬度达到 7,耐磨性为 130 mm^3 。

(3)抗折强度高

斯米克玻化砖的抗折强度很高,一般大于 46 MPa,施工中不易破损,使用寿命较长,是一种高强度装饰材料。

(4)耐酸碱腐蚀

斯米克玻化砖耐酸碱腐蚀能力强,对一般的酸碱不留污渍,易于清洗。

(5)其他性能

斯米克玻化砖是采用全电脑化生产和设备检验,规格尺寸准确,表面均匀平整,色泽协调一致。由于产品吸水率极低,表面未施任何釉料,所以摩擦系数较高,具有极好的防滑效果。此外,产品原料中不含对人体有害的放射性元素,是一种高品质的环保型建筑装饰材料。

5. 陶瓷壁画

陶瓷壁画是现代建筑装饰艺术中,建筑与艺术二者有机结合的产品。陶瓷壁画是以陶瓷面砖、陶板等建筑装饰块材为基材,经镶拼制作出的具有较高艺术价值的建筑装饰,属于新型高档装饰。陶瓷壁画通过艺术的再创造,巧妙地融绘画与装饰艺术为一体,经过放样、样板、刻画、配釉、施釉、焙烧等一系列工艺,采用浸、点、涂、喷、填等多种施釉技术,创造出神形兼备、巧夺天工的艺术珍品。

我国已创造出许多著名的陶瓷壁画,如首都国际机场候机大厅里的《科学的春天》是1979 年中国瓷州艺术陶瓷厂和中央美术学院合作,设计和烧制成功的第一幅大型高温花釉陶板壁画;1984 年 10 月,釉中彩《太行竹海》大型陶瓷壁画是由江苏省陶瓷研究所研制成功的,整个壁画由 756 块方形瓷砖镶拼而成,总面积达 200 m^2,画面毛竹粗壮挺拔、文雅清秀、青翠碧绿、光彩照人;北京地铁建国门车站的《天文纵横》陶瓷壁画是中央美术学院设计、中国瓷州艺术陶瓷厂烧制成功的,总面积达 180 m^2,是迄今我国面积最大的高温花釉壁画;北京人民大会堂辽宁厅的彩陶壁画《满族风情》,长 29.43 m、宽 4.6 m,由 2 660 块陶板拼贴而成,是辽宁室内装饰工程联合总公司、辽宁省画院、鲁迅美术学院、辽宁美术出版社等单位设计,宜昌市彩陶厂烧制,于 1987 年 2 月完成的。另外,我国还有《山间小路》《丝绸之路》《阳光、生命、大地》等陶瓷壁画优秀作品。

陶瓷壁画具有单块砖面积大、厚度薄、强度高、平整度好、吸水率小、耐腐蚀、抗冻性强、耐急冷急热、施工方便等优点,适用于宾馆、机场、酒楼、会客厅、候车室、会议室、地铁等公共设施的装饰。

6. 梯沿砖

梯沿砖坚固、耐磨,因其表面有凸起的条纹,所以具有很好的防滑性能,主要用于楼梯、站台等处作为防滑装饰材料,故又称"防滑条"。梯沿砖的颜色有红、绿、棕等。其品种和规格如表 7.12 所示。

表 7.12 梯沿砖的品种和规格

品 名	规格/mm	品 名	规格/mm
棕斑梯沿砖	150×62.5,150×75	白斑梯沿砖	150×60×11,150×60×12
黄斑梯沿砖	150×62.5,150×75		150×75×12,150×60×12
绿斑梯沿砖	150×62.5,150×75	梯沿砖	150×30×11,150×94×11
黑斑梯沿砖	150×62.5,150×75		150×52×13,240×115×13

7. 金属釉面砖

金属釉面砖运用进口和国产金属釉料等特种原料烧制而成,是当今国内市场的领先产品。我国四川陶瓷厂生产的 300 mm × 200 mm 金属釉面砖,主要分为黑色和红色两大系列,有金灰色、古铜色、墨绿色、宝石蓝等多个品种。金属釉面砖光泽耐久、质地坚韧、网纹淳朴,赋予墙面装饰静态的美,另外还具有良好的热稳定性、耐酸碱腐蚀性,且易于清洗、装饰效果好。

金属光泽的釉面砖,一般采用钛的化合物,以真空离子溅射法对釉面砖表面进行处理,呈金黄、银白、蓝、黑等多种色彩,光泽灿烂,给人以坚固豪华的感觉。这种釉面砖抗风化、耐腐蚀、经久常新,适用于商店柱面和门面的装饰。

8. 黑瓷装饰板

黑瓷装饰板也称钒钛黑瓷板,由山东省新材料研究所和北京丰远黑瓷制品厂联合研制成功,现已获得中国、美国、澳大利亚三个国家的专利。这种瓷板具有比黑色花岗岩更黑、更硬、更亮的特点,可用于宾馆、饭店等内外墙面及地面的装饰,也可用作单位铭牌和仪器平台等。

9. 大型陶瓷饰面板

大型陶瓷饰面板单板面积大,并具有绘画艺术、书法、壁画等多种功效,其砖面可以做成各种浮雕花纹图案,再施以各种彩色釉,富有极好的装饰性。大型陶瓷饰面板还具有厚度薄、平整度好、吸水率小、抗冻性好、耐蚀性强、耐急冷急热、施工方便等优点,适用于外墙、内墙、廊厅立柱等部位的装饰,更适用于宾馆、机场、车站、码头等公共设施的装饰。其主要规格有 395 mm × 295 mm、295 mm × 295 mm、295 mm × 197 mm 等,厚度有 4.55 mm、8 mm 等。

7.4 装饰陶瓷马赛克

陶瓷锦砖是陶瓷什锦砖的简称,俗称纸皮砖,又称马赛克(外来语 mosaic 的译音),是由边长不大于 40 mm、具有多种色彩和不同形状的小块砖,镶拼成的各种花色图案的陶瓷制品。其生产工艺采用优质瓷土烧制成方形、长方形、六角形等薄片小块瓷砖后,按设计图案反贴在牛皮纸上组成一联,每联为 305.5 mm 见方,每 40 联为一箱,每箱 3.7 m²。按其表面不同,陶瓷马赛克有无釉和施釉两种。

7.4.1 陶瓷马赛克的特点及用途

1. 陶瓷马赛克的特点

陶瓷马赛克是一种良好的墙地面装饰材料,它不仅具有质地坚实、色泽美观、图案多样的优点,而且具有抗腐蚀、耐火、耐磨、耐冲击、耐污染、自重较轻、吸水率小、防滑、抗压强度高、易清洗、永不褪色、价格低廉等优质性能。

2. 陶瓷马赛克的用途

陶瓷马赛克由于其砖块较小、抗压强度高,不易被踩碎,所以主要用于地面铺贴。不仅可用于工业与民用建筑的清洁车间、门厅、走廊、卫生间、餐厅、厨房、浴室、化验室、居室等内墙和地面,而且可用于高级建筑物的外墙饰面装饰,对建筑立面有较好的装饰效果,并可增强建筑物的耐久性,如图 7.6 所示。

图 7.6 陶瓷马赛克装饰游泳池的效果

7.4.2 陶瓷马赛克的品种、形状和规格

1. 陶瓷马赛克的品种

陶瓷马赛克的分类方法很多,工程上常按以下几种方法分类。按表面性质可分为有釉马赛克和无釉马赛克;按砖联可分为单色陶瓷马赛克和拼花陶瓷马赛克两种;按尺寸允许偏差和外观质量可分为优等品和合格品两个等级。

2. 陶瓷马赛克的基本形状和规格

陶瓷马赛克的形状很多,常见的有正方形、长方形、对角形、六角形、半八角形、长条对角形和斜长条形等。陶瓷马赛克的基本形状和规格如表 7.13 所示。陶瓷马赛克常见的几种拼花图案如图 7.7 所示。

表 7.13　陶瓷马赛克的基本形状和规格

基本形状							
名称	正方				长方 （长条）	对角	
	大方	中大方	中方	小方		大对角	小对角
规格 /mm	*a*	39.0	23.9	18.5	15.2	39.0	39.0	32.1
	b	39.0	23.9	18.5	15.2	18.5	19.2	15.9
	c	—	—	—	—	—	27.9	22.8
	d	—	—	—	—	—	—	—
	厚度	5.0	5.0	0.5	0.5	0.5	5.0	5.0

基本形状				
名称	斜长条（斜角）	六角	半八角	长条对角
规格 /mm	*a*	36.4	25	15	7.5
	b	11.9	—	15	15
	c	37.9	—	18	18
	d	22.7	—	40	20
	厚度	5.0	5.0	5.0	5.0

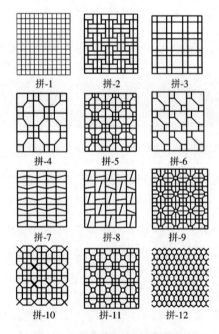

拼-1　　拼-2　　拼-3
拼-4　　拼-5　　拼-6
拼-7　　拼-8　　拼-9
拼-10　　拼-11　　拼-12

图 7.7　陶瓷马赛克的拼花图案

7.4.3　陶瓷马赛克的技术质量要求

陶瓷马赛克的技术质量要求主要包括尺寸允许偏差、外观质量、物理力学性质和成联质量要求等。

1. 尺寸允许偏差

单块砖的尺寸和每联马赛克线路、联长的尺寸及其允许偏差应符合表7.14中的规定。

表 7.14　单块砖的尺寸和每联马赛克线路、联长的尺寸及其允许偏差　　　　mm

项　　目	尺寸	允　许　偏　差	
		优等品	合格品
长　　度	≤25.0	±0.50	±1.00
	>25.0		
厚　　度	4.0、4.5	±0.30	±0.40
线　　路	2.0~5.0	±0.60	±1.00
联　　长	284.0		
	295.0		
	305.0	+2.50	+3.50
	325.0	-0.50	-1.00

2. 物理力学性质

根据国家标准《陶瓷马赛克》(JC/T 456—2005)中规定,陶瓷马赛克的技术性能应符合表7.15中的规定。

表 7.15　陶瓷马赛克的技术性能

项目	技术指标	项目	技术指标
密度	2.3~2.4 g/cm³	耐磨值	<0.60
吸水率	无釉马赛克不大于0.2%, 有釉马赛克不大于1.0%	耐酸值	>95%
抗压强度	15~25 MPa	耐碱度	>84%
使用温度	-20~100 ℃	耐急冷急热性	有釉砖:(140±2)℃下保持30 min, 取出立即放入冷水中,5 min后取出, 用涂墨法检查裂纹
莫氏温度	6~7		

4. 成联质量要求

马赛克与铺贴材料的黏结,不许有脱落,正面贴纸陶瓷马赛克的脱纸时间不大于40 min,马赛克铺贴成联后不允许铺贴纸露出。联内外间马赛克的色差,优等品目测基本一致,合格品目测稍存在一定的色差。

7.5 装饰琉璃制品

7.5.1 建筑装饰琉璃制品的特点和用途

建筑装饰琉璃制品是用难溶黏土成型后,经干燥、素烧、施釉、釉烧而成的。在建筑装饰琉璃制品表面形成釉层,既提高了表面的强度,又提高了其防水性能,同时也增加了装饰效果。

建筑装饰琉璃制品是我国陶瓷宝库中的古老珍品,早在南北朝时期,人们就开始在屋面使用琉璃瓦(板瓦、筒瓦、滴水瓦、勾头),在檐头和屋脊使用垂兽、兽吻、角兽和仙人走兽等加以装饰,如图7.8所示;正吻和正脊这些大型的屋面构件,都由若干预制小构件拼合而成。建筑装饰琉璃制品具有质地致密、表面光滑、不易沾污、经久耐用、流光溢彩、造型古朴、富丽典雅、新颖独特、融建筑与装饰为一体等优点,是仿古建筑和现代建筑理想的建筑装饰材料。

图7.8　檐头和屋脊琉璃瓦

7.5.2 建筑装饰琉璃制品的品种、形状和规格

1.建筑装饰琉璃制品的品种

在我国古代传统的建筑装饰中,琉璃制品所用的各种琉璃瓦件,种类繁多,名称复杂,且多用旧时术语命名,因此有些瓦件的名称并不那么通俗易懂,瓦件的品种更是五花八门,难以准确分类。建筑装饰琉璃制品可粗略分为瓦件、屋脊部件和屋脊装饰件三大类,如表7.16所示。

表 7.16　建筑装饰琉璃制品的分类

类别	名称	说　明　及　用　途
瓦件	板瓦(又名琉璃板瓦)	板瓦为古建筑物屋面主要瓦件,瓦形稍弯。用时使凹面向上,顺屋面坡度逐块铺于屋面,并使上一块瓦压着下一块瓦(压七露三),以利于排水,防止渗漏
	筒瓦(又名琉璃筒瓦)	筒瓦形似半圆筒,用以在大式屋顶中覆盖每行板瓦之间缝隙
	沟头(又名瓦当、琉璃勾头、琉璃瓦当、勾子、琉璃沟子)	檐口处最下一块筒瓦,该瓦与一般筒瓦不同之处是瓦端有一圆头,上有图案、花纹,一则可起顶端封口作用,二则水流至瓦头可顺此圆头流下,勾头瓦面上有一钉孔,上覆钉帽一个(勾头、钉帽各一个,称为一伤)
	滴水瓦(又名滴子、琉璃滴子)	檐口处板瓦端头瓦件,该瓦与一般板瓦不同之处是瓦端曲下成如意形,上有图案、花纹,不仅可起顶端封口作用,而且雨水流至此处,可顺此如意瓦头滴下
	花边瓦	小式屋顶,每行板瓦之间不用筒瓦盖缝而用板瓦盖缝。檐口处板瓦端头瓦件与一般板瓦不同,瓦头微微卷下,名为花边瓦,作用与大式屋顶中勾头、滴水瓦相同
屋脊部件	正脊筒瓦(又名正脊筒子、琉璃正脊筒子、琉璃正脊筒瓦)	古建筑屋面正脊的构造是在扶脊木两旁安当沟,当沟上放几层线砖(押带条、群色条、连砖等),上面放通脊,通脊上覆盖一垄筒瓦。此瓦名为正背筒瓦,是构成正背线条的主要部件
	垂脊筒瓦(又名垂脊筒子等)	是构成垂脊及铃铛排山脊线条的主要部件(筒瓦下有垂脊(砖))
	岔脊筒瓦(又名岔脊筒子等)	是构成岔脊及庑殿脊兽后部分线条的主要部件
	围脊筒瓦(又名围脊筒子等)	是构成围脊线条的主要部件,用于重檐大殿
	博脊连砖(又名承风博脊连砖、承缝连砖)	是构成博脊线条的主要部件(歇山屋面中,山花板与山面坡瓦相接缝处用博脊),用于歇山屋面。博脊两端与垂脊相交处,承缝连砖做成尖形,隐人博缝上勾、滴之下,名为"挂尖"
	群色条	是构成正背、围脊的线条部件,置于脊筒瓦之下(见"正背筒瓦"一栏说明),二至四样用大群色,五样以下用小群色
	三连砖	是构成岔脊及庑殿脊兽前部分线条的主要部件
	扒头	是垂青或敛脊下端"仙人"瓦下最低层之花砖
	撺头(又名窜头)	是屋角垂青端上仙人的座砖之一,撺头置于撺扒头之上
	方眼勾头	用于岔脊及庑殿脊的前端,放在撺头之上,"仙人"之下
	正当沟(又名正挡沟)	是置于正脊、围脊、博脊之下,瓦垄之间的瓦件(见"正背筒瓦"一栏说明),也用于铃铛排山脊的外侧瓦垄间
	斜当沟(又名斜挡沟)	是岔脊、庑殿脊之下,瓦垄之间的瓦件,分反正两种
	押带条(又名压带条、压当条)	是构成正脊或垂脊线条部件之一(见"正背筒瓦"一栏说明),覆于当沟、斜当沟瓦件之上
	平口条	用于垂脊、铃铛排山脊的内侧哑巴垄上,主要起垫平作用,有时也用于正脊

类别	名称	说 明 及 用 途
屋脊装饰件	正吻(又名大吻、吞脊兽)	是正脊两端的装饰兽,形似龙头,张开大口将正脊咬着,故又名吞脊兽;附件有吻座、剑把(扇形、在吻背上)、背兽(在正吻背后)各一个,兽角、背兽角各一对;有时正吻还有吻钩、吻索、吻锔、索钉等零件
	垂兽(又名角兽)	是垂脊或角脊下端部的装饰兽,也称角兽;附件有兽座、兽角、托泥当沟等
	岔兽(又名戗兽、截兽)	是岔脊与庑殿脊的装饰兽,兽前安置仙人、走兽;附件有兽座和兽角一对
	合角吻或合角兽	是转脊端部的装饰兽,每两个为一份,每份两个剑把(无兽角),合角兽有兽角
	套兽	是岔脊与庑殿脊端部的装饰兽,套在殿角仔角梁的最前端
	仙人、走兽	是岔脊与庑殿脊殿部分的装饰件,仙人领头,走兽随后,走兽数量必须成单数(有时也例外,如故宫太和殿走兽为 10 件);走兽行列有一定次序,由仙人数起为龙、凤、狮子、天马、海马、狻猊、狎鱼、獬豸、斗牛、行什;亦有海马在前,天马在后者;走兽用量的多少,以屋面坡身的大小和建筑物柱子的高矮而定,一般每柱尚二尺(清营造尺)用走兽一件,走兽用量少于 10 件者,则按上面的次序之先后用其前者

在当今建筑装饰工程中,仿古建筑除常用琉璃瓦、琉璃砖、琉璃兽等外,还常用一些琉璃花窗、琉璃栏杆等装饰制件。另外,还有陈设于室内外的建筑装饰工艺品,如花盆、鱼缸、花瓶、绣墩等。

2. 建筑装饰琉璃制品的形状

建筑装饰琉璃制品在我国有悠久历史,经过千年的实践和发展,如今的琉璃制品可谓五彩缤纷、琳琅满目、形状各异、组成巧妙。现代建筑装饰琉璃制品中常见的瓦件形状如图 7.9 所示。

3. 建筑装饰琉璃制品的规格

我国建筑装饰琉璃制品的规格尺寸,可分为标定尺寸和产品尺寸两种。标定尺寸是《清代营造则例》中提出的琉璃瓦件的规格尺寸,而产品尺寸是我国各地琉璃瓦件生产单位自定的尺寸。由于我国幅员辽阔,各地气候不同、习惯不同,因此各地产品在尺寸上也反映了适应当地气候特点和习惯需要。尤其是我国的北方和南方,产品尺寸差别较大,按国家标准《建筑琉璃制品》(JC/T 765—2006)的规定,琉璃制品(主要为适用于屋面的瓦)产品规格由供需双方协商确定。

由于琉璃制品是我国古代特有的建筑装饰材料,而且现代仍大部分沿用原来的产品形状、类别和规格,所以我国琉璃瓦的型号仍用古代的名称,被称为"样",古代有十种,但有两种不用,所以实际为八种,最常用者为五样、六样、七样。琉璃瓦的标定尺寸如表 7.17 所示。

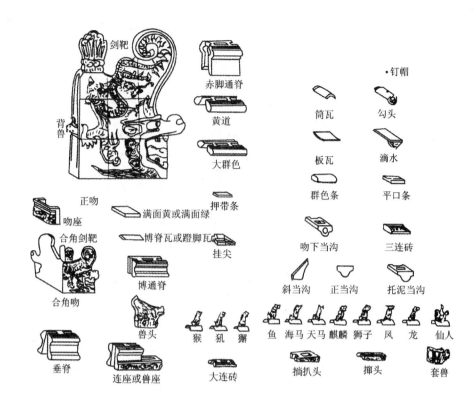

图 7.9　琉璃制品瓦件形状示意图

表 7.17　琉璃瓦的标定尺寸　　　　　　　　　　　　　　　mm

名称	尺寸	样数							
		二样	三样	四样	五样	六样	七样	八样	九样
正吻	长	31.68	291.2	256.0	166.4	115.2	83.2	65.6	60.8
	宽	220.8	201.6	179.2	115.2	78.4	57.6	44.8	41.6
	高	33.6	32.0	30.4	22.8	27.2	22.4	19.2	16.0
剑靶	长	96.0	86.4	80.0	48.0	29.44	24.96	19.52	16.0
	宽	41.6	38.4	53.2	20.48	12.60	10.88	22.40	6.72
	高	11.2	9.60	8.96	8.64	8.32	6.72	5.76	4.80
背兽	正长	31.68	29.12	25.60	16.64	11.52	8.32	6.56	6.08
吻座	长	220.8	201.6	179.2	115.2	78.40	57.60	44.80	41.60
	宽	31.68	29.26	25.60	16.64	11.52	8.32	6.72	6.08
	高	36.16	33.60	29.44	19.84	14.72	11.52	9.28	8.64
赤脚通脊	长	89.60	83.20	76.80	五样以上无				
	宽	54.40	48.00	44.80					
	高	60.80	54.40	48.00					
黄道	长	89.60	83.20	76.80	五样以上无				
	宽	54.40	48.00	44.80					
	高	19.20	16.00	16.00					

名称	尺寸	样数							
		二样	三样	四样	五样	六样	七样	八样	九样
大群色	长	89.60	83.20	76.80	五样以上无				
	宽	54.40	48.00	44.80					
	高	19.20	16.00	16.00					
群色条	长	四样以下无			41.60	38.40	35.20	八样以上无	
	宽				9.60	8.00	6.40		
	高				4.48	4.16	3.84		
正通脊	长	四样以下无			73.60	70.40	67.40	64.00	60.80
	宽				27.20	24.00	20.80	12.80	12.80
	高				36.80	28.80	27.20	17.60	14.40
垂兽	长	68.80	59.20	52.20	46.40	38.40	32.00	25.60	19.20
	宽	35.20	32.00	28.80	25.60	22.40	19.20	16.00	12.80
	高	35.20	32.00	28.80	25.60	22.40	19.20	16.00	12.80
连座	长	118.4	89.60	51.20	44.80	67.20	41.60	28.80	28.80
	宽	35.20	32.00	28.80	25.60	22.40	16.00	12.80	9.60
	高	7.04	6.40	5.76	5.12	27.20	17.60	14.40	11.20
大连砖	长	57.60	51.20	77.80	五样以上无				
	宽	27.20	26.56	25.92					
	高	11.20	10.56	9.92					
三连砖	长	四样以下无			41.60	38.40	35.40	32.00	28.80
	宽				25.00	22.40	19.20	16.00	12.80
	高				8.32	8.00	7.68	7.36	7.04
小连砖	长	七样以下无						32.00	28.80
	宽							16.00	12.80
	高							6.40	5.76
垂通脊	长	99.20	89.60	83.20	76.80	70.40	64.00	6.08	54.40
	宽	35.20	32.00	28.80	25.60	22.40	16.00	12.80	9.60
	高	52.80	46.40	36.80	28.60	27.20	17.00	14.40	11.20
脊	长	59.20	56.00	46.40	38.40	32.00	25.60	19.20	16.00
	宽	32.00	28.80	25.60	22.40	19.20	16.00	12.80	9.60
	高	32.00	28.80	25.60	22.40	19.20	16.00	12.80	9.60
兽座	长	57.60	51.20	44.80	38.40	32.00	25.60	19.20	12.80
	宽	32.00	28.80	25.60	22.40	19.20	16.00	12.80	9.60
	高	6.40	5.76	5.12	4.48	3.48	3.20	2.56	1.92
通脊	长	89.60	83.20	76.80	70.40	64.00	60.80	54.40	48.00
	宽	32.00	28.80	25.60	22.40	16.00	12.80	9.60	6.40
	高	46.40	36.80	28.80	27.20	17.60	14.40	11.20	8.00
撺头	长	49.60	48.00	44.80	43.20	40.00	36.80	3.60	27.20
	宽	27.20	27.20	24.96	24.00	23.04	21.76	20.80	19.84
	高	8.32	7.68	7.36	7.04	6.72	6.40	6.08	6.08
头	长	48.00	41.60	38.40	35.20	32.00	30.40	30.08	29.76
	宽	27.20	27.20	24.96	24.00	23.04	21.76	20.80	19.84
	高	8.96	8.32	7.68	7.36	7.04	6.72	6.40	6.08

续表

名称	尺寸	样数							
		二样	三样	四样	五样	六样	七样	八样	九样
列脚盘子	长	49.60	48.00	44.80	43.20	40.00	36.80	33.50	27.20
	宽	27.20	27.20	24.96	24.00	23.04	21.76	20.80	19.84
	高	8.32	7.68	7.36	7.04	6.72	6.4	6.08	5.76
三仙盘子	长	49.60	48.00	44.80	43.20	40.00	36.80	33.60	27.20
	宽	27.20	27.20	24.96	24.00	23.04	21.76	20.80	19.84
	高	8.32	7.68	7.36	7.04	6.72	6.40	6.08	5.76
仙人	长	40.00	36.80	33.60	3.40	27.20	24.00	24.00	17.60
	宽	6.90	6.40	5.90	5.30	4.80	4.3	4.3	3.20
	高	40.00	36.80	33.60	30.40	27.20	27.20	24.00	17.60
走兽	长	36.80	33.60	30.40	27.20	27.20	24.00	20.80	17.60
	宽	6.90	6.40	5.90	5.30	20.80	19.20	17.60	16.00
	高	36.80	33.60	30.40	27.20	1.92	1.92	1.60	1.60
吻下当沟	长	38.40	36.80	33.60	30.40	27.20	24.00	20.80	17.60
	宽	27.20	25.60	24.00	22.40	20.80	19.20	17.60	16.00
	高	2.56	3.46	2.24	2.24	1.92	1.90	1.60	1.60
平口条	长	32.00	30.40	28.80	27.20	25.60	24.00	22.40	20.80
	宽	9.92	9.28	8.64	8.00	7.36	6.40	5.44	4.48
	高	2.24	2.24	1.92	1.92	1.60	1.60	1.28	1.28
压当条	长	32.00	30.40	28.80	27.20	25.60	24.00	22.40	20.80
	宽	9.92	9.28	8.64	8.00	7.36	6.40	5.44	4.48
	高	2.24	2.24	1.92	1.92	1.60	1.60	1.28	1.28
正当沟	长	38.40	36.80	33.60	30.40	27.20	24.00	20.80	17.60
	宽	27.20	25.60	24.00	22.40	20.80	19.20	17.60	16.00
	高	2.56	3.46	2.24	2.24	1.92	1.92	1.60	1.60
斜当沟	长	54.40	51.20	48.00	43.20	40.00	32.00	28.80	28.80
	宽	27.20	25.60	24.00	22.40	20.80	19.20	17.80	16.00
	高	2.56	2.56	2.24	2.24	1.92	1.92	1.60	1.60
套兽	长	49.28	42.24	35.20	28.16	24.64	17.60	14.08	10.56
	宽	44.80	38.40	32.00	25.60	22.40	16.00	12.80	9.60
	高	44.80	28.40	32.00	25.60	22.40	16.00	12.80	9.60
博脊连砖	长					40.00	36.80	33.60	30.40
	宽		五样以下无			22.40	22.08	21.76	21.44
	高					8.00	7.68	7.36	7.04
承风连砖	长	52.80	49.60	46.40	43.20				
	宽	24.32	24.00	23.68	23.36		六样以上无		
	高	11.20	10.56	9.92	8.32				
挂尖	长	52.80	49.60	46.40	43.20	40.00	36.80	33.60	30.40
	宽	30.40	28.80	27.20	23.36	24.00	22.08	21.76	21.44
	高	5.12	408.	4.48	8.32	8.00	7.36	7.36	7.04
博通脊	长	89.60	83.20	76.80	70.40	36.00	46.40	33.60	32.00
	宽	32.00	28.80	27.20	24.00	21.44	20.80	19.20	17.60
	高	33.60	32.00	4.48	26.88	24.00	23.36	23.36	24.00

名称	尺寸	样数							
		二样	三样	四样	五样	六样	七样	八样	九样
满面砖	长	51.20	48.00	44.80	41.60	38.40	35.20	32.00	28.80
	宽	51.20	48.00	44.80	41.60	38.40	35.20	32.00	28.80
	高	6.08	5.76	5.44	5.12	40.80	4.48	4.16	3.84
蹬脚瓦	长	40.00	36.80	35.20	33.60	30.40	27.20	24.00	20.80
	宽	20.80	19.20	17.60	16.00	14.40	12.80	11.20	9.60
	高	10.40	9.60	8.80	8.00	7.20	6.40	5.60	4.80
勾头	长	43.20	40.00	36.80	35.20	32.00	30.40	28.80	27.20
	宽	20.80	18.20	17.60	16.00	14.40	12.80	11.20	9.60
	高	10.40	9.60	8.80	8.00	7.20	6.40	5.60	4.80
滴子	长	43.20	41.60	40.00	38.40	35.20	32.00	30.40	28.80
	宽	35.20	32.00	30.40	27.20	24.00	22.40	20.80	19.20
	高	17.60	16.00	14.40	12.80	11.20	9.60	8.00	6.40
筒瓦	长	40.00	36.80	35.20	33.60	30.40	28.80	27.20	25.60
	宽	20.80	19.20	17.60	16.00	14.40	12.80	11.20	9.60
	高	15.68	14.40	13.12	11.84	10.72	9.60	8.48	7.36
板瓦	长	43.20	40.00	38.40	36.80	33.60	32.00	30.40	28.80
	宽	35.20	32.00	30.40	27.20	24.00	22.40	20.80	19.20
	高	7.04	6.72	6.08	5.44	4 80	40.16	3.20	2.88
合角吻	长	105.6	96.00	89.20	76.80	60.80	32.00	22.40	19.20
	宽	73.60	67.20	64.00	54.40	41.60	22.40	15.68	13.14
	高	73.60	67.20	64.00	54.40	41.60	22.40	15.68	13.14

7.5.3 建筑装饰琉璃制品的技术质量要求

建筑装饰琉璃制品的技术质量要求主要包括尺寸允许偏差、外观质量和物理力学性质等。

1. 尺寸允许偏差

建筑装饰琉璃制品的种类很多,形状各种各样,所以其尺寸也很不固定,可根据建筑装饰工程的具体需要,由供需双方协商确定。但尺寸允许偏差必须符合国家有关规定。常用的琉璃瓦尺寸如图 7.10 所示。

2. 外观质量

建筑装饰琉璃制品的外观质量分为优等品、一级品和合格品。同一件产品允许外观缺陷项目:优等品不超过 3 项,一级品不超过 5 项。

3. 物理力学性质

建筑装饰琉璃制品的物理力学性质如表 7.18 所示。

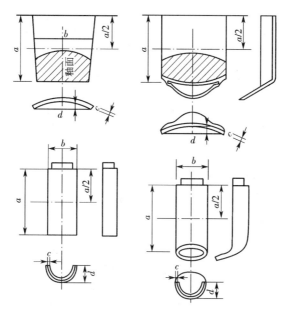

图 7.10　琉璃瓦的尺寸示意图

表 7.18　建筑装饰琉璃制品的物理力学性质

项　目	优等品	一级品	合格品
	技　术　指　标		
吸水率/%	≤12		
抗冻性	冻融循环 15 次		冻融循环 10 次
	无开裂、剥落、掉角、掉棱、起鼓现象。因特殊要求,冷冻最低温度、冻融循环次数可由供需双方协商确定		
弯曲破坏荷载/N	≥1 177		
耐急冷急热性能	3 次循环无开裂、剥落、掉角、掉棱、起鼓现象		
光泽度(度)	平均值应≥50,可根据需要,由供需双方协定确定		

7.6　装饰陶瓷新产品

　　我国自改革开放以来,城镇建筑发展非常迅速,建筑装饰陶瓷的应用范围和用量大幅度增加,从厨房、卫生间小规模使用到大面积的室内外装修,建筑装饰陶瓷已成为一种重要的建筑装饰材料。建筑装饰用的陶瓷面砖产品总的发展趋势是:尺寸增大、精度提高、品种多样、色彩丰富、图案新颖、强度提高、收缩减少,并注意与卫生洁具配套,协调一致。施工对建筑装饰陶瓷的要求是:尺寸准确、颜色一致、便于铺贴、黏结牢固、不易脱落。

7.6.1　建筑装饰陶瓷的新品种

　　近几年来,建筑装饰陶瓷研究开发的新品种很多,在建筑装饰工程中应用较多的有陶瓷劈离砖、大型陶瓷饰面板、马赛克图案砖、壁画和其他产品。

1. 陶瓷劈离砖

陶瓷劈离砖又称劈裂砖,是 20 世纪 90 年代开发的一种新型装饰材料,可分为彩釉和无釉两种。20 世纪 60 年代,劈离砖首先在德国兴起并得到迅速发展。由于制造工艺简单、能耗较低、使用效果较好,逐渐在欧洲各国流行;我国于 20 世纪 90 年代初才开始开发利用,最近几年得到迅速发展。

陶瓷劈离砖是将黏土、页岩、耐火土等几种原料按一定比例混合,经湿化、真空挤出成型、干燥、施釉(或不施釉)、烧结、劈离(将一块双联砖分为两块砖)、分选和包装等工序制成。

陶瓷劈离砖的常见规格尺寸有 115 mm × 240 mm × (11 × 2) mm、200 mm × 100 mm × (11 × 2) mm、240 mm × 71 mm × (11 × 2) mm、200 mm × 200 mm × (14 × 2) mm、300 mm × 300 mm × (14 × 2) mm。

陶瓷劈离砖的最突出特点是其兼有普通黏土砖和彩釉砖的特性,即由于制品内部结构特征类似黏土砖,故具有一定的强度、抗冲击性、抗冻性和可黏结性;由于其表面有一层彩釉,故也具有一般压制成型的彩釉砖的装饰效果及可清洗性。

陶瓷劈离砖由于具备以上特点,因此深受设计、施工和使用单位的欢迎,可用于建筑物的外墙、内墙、地面、台阶等部位的装饰。

2. 大型陶瓷饰面板

大型陶瓷饰面板是近几年来开发的一种新型高档建筑装饰材料,具有单块面积大、厚度较薄、平整度高、吸水率小、抗冻性好、抗化学腐蚀、耐急冷急热、施工方便等特点,并有绘制艺术、书法、条幅和壁画等多种功能。

大型陶瓷饰面板产品的表面可以做成平滑或浮雕花纹图案,并可施以各种彩色釉,应用场合非常广泛,不仅可做建筑物外墙、内墙、墙裙、廊厅和立柱的装饰,而且尤其适用于宾馆、机场、车站和码头等公共建筑的装饰。

大型陶瓷饰面板产品的主要规格有 505 mm × 295 mm、295 mm × 197 mm,厚度为 4 mm、5.5 mm、8 mm。

3. 马赛克图案砖和壁画

目前,我国生产的陶瓷面砖除了各种单色砖外,还采用丝网印、贴花和手绘的方法,生产出了各种鲜艳多彩或古朴淡雅的图案砖和壁画,既美化了环境,又提高了装饰效果。

陶瓷壁画是大型画,它是以陶瓷面砖、陶板等装饰块材为基材,经镶拼制作而成,是现代建筑装饰的好材料,具有较高的艺术价值,属于新型高档装饰。陶瓷壁画不是原画稿的简单复制,而是经过放大、制版、刻画、配釉、施釉和焙烧等一系列工序,采用漫、点、涂、喷和填等多种工艺,使制品具有神形兼备的艺术效果。

陶瓷壁画适用于镶嵌在大厦、宾馆、酒楼等高层建筑物上,也可镶贴于公共建筑场所,如机场的候机室、车站的候车室、大型会议室、会客室、园林旅游区等地以及码头、地铁、隧道等。

4. 其他产品

除上述的建筑陶瓷新产品外,我国近年来还开发研究并生产了一系列新型建筑陶瓷产品,如无硼 - 锆釉面砖、陶瓷彩色波纹贴面砖、彩色花岗石釉面砖、黑瓷装饰板以及一些利用工业废渣生产的建筑陶瓷制品。

7.6.2　建筑装饰陶瓷的发展趋势

建筑装饰陶瓷是发展迅猛的建筑装饰新品种,在 21 世纪仍然是一种极有前途的建筑装饰材料。现代建筑的发展对建筑装饰陶瓷提出了更高要求。据专家预测,今后国际市场建筑装饰陶瓷面砖的发展趋势如下。

1. 色彩趋深化

虽然目前流行的白色、米色、土色等颜色的建筑装饰陶瓷制品仍有较大的市场,深受人们的喜爱,但桃红、深蓝及墨绿等深色将后来居上,在不久的将来成为流行色。

2. 形状多样化

建筑装饰陶瓷面砖将改变原来单纯的正方形和长方形,圆形、椭圆形、十字形、六角形、五角形等形状的面砖销量将逐渐增大,以增加建筑装饰的效果。

3. 规格大型化

为方便施工、减少缝隙、提高工效、增加美感,边长 40 cm 以上的大规格瓷砖越来越受到用户的欢迎,小尺寸的瓷砖将逐渐被取代。

4. 观感高雅化

随着物质文明和精神文明的不断提高,人们艺术修养和欣赏能力也逐渐提高,高格调、雅致、质感好的陶瓷产品正成为国内外市场的新潮流。

5. 釉面多元化

根据工程实践证明,今后地面釉面将以雾面、半雾面、半光面和全光面为主,陶瓷壁画将以亮面为主。总之,陶瓷釉面将向着多元化方向发展。

第8章 建筑装饰玻璃

在建筑装饰工程中,玻璃是应用广泛的一类装饰材料。随着建筑装饰业的发展,玻璃在建筑装饰工程上的使用越来越广泛。从最初单一的采光功能到现在的装饰功能,玻璃已逐渐发展成为现代建筑的主流。而建筑装饰玻璃是以设计概念和功能为主导,采用玻璃材质和艺术技巧与被装饰的建筑物成为统一和谐的整体,既丰富了建筑艺术形象,也提高了实用价值、经济价值和社会价值。

8.1 建筑装饰玻璃概述

8.1.1 玻璃的概念和组成

玻璃是以石英砂(SiO_2)、纯碱(Na_2CO_3)、石灰石($CaCO_3$)、长石等为主要原料,经 1 550 ~ 1 600 ℃高温熔融、成型、退火而制成的固体材料。在其形成的过程中,为了改善玻璃的某些性能和满足某些特种技术要求,还可加入某些辅助原料,如助熔剂、着色剂、脱色剂等。

玻璃是一种具有无规则结构的非晶态固体。它没有固定的熔点,在物理和力学性能上表现为均质的各向同性。

玻璃的化学成分非常复杂,其主要成分是 SiO_2(含量72%左右)、Na_2O(含量15%左右)和 CaO(含量9%左右),另外还有少量的 Al_2O_3、MgO 等。这些氧化物在玻璃中起着非常重要的作用,如表8.1所示。

表8.1 玻璃中主要氧化物的作用

氧化物名称	作用	
	增加	降低
二氧化硅(SiO_2)	熔融温度、化学稳定性、热稳定性、机械强度	密度、热膨胀系数
氧化钠(Na_2O)	热膨胀系数	化学稳定性、耐热性、熔融温度、析晶倾向、退火温度、韧性
氧化钙(CaO)	硬度、机械强度、化学稳定性、析晶倾向、退火温度	耐热性
三氧化二铝(Al_2O_3)	熔融温度、机械强度、化学稳定性	析晶倾向
氧化镁(MgO)	耐热性、化学稳定性、机械强度、退火温度	析晶倾向、韧性

8.1.2 玻璃的分类

玻璃装饰材料的品种繁多,分类的方法也很多,通常按其化学组成不同、用途不同和功能不同进行分类。

玻璃按化学组成不同可分为钠玻璃、钾玻璃、铝镁玻璃、铅玻璃、硼硅玻璃、石英玻璃。其中钠玻璃多用于制造普通玻璃和日用玻璃制品,故这种玻璃在建筑工程中应用最广泛。

玻璃按用途不同可分为建筑玻璃、化学玻璃、光学玻璃、工艺玻璃、电子玻璃、玻璃纤维等。

玻璃按功能不同可分为平板玻璃、安全玻璃、节能玻璃、装饰玻璃、其他玻璃装饰制品等。

8.1.3　玻璃的基本性质

1.玻璃的密度

玻璃内几乎无孔隙,属于致密材料。玻璃的密度与其化学组成关系密切,此外还与温度有一定的关系。在各种实用玻璃中,密度的差别是很大的,例如石英玻璃的密度最小,仅为 2 200 kg/m^3,而含大量氧化铅的重火石玻璃密度可达 6 500 kg/m^3,普通玻璃的密度为 2 500 ~ 2 600 kg/m^3。

2.玻璃的光学性质

玻璃具有很好的光学性质,因此广泛用于建筑工程的采光和装饰。当光线入射到玻璃时,会产生透射、吸收和反射三种现象,这三种现象的强弱可分别用透射比、吸收比和反射比表示。

玻璃对光的性质是用透光率来表示的。透光率的大小取决于玻璃的厚度和颜色,玻璃越厚,成分中铁含量越高,透光率越小,采光性越差;颜色越浅,透光率越好,采光性也就越好。

玻璃对光线的吸收能力与其化学成分有关。无色玻璃能透过各种颜色的光线,但吸收红外线和紫外线,而石英玻璃、硼玻璃能透过紫外线。

3.玻璃的热工性质

(1)导热性

玻璃的导热性很小,常温时大体上与陶瓷制品相当,而远远低于各种金属材料,但随着温度的升高将增大。另外,导热性还受玻璃的颜色和化学成分的影响。

(2)热膨胀性

玻璃的热膨胀性能比较明显,热膨胀系数的大小取决于组成玻璃的化学成分及其纯度,玻璃的纯度越高,热膨胀系数越小,不同成分的玻璃热膨胀性差别很大。

(3)热稳定性

玻璃的热稳定性是指抵抗温度变化而不破坏的能力,它决定玻璃在温度发生剧变时抵抗破裂的能力,是玻璃的重要热学性质之一。玻璃的热稳定性主要受热膨胀系数影响,玻璃热膨胀系数越小,热稳定性越高。此外,还与玻璃的厚度和制品的质量有关。玻璃越厚、体积越大,热稳定性越差;带有缺陷的玻璃,特别是带结石、条纹的玻璃,热稳定性也差。

4.玻璃的力学性质

(1)抗压强度

玻璃的抗压强度较高,超过一般的金属和天然石材,一般为600 ~ 1 200 MPa。其抗压强度值会随着化学组成的不同而变化。

（2）抗拉、抗弯强度

玻璃的抗拉强度很小，一般为 40～80 MPa，因此玻璃在冲击力的作用下极易破碎。玻璃的抗弯强度取决于抗拉强度，通常在 40～80 MPa。

（3）其他力学性质

常温下玻璃具有很好的弹性。它在荷载的作用下产生变形，但当荷载卸除后又恢复原有的形状。常温下普通玻璃的弹性模量为 60 000～75 000 MPa，约为钢材的 1/3，与铝相近。

玻璃具有较高的硬度，莫氏硬度一般在 5～7，接近长石的硬度。硬度的大小取决于其化学成分，同时也与某些加工工序有密切关系。

5. 玻璃的化学稳定性

一般的建筑装饰玻璃具有较高的化学稳定性，在通常情况下，对酸、碱、盐以及化学试剂或气体等具有较强的抵抗能力，能抵抗氢氟酸以外的各种酸类的侵蚀。但是长期遭受侵蚀性介质的腐蚀，也能导致变质和破坏，如玻璃的风化、发霉都会导致玻璃外观的破坏和透光能力的降低。

8.2　平板玻璃

平板玻璃是指未经其他加工的平板状玻璃制品，也称为白片玻璃或净片玻璃，属于钠玻璃类，是建筑工程中使用量最大的一种玻璃。平板玻璃主要用于建筑的门窗，起采光（可见光透射比 85%～90%）、围护、保温、隔声等作用，也是进一步加工成其他玻璃制品的基础材料。

8.2.1　平板玻璃的特点和用途

1. 平板玻璃的特点

普通平板玻璃具有透光、透视、耐磨、耐气候变化、隔声、隔热等性能，有的还具有保温、吸热、防辐射等特性。通过着色、表面处理、磨光、钢化、夹层、施釉等深加工技术，可以制成有特殊性能和装饰效果的玻璃制品，如磨砂玻璃、彩色玻璃、花纹玻璃等。

2. 平板玻璃的用途

普通平板玻璃主要用于门窗，起采光、挡风和保温等作用。2～3 mm 厚的平板玻璃通常用于民用建筑；4～6 mm 厚的平板玻璃主要用于工业高层建筑，起到采光、围护、隔热、隔声、防护等作用。另外还可以用作商品柜台、展品橱窗以及汽车、船舶、火车的门窗等。特选品可以用于制镜、钟表、仪表、太阳能装置以及电子工业中的制版玻璃。

8.2.2　平板玻璃的分类与技术要求

1. 平板玻璃的分类

平板玻璃按颜色属性不同可分为无色透明平板玻璃和本体着色平板玻璃；按外观质量可分为合格品、一等品和优等品；按公称厚度可分为 2 mm、3 mm、4 mm、5 mm、6 mm、8 mm、10 mm、12 mm、15 mm、19 mm、22 mm、25 mm。

2. 平板玻璃的尺寸偏差、厚度偏差和厚薄差

平板玻璃应裁切成矩形，长度和宽度的尺寸偏差应符合表 8.2 中的规定，厚度偏差和厚薄差应符合表 8.3 中的规定。

表 8.2　平板玻璃尺寸偏差（GB 11614—2009）　　　　　　　mm

公称厚度	尺寸偏差	
	尺寸≤3 000	尺寸＞3 000
2、3、4、5、6	±2	±3
8、10	+2，−3	+3，−4
12、15	±3	±4
19、22、25	±5	±5

表 8.3　平板玻璃厚度偏差和厚薄差（GB 11614—2009）　　　　mm

公称厚度	厚度偏差	厚薄差
2、3、4、5、6	±0.2	0.2
8、10、12	±0.3	0.3
15	±0.5	0.5
19	±0.7	0.7
22、25	±1.0	1.0

3. 平板玻璃的外观质量

由于生产方法、生产环境、材料质量等多方面的问题,平板玻璃在生产过程中会产生多种不同的外观缺陷。平板玻璃常见的外观质量缺陷有点状缺陷、线道、裂纹、划伤、光学变形、断面缺陷等。平板玻璃按照外观质量可分为合格品、一等品和优等品三个等级,各级的外观质量要求分别如表 8.4、表 8.5、表 8.6 所示。

表 8.4　平板玻璃合格品外观质量（GB 11614—2009）

缺陷种类	质量要求	
点状缺陷[①]	尺寸(L)/mm	允许个数限度
	0.5≤L≤1.0	2×S
	1.0＜L≤2.0	1×S
	2.0＜L≤3.0	0.5×S
	L＞3.0	0
点状缺陷密集度	尺寸≥0.5 mm 的点状缺陷最小间距不小于 300 mm,直径 100 mm 圆内尺寸≥0.3 mm 的点状缺陷不超过 3 个	
线道	不允许	
裂纹	不允许	
划伤	允许范围	允许条数限度
	宽≤0.5 mm 长≤60 mm	3×S

续表

缺陷种类	质量要求		
	公称厚度	无色透明平板玻璃	本体着色平板玻璃
光学变形	2 mm	≥40°	≥40°
	3 mm	≥45°	≥40°
	≥4 mm	≥50°	≥45°
断面缺陷	公称厚度不超过 8 mm 时,不超过玻璃板的厚度;8 mm 以上时,不超过 8 mm		

注:S 是以平方米为单位的玻璃板面积数值,按 GB/T 8170 修约,保留小数点后两位。点状缺陷的允许个数限度及划伤的允许条数限度为各系数与 S 相乘所得的数值,按 GB/T 8170 修约至整数。

①光畸变点数为 0.5~1.0 的点状缺陷。

表 8.5　平板玻璃一等品外观质量(GB 11614—2009)

缺陷种类	质量要求	
	尺寸(L)/mm	允许个数限度
点状缺陷①	0.3≤L≤0.5	2×S
	0.5<L≤1.0	0.5×S
	1.0<L≤1.5	0.2×S
	L>1.5	0
点状缺陷密集度	尺寸≥0.3 mm 的点状缺陷最小间距不小于 300 mm,直径 100 mm 圆内尺寸≥0.2 mm 的点状缺陷不超过 3 个	
线道	不允许	
裂纹	不允许	
	允许范围	允许条数限度
划伤	宽≤0.5 mm 长≤60 mm	3×S
	公称厚度	无色透明平板玻璃 　　　本体着色平板玻璃
光学变形	2 mm	≥40°　　　　　　　　　　≥40°
	3 mm	≥45°　　　　　　　　　　≥40°
	≥4 mm	≥50°　　　　　　　　　　≥45°
断面缺陷	公称厚度不超过 8 mm 时,不超过玻璃板的厚度;8 mm 以上时,不超过 8 mm	

注:S 是以平方米为单位的玻璃板面积数值,按 GB/T 8170 修约,保留小数点后两位。点状缺陷的允许个数限度及划伤的允许条数限度为各系数与 S 相乘所得的数值,按 GB/T 8170 修约至整数。

①点状缺陷中不允许有光畸变点。

表 8.6　平板玻璃优等品外观质量(GB 11614—2009)

缺陷种类	质量要求	
	尺寸(L)/mm	允许个数限度
点状缺陷①	0.3≤L≤0.5	1×S
	0.5<L≤1.0	0.2×S
	L>1.0	0

续表

缺陷种类	质量要求		
点状缺陷密集度	尺寸≥0.3 mm 的点状缺陷最小间距不小于 300 mm,直径 100 mm 圆内尺寸≥0.1 mm 的点状缺陷不超过 3 个		
线道	不允许		
裂纹	不允许		
划伤	允许范围	允许条数限度	
	宽≤0.1 mm	2×S	
	长≤30 mm		
光学变形	公称厚度	无色透明平板玻璃	本体着色平板玻璃
	2 mm	≥50°	≥50°
	3 mm	≥55°	≥50°
	4～12 mm	≥60°	≥55°
	≥15 mm	≥55°	≥50°
断面缺陷	公称厚度不超过 8 mm 时,不超过玻璃板的厚度;8 mm 以上时,不超过 8 mm		

注:S 是以平方米为单位的玻璃板面积数值,按 GB/T 8170 修约,保留小数点后两位。点状缺陷的允许个数限度及划伤的允许条数限度为各系数与 S 相乘所得的数值,按 GB/T 8170 修约至整数。

①点状缺陷中不允许有光畸变点。

8.2.3　平板玻璃的计量方法

1. 重量箱

"重量箱"是计算平板玻璃用料及成本的计量单位。一个重量箱等于 2 mm 厚的平板玻璃 10 m²,其他厚度按表 8.7 折算。

表 8.7　普通平板玻璃重量箱折算系数

玻璃厚度/mm	重量箱		重量箱折算系数	每重量箱的平方米数/m²	计算举例
	每 10 m² 玻璃重/kg	折合重量箱数			
2	50	1	1.0	10.00	
3	75	1.5	1.5	6.667	例:5 mm 厚的普通平板
4	100	2	2.0	5.00	玻璃 30 m²,
5	125	2.5	2.5	4.00	折合多少重量箱?
6	150	3	3.0	3.333	答:折合重量箱为 30÷
8	200	4	4.0	2.50	10×2.5=7.5(箱)
10	250	5	5.0	2.00	
12	300	6	6.0	1.667	

2. 实际箱

实际箱又称"包装箱",分木箱和集装架两种,一个木箱或一个集装架包装的玻璃,即称作一个实际箱或一个包装箱。普通平板玻璃包装箱与重量箱的折合关系如表 8.8 所示。

表 8.8　普通平板玻璃包装箱与重量箱的折合关系

玻璃厚度 /mm	每 10 m² 玻璃重/kg	每包装箱		玻璃厚度 /mm	每 10 m² 玻璃重/kg	每包装箱	
		m²	折合重量箱数			m²	折合重量箱数
2	1	30(木箱)	3	5	2.5	20(木箱)	5
3	1.5	20(木箱)	3			100(集装架)	25
		30(木箱)	4.5			200(集装架)	50
		150(集装架)	22.5	6	3	15(木箱)	4.5
4	2	20(木箱)	4			90(集装架)	27

8.2.4　平板玻璃的普通加工制品

1. 磨光玻璃

磨光玻璃又称镜面玻璃,是由普通平板玻璃经过机械磨光、刨光而成的透明玻璃,分为单面磨光和双面磨光两种,厚度一般为 5～6 mm。磨光玻璃表面平整光滑且有光泽,人物形象通过玻璃不变形,透光率大于 84%,具有很好的光学性质,主要用于高级建筑门、窗、橱窗及制镜工业。

磨光玻璃过去一直是用人工或机械将由袭用的"引上法"生产的玻璃研磨和抛光制成的,既费工时,又耗坯料,很不经济;自从出现浮法生产玻璃以来,磨光玻璃的生产大为简化,只要将熔融的玻璃液流入锡槽,在干净的锡液面上自行铺平,逐渐降温、退火,获得具有两表面光洁、光学性能优良的玻璃,质量不亚于经人工或机械精细加工而成的磨光玻璃。

2. 磨(喷)砂玻璃

磨(喷)砂玻璃又称毛玻璃、暗玻璃,由平板玻璃经研磨、喷砂加工,成为表面均匀粗糙的玻璃,如图 8.1 所示。用硅砂、金刚砂或刚玉砂等作研磨材料,加水研磨制成的,称为磨砂玻璃;用压缩空气将细砂喷射到玻璃表面而成的,称为喷砂玻璃。

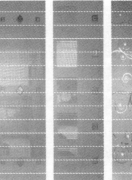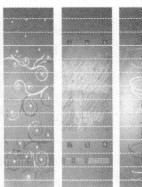

图 8.1　磨(喷)砂玻璃

磨(喷)砂玻璃具有透光不透明的特点,能使室内光线柔和而不刺眼。磨(喷)砂玻璃常用于办公室、厨房、卫生间等处的门窗,也可用于表现界定区域却互不封闭的地方,如屏风。

3. 彩色玻璃

彩色玻璃也称为有色玻璃或饰面玻璃,如图 8.2 所示。根据透明程度彩色玻璃又可分为透明彩色玻璃和不透明彩色玻璃两种。透明彩色玻璃是在玻璃原料中加入一定量的金属氧化物,按平板玻璃的生产工艺进行加工生产而成的,表面看到的颜色是各种化工原料和氧化物发生反应呈现出来的本色,不是在玻璃表面加工上色处理或者继续再加工。它的任何一个切面的颜色都会和表面的颜色相同,用它做成的产品永远不会褪色,甚至能保持数百年之久。

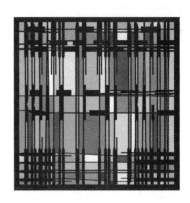

图 8.2　彩色玻璃

不透明彩色玻璃是用 4～6 mm 厚的平板玻璃按照要求的尺寸切割成型,然后经过清洗、喷釉、烘烤、退火等工艺制成的。

彩色玻璃通常采用各种氧化物着色剂使其着色,颜色主要有红、黄、蓝、绿、灰、乳白等十余种。彩色玻璃的彩面也可以使用有机高分子涂料制成。以三聚氰胺或丙烯酯为主要原料,加入 1%～3% 的无机或有机颜料,喷涂在平板玻璃的背面,在 100～200 ℃ 的高温下烘烤 10～20 min,也可制成彩色饰面玻璃。

不透明彩色玻璃又称为饰面玻璃。经过退火处理的饰面玻璃可以进行切割,但经过钢化处理的饰面玻璃不能切割。

彩色玻璃可以拼成各种图案花纹,并具有耐腐蚀、抗冲刷、易清洗等特点,主要适用于建筑物的内外墙、门窗装饰及对光线有特殊要求的部位,如图 8.3 和图 8.4 所示。

4. 花纹玻璃

花纹玻璃是一种装饰性很强的玻璃产品,主要用于门窗、室内间隔、浴厕等处,具有透光不透明的特点,且具有优良的装饰效果。装饰功能的好坏是评价其质量的主要标准。它是将玻璃按照预先设计好的图形运用雕刻、印刻或喷砂等无彩处理方法,在玻璃表面获得丰富的美丽图形。依照加工方法的不同,花纹玻璃可分为压花玻璃、喷花玻璃和刻花玻璃三种。

(1)压花玻璃

压花玻璃又称滚花玻璃,透光率一般为 60%～70%,规格一般在 900～1 600 mm,如图8.5 所示。它是在熔融玻璃冷却硬化前,以刻有花纹的滚筒对辊压延,在玻璃单面或两面压出深浅不同的花纹图案制成。压花玻璃图形丰富,造型优美,具有良好的装饰效果。由于花纹的凹凸变化使光线产生不规则的漫射、折射和不完整的透视,起到视线干扰和保护私密性的作用。

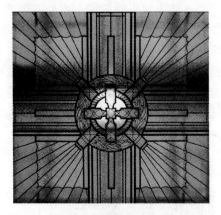

图8.3　彩色玻璃屋顶

图8.4　中式彩色玻璃门

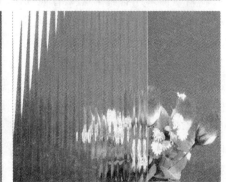

图8.5　压花玻璃

（2）喷花玻璃

喷花玻璃又称胶花玻璃，是以优质的平板玻璃为基础材料，在表面铺贴花纹图案，并有选择地涂抹面层，再经喷砂处理而成。喷花玻璃由于可以选择图案，因此形式灵活、构思巧妙，被广泛地应用在装饰工程中。

（3）刻花玻璃

刻花玻璃是由平板玻璃经涂漆、雕刻、围蜡、酸蚀、研磨等工艺制作而成的。

5. 镭射玻璃

镭射玻璃又称光栅玻璃、激光玻璃，是采用激光处理技术，在玻璃表面（背面）构成全息光栅或其他几何光栅,使其在光照条件下能衍射出五光十色光影效果的玻璃。它是以玻璃为基材的新一代建筑装饰材料,可使装饰物显得华贵高雅、富丽堂皇,给人以美妙、神奇的感觉。

镭射玻璃的颜色有蓝色、紫色、灰色等多种,反射率可在 10% ~ 90% 范围内按用户需要进行调整,以适应不同的装饰要求。它还具有高耐腐蚀、抗老化、耐磨、耐划等特性,因此适用于酒店、宾馆、歌舞厅等娱乐场所及商业建筑的墙面、柱面、地面、台面、吊顶、隔断及特殊部位装饰。

6. 玻璃镜

玻璃镜是采用高质量平板玻璃、磨光玻璃或茶色平板玻璃等为基本的加工材料,采用镀银工艺,在玻璃的一面先均匀地覆盖一层镀银,然后再覆盖一层底漆,最后涂上保护面漆制成。玻璃镜只有光反射性,没有光透射性,被广泛用于商场、发廊等环境的室内装饰。

8.3　安全玻璃

安全玻璃是指通过各种增强处理如钢化、夹层、与其他高强透明材料复合、采用特殊玻璃成分以及经过特殊处理而制成的玻璃。安全玻璃经剧烈振动或撞击不易破碎,即使破碎也不易伤人,包括钢化玻璃、夹丝玻璃、夹层玻璃等,多用于交通工具或特种建筑物的门窗。

1. 钢化玻璃

钢化玻璃是将玻璃加热到接近玻璃软化点的温度($600 \sim 650$ ℃),再迅速冷却或用化学方法钢化处理所得的玻璃深加工制品。它具有良好的力学性能和耐热冲击性能,又称为强化玻璃。

(1)钢化玻璃的特性

1)机械强度高

钢化玻璃比同等厚度普通玻璃的抗折强度高 $4 \sim 5$ 倍,抗冲击强度也高出许多。

2)弹性好

钢化玻璃的弹性比普通玻璃大得多,一块 1 200 mm × 350 mm × 6 mm 的钢化玻璃,受力后可发生达 100 mm 的弯曲挠度,当外力撤除后,仍能恢复原状,而普通玻璃弯曲变形只能有几毫米。

3)热稳定性高

在受急冷急热时,不易发生炸裂是钢化玻璃的又一特点。这是因为钢化玻璃的压应力可抵消一部分因急冷急热产生的拉应力。钢化玻璃有良好的耐热冲击性(最大安全工作温度为 288 ℃)和耐热梯度(能承受 204 ℃的温差变化)。

4)安全性好

通过物理方法处理后的钢化玻璃,由于内部产生了均匀的内应力,一旦受外力破坏时,碎片会呈类似蜂窝状的钝角碎小颗粒状,不易对人体造成严重伤害,所以物理钢化玻璃是一种安全玻璃。

5)不能任意切割、磨削

钢化后的玻璃不能再进行切割和加工,只能在钢化前就对玻璃进行加工至需要的形状,再进行钢化处理。

（2）钢化玻璃的应用

室内装饰工程中,钢化玻璃主要应用于内隔断、浴室（图8.5）、玻璃地板（图8.6）、楼梯挡板或踏板、吊顶等;在建筑工程中,钢化玻璃主要应用于窗户、幕墙、各种天棚、观光电梯、阳台、平台走廊的栏板和中庭内栏板、承受行人行走的地面板、公共建筑物的出入口、门厅等部位。

图8.5　钢化玻璃用于浴室围护

注:安装淋浴房时,宜选用钢化玻璃材质,因为钢化玻璃安全性较好,很少发生爆裂,即使出现爆裂,其碎片也没有棱角,且很少四处飞溅,伤害力较小。

图8.6　钢化玻璃地板

注:用经过防滑处理的钢化玻璃或直接用磨砂钢化玻璃的玻璃地板,能够营造良好的视觉效果,且强度大不易破碎。

2.夹丝玻璃

夹丝玻璃也称防碎玻璃和钢丝玻璃。它是将普通平板玻璃加热到红热软化状态,再将预热处理的铁丝或钢丝网压入玻璃中间制成的。由于钢线网的骨架在玻璃遭受冲击或温度剧变时,使其破而不缺、裂而不散,可以避免有棱角的小块碎片飞出伤人。

(1)夹丝玻璃的特性

1)耐冲击和耐热性良好

玻璃内加入的金属网丝,使夹丝玻璃在温度剧变和外力作用下,破而不缺、裂而不散,故具有良好的耐冲击和耐热性。

2)防火性能好

夹丝玻璃遇火灾破碎后,玻璃碎片附着在金属网上,使其破而不缺、裂而不散,仍能保持固定状态,起到隔绝火势的作用,具有一定防火的作用,故又称其为防火玻璃。

3)装饰性好

夹丝玻璃的表面可以压花或磨光,颜色可以是无色透明或彩色的。尤其是以彩色玻璃原片制成的彩色夹丝玻璃,其彩色与内部隐隐显现的金属色相辉映,具有较好的装饰效果,如图 8.7 所示。

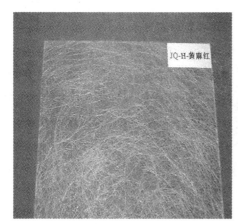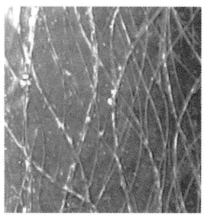

图 8.7　夹丝玻璃

4)热稳定性差

由于金属丝网与玻璃在热膨胀系数、热导率上有巨大差异,夹丝玻璃在受到快速的温度变化时更容易开裂和破损,耐急冷急热较差,因此夹丝玻璃不能在温度变化大的场所使用。

5)机械强度低

由于夹丝玻璃中含有很多金属物质,破坏了玻璃的均匀性,降低了玻璃的机械强度,使其抗折强度和抗冲击能力都比普通平板玻璃有所下降。

(2)夹丝玻璃的应用

夹丝玻璃主要用于建筑物的门窗、防火门窗、天棚、阳台、楼梯和电梯井等以及其他要求安全、防震、防火、防盗的部位,也可用于建筑物墙面的装饰等。

3. 夹层玻璃

夹层玻璃是在两片或多片玻璃原片之间,用 PVB(聚乙烯醇缩丁醛)树脂胶片,经过加热、加压黏合而成的平面或曲面的复合玻璃制品,其结构如图 8.8 所示。用于夹层玻璃的原片可以是普通平板玻璃、浮法玻璃、钢化玻璃、彩色玻璃、吸热玻璃或热反射玻璃等。夹层玻璃的层数有 2、3、5、7、9 层,建筑上常用 2、3 层;9 层时一般子弹不易穿透,称为防弹玻璃。

对于 2 层的夹层玻璃,原片玻璃一般采用(2+3)mm、(3+3)mm、(5+5)mm 等。

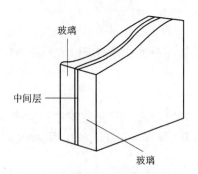

玻璃

中间层

玻璃

图 8.8　夹层玻璃的结构

(1)夹层玻璃的特性

1)高抗冲击强度

夹层玻璃抗冲击性能要比同等厚度的平板玻璃高好几倍,层数越多,抗冲击能力越强。用多层玻璃复合起来的夹层玻璃,可制成防弹玻璃。

2)透明度好

夹层玻璃中的弹性塑料薄片一般为无色透明的,因此玻璃的透明度好,具有良好的采光性能。采用厚度为 1~2 mm 的薄玻璃原片制成的减薄夹层玻璃,不仅能见度好,而且质量轻。

3)安全性能好

夹层玻璃破碎时,玻璃碎片黏附在塑料胶片上,不致飞溅伤人,具有很好的安全性。

4)功能可设计性强

采用不同种类和性能的玻璃原片或塑料胶片,可制成性能良好、功能多样的夹层玻璃,如制成遮阳型、防紫外线型、耐热型、防弹型等。由于塑料胶片的作用,使得夹层玻璃还具有节能、隔声、耐热、耐寒、保温、耐久等性能。

(2)夹层玻璃的应用

近几年来,国家对建筑安全的要求越来越高,建筑安全玻璃的使用范围也越来越广,夹层玻璃至今还是安全玻璃类别中安全性能最好的一种,没有任何一种安全玻璃能与其相媲美。它主要用于防震、防爆、防盗、防弹及其他有特殊安全要求的建筑物(如博物馆、艺术馆、别墅等)的门窗、隔断、屋顶采光天窗等处,也可作汽车、飞机的挡风玻璃等以及银行、证券公司、邮政局等金融营业厅的门窗和柜台。

8.4　节能玻璃

节能玻璃是指具有特殊的对光和热的吸收、透射和反射能力,可以起到显著的节能效果的玻璃,现已被广泛用于各类建筑的门窗和外墙。建筑上常用的节能型玻璃有中空玻璃、吸热玻璃、热反射玻璃等。

8.4.1　中空玻璃

中空玻璃是由两片或多片平板玻璃作原片,其周边用夹有干燥剂的金属间隔框分开,并用聚硫橡胶胶结压合后,四周再用胶接、焊接或熔接的方法密封,形成有干燥气体空间的具有保温、隔热功能的玻璃构件。图 8.9 所示为双层中空玻璃剖面图。中空玻璃可采用 3 mm、4 mm、5 mm、6 mm、8 mm、10 mm、12 mm 厚度的原片玻璃,空气层厚度可采用 6 mm、9 mm、12 mm 间隔。

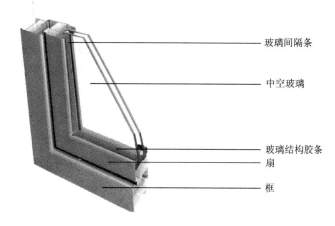

右侧标注(自上而下):
玻璃间隔条
中空玻璃
玻璃结构胶条
扇
框

图 8.9　双层中空玻璃剖面图

1. 中空玻璃的分类和性能要求

中空玻璃按构造可分为两片或多片中空玻璃;按原片可分为平板、夹层、钢化、吸热、压花、热反射等多种中空玻璃;按色彩可分为无色、茶色、灰色、蓝色、灰绿色、灰蓝色等多种中空玻璃。中空玻璃使用的玻璃、密封胶、胶条、间隔框、干燥剂等材料,均应符合相关标准的要求,根据国家标准《中空玻璃》(BG/T 11944—2002)的规定,中空玻璃的各项性能应满足表 8.9 中的要求。

表 8.9　中空玻璃的性能要求

项　目	性　能　要　求
尺寸偏差/mm	长度及宽度允许偏差:$L < 1\ 000$,±2;$1\ 000 \leqslant L < 2\ 000$,+2、−3;$L \geqslant 2\ 000$,±3
	厚度允许偏差:$t < 17$,±1.0;$17 \leqslant t < 22$,±1.5;$t \geqslant 22$,±2.0
	两对角线之差:应不大于对角线平均长度的 0.2%
外观	中空玻璃不得有妨碍透视的污迹、夹杂物及密封胶飞溅现象
密封性能	20 块 4 mm + 12 mm + 4 mm 试样全部满足以下条件为合格:在试验压力低于环境气压(10 ± 0.5) kPa 的情况下,初始偏差必须 ≥0.8 mm;在该气压下保持 2.5 h 后,厚度偏差的减少应不超过初始偏差的 15%
	20 块 5 mm + 9 mm + 5 mm 试样全部满足以下条件为合格:在试验压力低于环境气压(10 ± 0.5) kPa 的情况下,初始偏差必须 ≥0.5 mm;在该气压下保持 2.5 h 后,厚度偏差的减少应不超过初始偏差的 15%
露点	20 块试样露点均 ≤ −40 ℃ 为合格

项　目	性　能　要　求
耐紫外线辐射性能	2块试样紫外线照射168 h,试样内表面上均无结雾或污染的痕迹、玻璃原片无明显错位和产生胶条蠕变为合格。如有1块或2块试样不合格,可另取2块备用试样重新试验,2块试样均满足要求为合格
气候循环耐久性能	试样经过循环试验后进行露点测试,4块试样露点≤-40 ℃为合格
高温高湿耐久性能	试样经过循环试验后进行露点测试,8块试样露点≤-40 ℃为合格

2. 中空玻璃的特性

中空玻璃具有隔热、保温、隔声、透光性、防结露和降低冷辐射等良好性能。由于中空玻璃的玻璃与玻璃之间,留有一定的空腔,故可在玻璃之间充以各种漫射光材料或电介质等,则可获得更好的声控、光控、隔热、装饰等效果。此外,中空玻璃的安全性能也比较好,与相同厚度的原片玻璃相比,中空玻璃的抗风压强度是普通单片玻璃的1.5倍。

3. 中空玻璃的应用

中空玻璃主要用于需要采暖及空调、防止噪声或结露以及需要无直射阳光和特殊光的建筑物上。因此广泛应用于住宅、饭店、宾馆、办公楼、学校、医院、商店等需要室内空调的场合,也可用于火车、汽车、轮船、冷冻柜的门窗等处。在建筑外墙中用中空玻璃窗代替传统的单层玻璃窗,可显著提高建筑的节能效果。

8.4.2　吸热玻璃

吸热玻璃是一种能控制阳光中热能透过的玻璃,它可以显著地吸收阳光中热作用较强的红外线、近红外线,而又能保持良好的透明度。生产吸热玻璃的方法有两种:一是在普通玻璃的原料中加入一定量的有吸热性能的着色剂,如氧化铁、氧化镍、氧化钴及硒等;二是在平板玻璃表面喷镀氧化锡、氧化锑、氧化钴等有色金属氧化物薄膜。

1. 吸热玻璃的特性

吸热玻璃吸收太阳辐射热的能力强,可节省室内的空调运行费用,节能效果显著;吸收太阳可见光的能力强,使透过的阳光变得柔和,改善了室内的光环境,防止眩光;吸收太阳紫外线的能力强,能防止室内家具、陈设物品等因紫外线的照射而产生的褪色和老化;具有一定的透明度,能清晰观察室外的景物;耐久性好,色泽经久不衰,装饰性好。

2. 吸热玻璃的应用

吸热玻璃已广泛用于建筑物的门窗、外墙以及车和船的挡风玻璃等,起到隔热、防眩、采光及装饰等作用。采用不同颜色的吸热玻璃,能合理利用太阳光调节室内温度,节省空调费用,而且对建筑物的外表有很好的装饰效果。此外,它还可以按不同的用途进行加工,制成磨光、夹层、中空玻璃等。

8.4.3　热反射玻璃

热反射玻璃是由无色透明的平板玻璃镀覆金属膜或金属氧化物膜而制成的,又称镀膜玻璃或阳光控制膜玻璃。它是采用热解法、真空蒸镀法、阴极溅射法等,在玻璃表面涂以金、银、铜、铝、铬、镍和铁等金属或金属氧化物薄膜;或采用电浮法等离子交换方法,以金属离子置换玻璃表层原有离子而形成热反射膜。热反射玻璃有金色、茶色、灰色、紫色、褐色、青铜色和浅蓝色等。

1. 热反射玻璃的特性

热反射玻璃对太阳光有较高的反射能力,但仍有良好的透光性。对来自太阳的红外线,其反射率可达 30% ~ 40%,甚至可高达 50% ~ 60%,是普通平板玻璃的 4 倍左右;其导热系数为透明玻璃的 80%,透光率为 45% ~ 65%,因而具有良好的隔热性能,保证了日晒时室内温度的相对稳定,从而节约了室内空调运行费用,节能效果好。

镀金属膜的热反射玻璃,具有视线的单向性,在白天视线只能从室内光线暗的一方看到室外光线亮的一方的景物,起到遮蔽或帷幕的作用;而晚上情形相反,室内的人看不到外面,而外面可以清楚地看到室内,对商店的装饰很有意义。热反射玻璃还有镜面的效应,用热反射玻璃作幕墙,能使周围的景物反映在大面积的玻璃幕墙上,从而构成美丽奇妙的景观,具有良好的节能和装饰效果。

2. 热反射玻璃的应用

热反射玻璃主要用于避免太阳辐射的建筑门窗、幕墙及室内装饰等,也可用于汽车、轮船的玻璃窗。用于门窗工程时,常加工成中空热反射玻璃或夹层热反射玻璃,以进一步提高绝热性能。但热反射玻璃幕墙使用不恰当或使用面积过大,会造成光污染,影响环境的和谐。

8.5　其他玻璃装饰制品

建筑环境及建筑功能的复杂性和人们审美情趣的个性化,使得玻璃制品必须不断推陈出新,以满足人们的需求。因此,新颖的装饰玻璃制品越来越多,为装饰设计师提供了更广阔的选择空间。由于材料品种繁多,现仅选择较有代表性的材料进行简单介绍。

8.5.1　玻璃砖

玻璃砖泛指用透明或彩色玻璃制成的块状、空心的玻璃制品或块状表面施釉的制品,如图 8.10 所示。玻璃砖可分为空心玻璃砖和实心玻璃砖两类。实心玻璃砖为热容玻璃采用机械模压制成的矩形块状制品;空心玻璃砖为由模具压成凹形半块玻璃砖,再将两块凹形砖熔结或黏结而成的方形或矩形整体空心制品。空心玻璃砖应用较实心玻璃砖广泛。空心玻璃砖按形状可分为正方形、矩形和各种异型产品,外观尺寸一般为厚度 80 ~ 100 mm,长、宽边长有 115 mm、190 mm、240 mm、300 mm 等规格。

1. 空心玻璃砖的特性

空心玻璃砖在建筑装饰工程中被誉为"透光墙壁",具有很多优良的特性。比较突出的特性主要表现在以下几个方面。

(1)透光性良好

空心玻璃砖具有透光而不透视的特性。其透光性可在较大的范围内变化,能透、散射光或将入射光折射到某一方向,提高室内的采光深度和均匀性。

(2)保温隔热性好

由于空心玻璃中间为不流动的气体,因此具有良好的保温隔热性。如边长 8 in(1 in =

图 8.10　玻璃砖

2.54 cm)的方形单孔普通玻璃砖的热导率为 0.56 W/(m·K),而夹有玻璃纤维的双孔空心玻璃砖的热导率为 0.48 W/(m·K),比普通玻璃砖小 0.08 W/(m·K)。

(3)隔声效果好

空心玻璃砖的隔声效果良好。如 145 mm×145 mm×95 mm 规格的单嵌空心玻璃砖,其隔声(透过损失)可达到 50 dB;145 mm×145 mm×50 mm 规格的单嵌空心玻璃砖,其隔声(透过损失)可达到 43 dB。

(4)其他性能

空心玻璃砖除具有以上优良特性外,还有力学性能高、化学性能稳定、耐水、耐酸、隔热、防火、防爆、易清洗、装饰效果好等特点。

2.空心玻璃砖的应用

空心玻璃砖一般用于砌筑非承重的透光墙壁以及建筑物的内外隔墙、淋浴隔断、门厅、通道等处,特别适用于体育馆、图书馆等用于控制透光、眩光和日光的场合。西餐厅、迪厅、咖啡厅、酒吧等空间环境要求光线较暗,同时重视室内光环境氛围的营造。所以,空心玻璃砖也常常配用在这些场所之中。用空心玻璃砖砌成外墙,能使室外光线通过砖花纹的散射随机性地产生光线变化效果和光影关系,是一种创造室内空间视觉感受和新奇光环境的良好方法。

8.5.2　玻璃马赛克

玻璃马赛克又叫玻璃锦砖或玻璃纸皮砖,是一种小规格的彩色饰面玻璃,如图 8.11 所示。其外观包括水晶玻璃马赛克、金星玻璃马赛克、珍珠光玻璃马赛克、云彩玻璃马赛克、金属玻璃马赛克等系列。玻璃马赛克单体规格一般为 20 mm×20 mm、30 mm×30 mm、40 mm×40 mm,厚度为 4~6 mm,四周侧边呈斜面,上表面光泽滑润细腻,下表面带有较粗糙的槽纹,以便于用砂浆粘贴。

1.玻璃马赛克的特性

玻璃马赛克有很多优良的特性,具体如下。

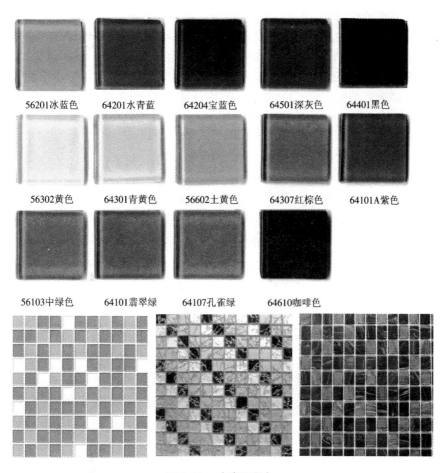

56201冰蓝色　　64201水青蓝　　64204宝蓝色　　64501深灰色　　64401黑色

56302黄色　　64301青黄色　　56602土黄色　　64307红棕色　　64101A紫色

56103中绿色　　64101翡翠绿　　64107孔雀绿　　64610咖啡色

图 8.11　玻璃马赛克

（1）色彩绚丽多彩、典雅美观

玻璃马赛克能制成红、黄、蓝、白、黑等几十种颜色，且颜色是加入玻璃材质中的，有很高的色泽稳定性。各种颜色的小块马赛克有透明、半透明、不透明之分，还有的带金色、银色斑点或条纹。

（2）玻璃马赛克价格较低

玻璃马赛克饰面造价为釉面砖的 1/3～1/2，为天然大理石、花岗石的 1/7～1/6，与陶瓷马赛克相当。

（3）质地坚硬、性能稳定

玻璃马赛克熔制温度在 1 400 ℃左右，成型温度在 850 ℃，具有与玻璃相近的力学性质和稳定性。玻璃马赛克具有体积小、质量轻、黏结牢固、耐热、耐寒、耐酸碱等性能。

（4）施工方便，减少了湿作业与材料堆放地面积

施工强度不大，施工效率高，特别适合于高层建筑的外墙面装饰。

（5）不易沾污，无雨自涤，永不褪色

由于玻璃具有光滑表面，所以具有不吸水、不吸尘、抗污性能好的特点，并具有自涤、经久常新的特点。这是玻璃马赛克优于陶瓷马赛克的重要方面。

2. 玻璃马赛克的应用

玻璃马赛克在装饰中展现出了玻璃艺术的优美典雅,在不同的光线照射下,呈现出各种不同的视觉效果,立体感十足。因此,玻璃马赛克广泛应用于宾馆、酒店、大厅、歌舞厅、地面、墙面、游泳池、喷水池、浴池、体育馆、厨房、卫生间、客厅、阳台等各类建筑物的装饰。设计施工中如果辅助匹配紫光灯、节能灯、日光灯进行针对性照射,在刚刚关灯后,建筑物本身会有翡翠玉石般晶莹剔透的感觉,且通透发光,静谧深邃,夜色中为建筑本身增添了超常神秘色彩及无限浪漫情调。

3. 玻璃马赛克的施工步骤

①确定施工面平整且干净,打上基准线后,再将水泥或黏合剂平均涂抹于施工面上。

②依序将玻璃马赛克贴上,每块之间应留有适当的空隙。每贴完一块即以木条将玻璃马赛克压平,确定每处均压实且与黏合剂间充分结合。

③隔日或待黏合剂干后便可进行撕纸。以海绵蘸水润湿贴纸,等贴纸完全湿润后,方可进行撕纸。

④填缝。用工具将填缝剂或原打底黏合剂、白水泥等充分填满缝隙中。

⑤清洗。用湿海绵将附着于玻璃马赛克上多余的填缝剂清洗干净,再以干布擦拭,即完成施工步骤。

8.5.3　泡沫玻璃

泡沫玻璃是一种以废平板玻璃和瓶罐玻璃为原料,加入碎玻璃、发泡剂、改性添加剂和发泡促进剂等,经过细粉碎和均匀混合后,再经过高温熔化、发泡、退火而制成的无机非金属玻璃材料。

1. 泡沫玻璃的特性

泡沫玻璃是一种性能优越的绝热(保冷)、吸声、防潮、防火的轻质高强建筑材料和装饰材料,使用温度范围为 -196~450 ℃,A级不燃,与建筑物同寿命,导热系数为0.058,透湿系数几乎为0。虽然其他新型隔热材料层出不穷,但是泡沫玻璃以其永久性、安全性、高可靠性在低热绝缘、防潮工程、吸声等领域占据着越来越重要的地位。它的生产是废弃固体材料再利用,是保护环境并获得丰厚经济利益的范例。

2. 泡沫玻璃的应用

泡沫玻璃具有防火、防水、无毒、耐腐蚀、防蛀、不老化、无放射性、绝缘、防磁波、防静电、机械强度高、与各类泥浆黏结性好的特性。它是一种性能稳定的建筑外墙和屋面隔热、隔音、防水材料。泡沫玻璃还可以运用于烟道、窑炉和冷库的保温工程,各种气、液、油输送管道的隔热、防水、防火工程,地铁、图书馆、写字楼、歌剧院、影院等各种需要隔音、隔热设备的场所基础设施建设的隔离、隔音工程,河渠、护栏、堤坝的防漏、防蛀工程等多种领域,甚至还具有用于家庭清洁、保健的功能。与传统保护材料相比,用泡沫玻璃保护暖气输送管道可减少热损耗约25%。

第9章 建筑装饰涂料

9.1 建筑装饰涂料概述

涂料是指涂覆于物体表面,能牢固地黏结并形成连续保护膜,从而对物体起装饰、保护、改善使用功能等作用的材料。由于早期的涂料采用的主要原料是天然树脂和干性油、半干性油等,故称为油漆。随着石油化工的发展,以人工合成树脂和各种人工合成有机稀释剂为主,甚至以水为稀释剂的乳液型涂膜材料已成为主流产品。油漆这一词已不能代表其确切的含义,故改称为涂料。直至现在,人们仍习惯上把溶剂性涂料俗称油漆,而把乳液性涂料俗称乳胶漆。虽然建筑物的装饰和保护具有多种途径,但装饰涂料以其色彩艳丽、品种多样、施工方便、易于维修更新、成本低廉等优点而得到广泛应用。

9.1.1 装饰涂料的特点和作用

1. 装饰涂料的特点

建筑装饰涂料与其他饰面材料相比,具有质量较轻、色彩鲜明、附着力强、施工简便、省工省料、维修方便、质感丰富、价格低廉、耐水性好、耐污染、耐老化等特点。如建筑物的外墙采用彩色涂料装饰,比传统的装饰工程更给人以清新、典雅、明快、富丽的感觉,并能获得较好的艺术效果;常见的浮雕类涂料具有强烈的立体感;用染色石英砂、瓷粒、云母粉等做成的彩砂涂料,具有色泽新颖、晶莹绚丽的良好效果等。

2. 装饰涂料的作用

(1)保护作用

物件暴露在大气中,总是受到光、水分、氧气及空气中的其他气体(如二氧化碳、一氧化氟、硫化氢等)以及酸、碱、盐水溶液和有机溶剂等的侵蚀,造成金属腐蚀、木材腐朽、水泥风化等破坏现象。在物件表面涂上涂料,形成一层保护膜,可使物件免受侵蚀,并提高物件耐磨、耐候、耐化学侵蚀以及抗污染等功能,可以延长建筑物的使用寿命。

(2)装饰作用

建筑涂料所形成的涂层能装饰美化建筑物。若在涂料中掺加粗、细骨料,再采用拉毛、喷涂和滚花等方法进行施工,可以获得各种纹理、图案及质感的涂层,使建筑物产生不同凡响的艺术效果,以达到美化环境、装饰建筑的目的。

(3)改善建筑的使用功能

建筑涂料能提高室内的亮度,还能起到吸声和隔热的作用;一些特殊用途的涂料还能使建筑具有防火、防水、防霉、防静电等功能。

9.1.2　装饰涂料的组成

涂料是一种由多种不同物质经混合、溶解、分散而制成的胶体溶液,不同的涂料其组成成分也各不相同。按照涂料中各组成成分所起的作用不同,将涂料的组成材料分为主要成膜物质、次要成膜物质和辅助成膜物质三大部分。

1. 主要成膜物质

主要成膜物质又称基料、胶黏剂或固化剂,它的作用是将涂料中的其他组分黏结在一起,并能牢固地附着在基层表面,形成连续、均匀、坚韧的保护膜。主要成膜物质决定了涂膜的技术性质(硬度、柔软度、耐水性、耐腐蚀性等)以及涂料的施工性质和使用范围。主要成膜物质一般有油料和树脂两大类。采用油料作为主要成膜物质的叫油性漆,采用树脂作为主要成膜物质的叫树脂漆,采用油料和树脂作为主要成膜物质的叫油基漆。

(1)油料

油料是涂料工业中使用最早的成膜材料。涂料中使用的油料主要是植物油,按其能否干结成膜以及成膜所需的时间长短,可分为干性油、半干性油和不干性油。

当干性油涂于物体的表面时,由于受到空气的氧化作用和自身的聚合作用,经过一周左右的时间能形成坚硬的油膜,且耐水性好并具有一定弹性。半干性油干燥时间较长,一般需一周以上的时间,形成的油膜较软,有发黏的现象。不干性油在一般条件下不能自行干燥而形成油膜,因此不能直接用于制造涂料。

(2)树脂

在现代建筑涂料中,大量采用性能优异的树脂作为主要成膜物质。作为主要成膜物质的树脂有天然树脂、人造树脂和合成树脂。目前,我国建筑装饰涂料所使用的成膜物质主要以合成树脂为主,如聚乙烯醇及其共聚物、聚醋酸乙烯及其共聚物、环氧树脂等。合成树脂制得的涂料性能优异,涂膜光泽好,是现代涂料工业生产量最大、品种最多、应用最广泛的涂料。

2. 次要成膜物质

次要成膜物质是指涂料中所用的颜料和填料,它们是构成涂膜的组成部分,并以微细粉状均匀地分散于涂料介质中,赋予涂膜以色彩、质感,使涂膜具有一定的遮盖力,减少收缩,还能增加膜层的机械强度,防止紫外线的穿透作用,提高涂膜的抗老化性、耐候性。

(1)颜料

颜料是不溶于水、溶剂或涂料基料的一种微细粉末状有色物质,通过涂料生产过程中的搅拌、研磨、高速分散等加工过程,能均匀分散在成膜物质及其溶液中。颜料的品种很多,按其来源可分为天然颜料和人工颜料,按其作用可分为着色颜料、防锈颜料和体质颜料,按其化学组成可分为有机颜料和无机颜料。

(2)填料

填料在涂料中起填充和骨架作用,可以增加涂膜厚度,提高涂膜的密实性、抗老化性、耐久性等性能,降低涂料的生产成本。填料主要是一些碱土金属盐、硅酸盐和镁、铝的金属盐和重晶石粉($BaSO_4$)、轻质碳酸钙($CaCO_3$)、重碳酸钙、滑石粉($3MgO \cdot 4SiO_2 \cdot H_2O$)、云母粉($K_2O \cdot Al_2O_3 \cdot 6SiO_2 \cdot H_2O$)、硅灰石粉、膨润土、瓷土、石英石粉或砂等。

3.辅助成膜物质

辅助成膜物质是指涂料中的溶剂和各种助剂。它们本身不构成涂膜的成分,只有在涂料变成涂膜的过程中对涂膜起到一定的辅助作用。辅助成膜物质可改善涂料的加工、成膜及使用性能。

(1)溶剂

溶剂又称稀释剂,是涂料的重要组成部分。溶剂的作用是溶解或分散主要成膜物质,改善涂料的流动性,降低涂料的黏度,使涂料便于涂刷,还能增强涂料的渗透能力及与基层的黏结能力。涂料中的溶剂有两类,一类是水,另一类是有机溶剂。常用的有机溶剂有松香水、酒精、200 号溶剂汽油、苯、二甲苯、丙酮等。水是水溶性涂料和乳液型涂料的溶剂,饮用水和自来水均可使用。

另外,有些溶剂具有毒性,如氯化烃类、苯类等,挥发性的气体对人体有害。根据对环境保护的要求,在配制溶剂型涂料时,应尽量选择毒性低的溶剂。若必须选用有毒性的溶剂时,必须采取严格有效的防护措施,确保涂料生产及施工人员的安全,并注意防止环境污染。常用的松香水、松节油无任何毒性。

(2)助剂

助剂是为了改善涂料的性能而加入的辅助材料。助剂的掺量极少,一般为基料的百分之几或千分之几,甚至万分之几,但是效果显著,能够改变涂料的很多特性,如干燥时间、柔韧性、抗氧化性等,因此是建筑装饰涂料的一个重要组成部分。助剂的种类很多,包括催干剂、增韧剂、乳化剂、增稠剂、颜料分散剂、消泡剂、流平剂、抗结皮剂、消光剂、光稳定剂、防霉剂、抗静电剂等,其中用量最大的是催干剂和增韧剂。

9.1.3　装饰涂料的分类

涂料发展到今天,可以说品种繁多、用途广泛、性能各异。涂料的分类方法也很多,国家标准对涂料的分类有明确的规定,人们为了使用方便,对建筑涂料也有一些常规的分类方法。

1.国家标准对涂料的分类方法

国家标准《涂料产品分类和命名》(GB/T 2705—2003),对涂料提出了两种分类方法。

(1)涂料分类方法一

此类方法主要是以涂料产品的用途为主要参考依据,并辅以主要成膜物质的分类方法,将涂料产品划为三个主要类别:建筑涂料、工业涂料和通用涂料及辅助涂料,如表9.1 所示。

表 9.1　建筑涂料分类方法一（GB/T 2705—2003）

主要产品类型			主要成膜物质类型
建筑涂料	墙面涂料	合成树脂乳液内墙涂料、合成树脂乳液外墙涂料、溶剂型外墙涂料、其他墙面涂料	丙烯酸酯类及其改性共聚乳液，醋酸乙烯及其改性共聚乳液、聚氨酯和氟碳等树脂、无机黏合剂等
	防水涂料	溶剂型树脂防水涂料、聚合物乳液防水涂料、其他防水涂料	EVA、丙烯酸酯类乳液，聚氨酯，沥青，PVC胶泥或油膏，聚丁二烯等树脂
	地坪涂料	水泥基等非木质地面用涂料	聚氨酯、环氧等树脂
	功能性涂料	防火涂料、防霉（藻）涂料、保温隔热涂料、其他功能性建筑涂料	聚氨酯、环氧、丙烯酸酯类、乙烯类、氟碳等树脂
工业涂料	汽车涂料（含摩托车涂料）	汽车底漆（电泳漆）、汽车中涂漆、汽车面漆、汽车罩光漆、汽车修补漆、其他汽车专用漆	丙烯酸酯类、聚酯、聚氨酯、醇酸、环氧、氨基、硝基、PVC等树脂
	木器涂料	溶剂型木器涂料、水性木器涂料、光固化木器涂料、其他木器涂料	聚酯、聚氨酯、丙烯酸酯类、醇酸、硝基、氨基、酚醛、虫胶等树脂
	铁路、公路涂料	铁路车辆涂料、道路标志涂料，其他铁路、公路设施用涂料	丙烯酸酯类、聚氨酯、环氧、乙烯类等树脂
	轻工涂料	自行车涂料、家用电器涂料、仪器仪表涂料、塑料涂料、纸张涂料、其他轻工专业涂料	聚氨酯、聚酯、醇酸、丙烯酸酯类、环氧、酚醛、氨基、乙烯类等树脂
	船舶涂料	船壳及上层建筑物漆、船底防锈漆、船底防污漆、水线漆、甲板漆、其他船舶漆	聚氨酯、醇酸、丙烯酸酯类、环氧、乙烯类、酚醛、氯化橡胶、沥青等树脂
	防腐涂料	桥梁涂料、集装箱涂料、专用埋地管道及设施涂料、耐高温涂料、其他防腐涂料	聚氨酯、丙烯酸酯类、环氧、醇酸、酚醛、氯化橡胶、乙烯类、沥青、有机硅、氟碳等树脂
	其他专用涂料	卷材涂料、绝缘涂料、机床、农机、工程机械等涂料，航空、航天涂料，军用器械涂料、电子元件涂料，以上未涵盖的其他专用涂料	聚酯、聚氨酯、环氧、丙烯酸酯类、乙烯类、氨基、有机硅、氟碳、酚醛、硝基等树脂
通用涂料及辅助涂料	调和漆、清漆、磁漆、底漆、腻子、稀释剂、防潮剂、催干剂、脱漆剂、固化剂、其他通用涂料及辅助材料	以上未涵盖的无明确应用领域的涂料产品	改性油脂，天然树脂，酚醛、沥青、醇酸等树脂

（2）涂料分类方法二

此类方法除建筑涂料外，主要是以涂料产品的主要成膜物质为主要参考依据，并适当辅以产品主要用途进行分类。将涂料产品划分为建筑涂料、其他涂料及辅助材料（稀释剂、防潮剂、催干剂、脱漆剂、固化剂等），其中建筑涂料如表9.2所示，其他涂料如表9.3所示。

表 9.2　建筑涂料（GB/T 2705—2003）

		主要产品类型	主要成膜物类型
建筑涂料	墙面涂料	合成树脂乳液内墙涂料、合成树脂乳液外墙涂料、溶剂型外墙涂料、其他墙面涂料	丙烯酸酯类及其改性共聚乳液，醋酸乙烯及其改性共聚乳液，聚氨酯、氟碳等树脂，无机黏合剂等
	防水涂料	溶剂型树脂防水涂料、聚合物乳液防水涂料、其他防水涂料	EVA、丙烯酸酯类乳液，聚氨酯、沥青，PVC胶泥或油膏、聚丁二烯等树脂
	地坪涂料	水泥基等非木质地面用涂料	聚氨酯、环氧等树脂
	功能性涂料	防火涂料、防霉（藻）涂料、保温隔热涂料、其他功能性建筑涂料	聚氨酯、环氧、丙烯酸酯类、乙烯类、氟碳等树脂

注：主要成膜物质类型中树脂类型包括水性、溶剂型、无溶剂型等。

表 9.3　其他涂料（GB/T 2705—2003）

	主要成膜物质类型	主要产品类型
油脂漆类	天然植物油、动物油（脂）、合成油等	清油、厚漆、调和漆、防锈漆、其他油脂漆
天然树脂漆类	松香、虫胶、乳酪素、动物胶及其衍生物等	清漆、调和漆、磁漆、底漆、绝缘漆、生漆、其他天然树脂漆
酚醛树脂类	酚醛树脂、改性酚醛树脂等	清漆、调和漆、磁漆、底漆、绝缘漆、船舶漆、防锈漆、耐热漆、黑板漆、防腐漆、其他酚醛树脂漆生漆、其他酚醛树脂漆
沥青漆类	天然沥青、（煤）焦油沥青等	清漆、磁漆、底漆、绝缘漆、防污漆、船舶漆、耐酸漆、防腐漆、锅炉漆、其他沥青漆
醇酸树脂漆类	甘油醇酸树脂、季戊四醇酸树脂、其他醇类的醇酸树脂、改性醇酸树脂等	清漆、调和漆、磁漆、底漆、绝缘漆、船舶漆、防锈漆、汽车漆、木器漆、其他醇酸树脂漆
氨基树脂类	三聚氰胺甲醛树脂、脲（甲）醛树脂及其改性树脂	清漆、磁漆、绝缘漆、美术漆、闪光漆、汽车漆、其他氨基树脂漆
硝基漆类	硝基纤维素（酯）等	清漆、磁漆、铅笔漆、木器漆、汽车修补漆、其他硝基漆
过氯乙烯树脂漆类	过氯乙烯树脂等	清漆、磁漆、机床漆、防腐漆、可剥漆、胶液、其他过氯乙烯树脂漆
烯类树脂漆类	聚二乙烯乙炔树脂、聚多烯树脂、聚乙烯醋酸乙烯共聚物、聚乙烯醇缩醛树脂、聚苯乙烯树脂、含氟树脂、氯化聚丙烯树脂、石油树脂等	聚乙烯醇缩醛树脂漆、氯化聚烯烃树脂漆、其他烯类树脂漆
丙烯酸酯类树脂漆	热塑性丙烯酸酯类树脂、热固性丙烯酸酯类树脂等	清漆、透明漆、磁漆、汽车漆、工程机械漆、摩托车漆、家电漆、塑料漆、标志漆、电泳漆、乳胶漆、木器漆、汽车修补漆、粉末涂料、船舶漆、绝缘漆、其他丙烯酸酯类树脂漆
聚酯树脂漆类	饱和聚酯树脂、不饱和聚酯树脂等	粉末涂料、卷材涂料、木器漆、防锈漆、绝缘漆、其他聚酯树脂漆
环氧树脂漆类	环氧树脂、环氧酯、改性环氧树脂等	底漆、电泳漆、光固化漆、船舶漆、绝缘漆、划线漆、罐头漆、粉末涂料、其他环氧树脂漆
聚氨酯树脂漆类	聚氨（基甲酸）酯树脂等	清漆、磁漆、木器漆、汽车漆、防腐漆、飞机蒙皮漆、车皮漆、船舶漆、绝缘漆、其他聚氨酯树脂漆
元素有机漆类	有机硅、氟碳树脂等	耐热漆、绝缘漆、电阻漆、防腐漆、其他元素有机漆

续表

	主要成膜物质类型	主要产品类型
橡胶漆类	氯化橡胶、环化橡胶、氧丁橡胶、氯化氯丁橡胶、丁苯橡胶、氯磺化聚乙烯橡胶等	清漆、磁漆、底漆、船舶漆、防腐漆、防火漆、划线漆、可剥漆、其他橡胶漆
其他成膜物类涂料	无机高分子材料、聚酰亚胺树脂、二甲苯树脂等以上未包括的主要成膜材料	

注:主要成膜物质类型中树脂类型包括水性、溶剂型、无溶剂型、固体粉末等。

2. 建筑涂料的常规分类方法

涂料的种类很多,分类方法也多样,人们为了使用方便,对建筑涂料也有一些常规的分类方法,如表9.4所示。

表9.4 建筑涂料的常规分类方法

分类依据	类别
按状态分	溶剂型涂料
	水溶性涂料
	乳液型涂料
	粉末型涂料
按主要成膜物质的性质分	有机系涂料
	无机系涂料
	无机有机复合系涂料
按涂料的特殊性能分	防火涂料
	防水涂料
	防霉涂料
	防结露涂料
按涂膜状态分	薄质涂料
	厚质涂料
	砂壁状涂料
	彩色复层凹凸花纹外墙涂料
按使用部位分	外墙涂料
	内墙涂料
	地面涂料
	顶棚涂料
	屋面防水涂料

9.1.4 装饰涂料的命名

根据国家标准《涂料产品分类和命名》(GB/T 2705—2003),对涂料的命名规定如下。

①涂料全名一般由颜色或颜料名称加上成膜物质名称,再加上基本名称(特性或专业

用途)组成。对于不含颜料的清漆,其全名一般由成膜物质名称加上基本名称组成。

②颜色名称通常由红、黄、蓝、白、黑、绿、紫、棕、灰等(有时再加上深、中、浅、淡等词)构成。若颜料对涂膜性能起显著作用,则可用颜料的名称代替颜色的名称,例如铁红、锌黄等。

③成膜物质名称可作适当简化,例如聚氨基甲酸酯简化成聚氨酯,环氧树脂简化成环氧,硝酸纤维素(酯)简化为硝基等。漆基中含有多种成膜物质时,选取起主要作用的一种成膜物质命名。必要时也可选取两种或三种成膜物质命名,主要成膜物质名称在前,次要成膜物质名称在后,例如红环氧硝基磁漆。成膜物质名称如表 9.3 所示。

④基本名称表示涂料的基本品种、特性和专业用途,例如清漆、磁漆、底漆、锤纹漆、罐头漆、甲板漆、汽车修补漆等。涂料的基本名称如表 9.5 所示。

表 9.5 涂料的基本名称(GB/T 2705—2003)

基本名称	基本名称	基本名称	基本名称
清油	甲板漆、甲板防滑漆	铅笔漆	光固化涂料
清漆	船壳漆	木器漆	隔热涂料
厚漆	船底防锈漆	罐头漆	工程机械用漆
调和漆	饮水舱漆	家电用漆	农机用漆
磁漆	油舱漆	自行车漆	发电、输配电设备用漆
粉末涂料	压载舱漆	玩具漆	内墙涂料
底漆	化学品舱漆	塑料用漆	外墙涂料
腻子	车间(预涂)底漆	(浸渍)绝缘漆	屋面防水涂料
大漆	耐酸漆、耐碱漆	(绝缘)磁漆	地板漆
电泳漆	防锈漆	抗弧(磁)漆、互感器漆	锅炉漆
乳胶漆	防腐漆	漆包线漆	烟囱漆
水溶(性)漆	防火涂料	硅钢片漆	标志漆、路标漆、马路画线漆
透明漆	耐热(高温)涂料	电容器漆	
斑纹漆、裂纹漆、桔纹漆	示温涂料	电阻漆、电位器漆	汽车漆底漆、汽车中涂漆、汽车面漆、汽车罩漆
锤纹漆	涂布漆	半导体漆	
皱纹漆	耐油漆	电缆漆	
金属(效应)漆、闪光漆	耐水漆	可剥漆	汽车修补漆
防污漆	防霉(藻)涂料	卷材涂料	集装箱涂料
水线漆	桥梁、输电塔漆及其他(大型露天)钢结构漆	其他未列出的基本名称	铁路车辆涂料
航空、航天用漆			胶液

⑤在成膜物质名称和基本名称之间,必要时可插入适当词语来标明专业用途和特性等,例如白硝基球台磁漆、绿硝基外用磁漆、红过氯乙烯静电磁漆等。

⑥需烘烤干燥的漆,成膜物质名称和基本名称之间标注"烘干"字样,例如银灰氨基烘干磁漆、铁红环氧聚酯酚醛烘干绝缘漆。若名称中无"烘干"词,则表明该漆是自然干燥,或自然干燥、烘烤干燥均可。

⑦凡双(多)组分的涂料,在名称后应增加"(双组分)"或"(三组分)"等字样,例如聚氨酯木器漆(双组分)。

9.2 内墙涂料

内墙涂料是用于室内墙面和顶面的一种装饰涂料,它的主要功能是装饰及保护室内墙面,使其美观整洁,让人们处于舒适的居住环境中。

9.2.1 内墙涂料的特点

内墙涂料直接影响到使用功能和装饰效果,故应具备以下特点。

1. 色彩丰富、细腻、调和

众所周知,内墙的装饰效果主要由质感、线条和色彩三个因素构成。采用涂料装饰以色彩为主。内墙涂料的颜色一般应突出浅淡和明亮,由于众多居住者对颜色的喜爱不同,因此要求建筑内墙涂料的色彩丰富多彩。

2. 耐碱性、耐水性、耐粉化性良好,且透气性好

由于墙面基层是碱性的,因而涂料的耐碱性要好。室内湿度一般比室外高,同时为了清洁方便,要求涂层有一定的耐水性及耐刷洗性。透气性不好的墙面材料易结露或挂水,使人产生不适感,因而内墙涂料应有一定的透气性。

3. 涂刷方便、重涂性好

为了保证居室的优雅,内墙可能多次粉刷翻修,因此要求施工方便、重涂性好。

4. 健康环保

内墙涂料是影响室内空气质量的重要因素,为了保证人们的身体健康,内墙涂料应是健康型、环保型、安全型的绿色涂料。

9.2.2 常用内墙装饰涂料

1. 水溶性内墙涂料

水溶性内墙涂料是以水溶性合成树脂聚乙烯及其衍生物为主要成膜物质,加入适量的着色颜料、体质颜料、填料、少量助剂和水经研磨而成的水溶性涂料。可分为Ⅰ类和Ⅱ类两种,Ⅰ类用于涂刷浴室和厨房内墙,Ⅱ类用于涂刷建筑内的一般墙面。

水溶性内墙涂料具有无毒、无味、价格便宜、施工十分方便的优点,是目前用量比较大的一种涂料,多用于中低档居室或临时居室的内墙面装饰。水溶性内墙装饰涂料品种很多,常用的有以下几种。

(1)聚乙烯醇水玻璃内墙涂料

聚乙烯醇水玻璃内墙涂料俗称106内墙涂料,是以聚乙烯醇和水玻璃为基料,加入一定量的颜料、填料和适量的助剂,经溶解、搅拌、研磨而成的水溶性内墙涂料。聚乙烯醇水玻璃内墙涂料具有无毒、无味、不燃的特性,能在稍潮湿的墙面上施工,与各类基材的墙面都有一定的黏结力,涂膜干燥速度快,表面光洁平滑,能形成类似石材光泽的涂膜,具有一定的装饰效果,并且价格低、施工方便,广泛用于住宅、学校、医院等建筑物的内墙、顶棚的装饰。

（2）聚乙烯醇缩甲醛内墙涂料

聚乙烯醇缩甲醛内墙涂料又称 803 内墙涂料，是以聚乙烯醇与甲醛进行不完全缩合醛化反应生成的聚乙烯醇缩甲醛水溶液为基料，加入颜料、填料及助剂，经搅拌、研磨、过滤而成的水溶性内墙涂料。聚乙烯醇缩甲醛内墙涂料是聚乙烯醇水玻璃内墙涂料的改良产品，具有以下特点：无毒、无味，干燥迅速、遮盖力强、施工方便；对施工温度要求不高，冬季低温下不易解冻；耐湿擦性好，对墙面有较好的附着力；对基层要求不高，能在稍潮湿的基层及旧墙面上施工。

（3）改性聚乙烯醇系内墙涂料

为了提高聚乙烯醇水玻璃内墙涂料和聚乙烯醇缩甲醛内墙涂料的耐水性和耐洗刷性，对聚乙烯醇系内墙涂料进行了改性，改性后的聚乙烯醇系内墙涂料，其耐擦性可提高到 500 ~ 1 000 次以上，除可用作内墙涂料外，也可用于外墙装饰。提高聚乙烯醇系内墙涂料耐水性和耐洗刷性的措施有：提高聚乙烯醇缩醛胶的缩醛度、采用乙二醛或丁醛部分代替或全部代替甲醛作聚乙烯醇的胶黏剂、加入某些活性填料等。另外，在聚乙烯醇内墙涂料中加入 10% ~ 20% 的其他合成树脂的乳液，也能提高其耐水性。

2. 合成树脂乳液内墙涂料

合成树脂乳液内墙涂料（又称乳胶漆）是以合成树脂乳液为基料（成膜材料），与颜料、体质颜料及各种助剂配制而成的、施涂后能形成表面平整的薄质涂层的内墙涂料。一般用于室内墙面装饰，但不宜用于厨房、卫生间、浴室等潮湿墙面。根据国家标准《合成树脂乳液内墙涂料》（GB/T 9756—2009）规定，合成树脂乳液内墙涂料产品可分为合成树脂乳液内墙底漆（简称内墙底漆）和合成树脂乳液内墙面漆（简称内墙面漆）两类，内墙面漆分为合格品、一等品和优等品三个等级。合成树脂乳液内墙底漆的技术性能要求应满足表 9.6 中的要求，内墙面漆的技术性能要求应满足表 9.7 中的要求。

表 9.6　合成树脂乳液内墙底漆的技术性能要求（GB/T 9756—2009）

项目	指标
容器中状态	无硬块，搅拌后呈现均匀状态
施工性	刷涂无障碍
低温稳定性（3 次循环）	不变质
涂膜外观	正常
干燥时间（表干）/h≤	2
耐碱性（24 h）	无异常
抗泛碱性（48 h）	无异常

表 9.7　合成树脂乳液内墙面漆的技术性能要求（GB/T 9756—2009）

项目	指标		
	合格品	一等品	优等品
容器中状态	无硬块，搅拌后呈现均匀状态		
施工性	刷涂两道无障碍		

续表

项目	指标		
	合格品	一等品	优等品
低温稳定性(3 次循环)	不变质		
涂膜外观	正常		
干燥时间(表干)/h≤	2		
对比率(白色和浅色),≥	0.90	0.93	0.95
耐碱性(24 h)	无异常		
耐洗刷性/次,≥	300	1 000	5 000

目前,常用的合成树脂乳液内墙涂料品种有苯丙乳胶漆、乙丙乳胶漆、聚醋酸乙烯乳胶内墙涂料、氯偏乳液涂料等。

(1)苯丙乳胶漆

苯丙乳胶漆内墙涂料是以苯乙烯、甲基丙烯酸等三元共聚乳液为主要成膜物质,掺入适量的填料、少量的颜料和助剂,经研磨、分散后配制而成的一种各色无光的内墙涂料。用于内墙装饰,其耐碱性、耐水性、耐久性及耐擦性都优于其他内墙涂料,是一种高档内墙装饰涂料,同时也是外墙涂料中较好的一种。

(2)乙丙乳胶漆

乙丙乳胶漆是以聚醋酸乙烯与丙烯酸酯共聚乳液为主要成膜物质,掺入适量的填料、少量的颜料及助剂,经研磨、分散后配制成的半光或有光的内墙涂料。用于建筑内墙装饰,其耐碱性、耐水性和耐久性都优于聚醋酸乙烯乳胶漆,并具有光泽,是一种中高档的内墙涂料。

(3)聚醋酸乙烯乳胶漆

聚醋酸乙烯乳胶漆是以聚醋酸乙烯乳液为主要成膜物质,加入适量填料、少量的颜料及其他助剂,经加工而成的水乳型涂料。具有无味、无毒、不燃、易于施工、干燥快、透气性好、附着力强、耐水性好、颜色鲜艳、装饰效果明快等优点,适用于装饰要求较高的内墙。

(4)氯偏乳液涂料

氯偏乳液涂料属于水乳型涂料,是以氯乙烯-偏氯乙烯共聚乳液为主要成膜物质,添加少量其他合成树脂水溶液共聚液体为基料,掺入不同品种的颜料、填料及助剂等配制而成。

3.多彩内墙涂料

多彩内墙涂料简称多彩涂料,是一种国内外较为流行的高档内墙涂料,它是将带色的溶剂型树脂涂料慢慢地掺入甲基纤维素和水组成的溶液,通过不断地搅拌,使其分散成细小的溶剂型油漆涂料滴,形成不同颜色油滴的混合悬浊液。

多彩内墙涂料的主要特点有:涂层色泽丰富、立体感好、装饰效果好;涂膜的耐久性较好;涂膜质地较厚,具有良好的弹性,有类似壁纸的质感;耐油、耐水、耐磨、耐洗刷、透气好。

多彩内墙涂料的涂层由底层、中层、面层涂料复合而成。底层涂料主要起封闭潮气的作用,防止涂料由于墙面受潮而剥落,保护涂料免受碱性的侵蚀,一般使用具有较强耐碱性的溶剂型封闭漆;中层涂料起到黏结面层和底层的作用,并能有效消除墙面色差,起到突出面层多彩涂料的鲜艳色彩、光泽和立体感的作用,通常应选用性能良好的合成树脂乳液内墙涂料;面层涂料即为多彩涂料,喷涂到墙面之后,可获得丰富亮丽的色彩。

多彩内墙涂料适用的范围广泛,主要适用于建筑物内墙和顶棚水泥、混凝土、砂浆、石膏板、木材、钢、铝等多种基面的装饰。

4. 其他内墙涂料

(1)仿瓷涂料

仿瓷涂料又称瓷釉涂料,是一种质感和装饰效果酷似陶瓷釉面层饰面的装饰涂料。仿瓷涂料应用广泛,可在水泥面、金属面、塑料面、木料等固体表面进行刷涂与喷涂,广泛应用于公共建筑内墙、住宅内墙、厨房、卫生间等处。仿瓷涂料可分为溶剂型和乳液型两种。

1)溶剂型仿瓷涂料

溶剂型仿瓷涂料是由溶剂型树脂,包括常温交联固化的双组分聚氨酯树脂、双组分丙烯酸聚氨酯树脂、单组分有机硅改性丙烯酸树脂等作为主要成膜物质,并加以颜料、溶剂、助剂等配制而成的瓷白、淡蓝、奶黄、粉红等多种颜色的带有瓷釉光泽的涂料。其漆膜光亮、坚硬、丰满,酷似瓷釉,具有优异的耐水性、耐碱性、耐磨性、耐老化性,并且附着力极强。

2)乳液型仿瓷涂料

乳液型仿瓷涂料的主要成膜物质为水溶性聚乙烯醇,加入增稠剂、保湿助剂、细填料、增硬剂等配制而成。通过批刮及打磨,其饰面外观类似瓷釉,用手触摸有平滑感,涂料多以白色为主。因采用刮涂抹施工,涂膜坚硬致密,与基层有一定的黏结力,一般情况下不会起鼓、起泡,如果在其上再涂饰适当的罩光剂,耐污染性及其他性能都有提高。这类涂料的涂膜较厚、不耐水、性能较差、施工较麻烦、色彩单一、装饰性一般。

(2)天然真石漆

天然真石漆是以不同粒径的天然花岗岩等天然碎石、石粉为主要材料,以合成树脂或合成树脂乳液为主要黏结剂,并辅以多种助剂配制而成的涂料。天然真石漆具有花岗岩、大理石、天然岩石等石材的装饰效果,并具有自然的色彩、逼真的质感、坚硬似石的饰面,给人以庄重、典雅、豪华的视觉享受。

天然真石漆的特点有:不渗色,颜色均匀,立体感强;涂屏坚硬,黏结性强,耐用 15 年以上;防污性好,阻燃,耐酸耐碱;附着力强;无毒、无害环保型,施工方便。天然真石漆应用非常广泛,适用于别墅、公寓、办公楼、大厦等各档次建筑物的内外墙装饰;可作为外墙及浮雕、梁柱等异型墙面装饰和做外墙壁画;还可用于室内装修,有花岗岩、大理石、麻石般的色泽效果,尤其是用于室内的圆柱、罗马柱等装饰上,装饰效果堪比石材,又比石材更适合塑造各种艺术造型。

(3)壁纸漆

壁纸漆又称液体壁纸,是一种通过专用的模具,用于墙面印花的特种水性涂料。其图案逼真、细腻、无缝连接,不起皮、不开裂,色彩自由搭配,图案可个性定制,在不同的光源下可产生不同的折光效果,立体感强,有一种高雅、华贵的感觉。该涂料适用于住宅、酒店、办公楼、医院、学校等大型建筑物内墙的墙面、天花、石膏板及木间隔的装饰。

液体壁纸漆的特点有:色彩丰富,可根据装修者的意愿创造不同的视觉效果,装饰效果强;是绿色环保型涂料,因为施工时无须使用 107 胶、聚乙烯醇等,所以不含铅、汞等重金属以及醛类物质,从而做到无毒、无污染;抗污性很强,因为是水性涂料,同时具有良好的防潮、抗菌性能,不易生虫,不易老化。

壁纸漆通过专有模具,可在墙面上做出风格各异的图案,视觉效果和现在的壁纸非常相似,也会有凹凸的质感。壁纸漆不仅克服了乳胶漆色彩单一、无层次感及墙纸易变色、翘边、起泡、有接缝、寿命短的缺点,而且具有乳胶漆易施工、寿命长的优点和图案精美、装饰效果好的特征。采用这种产品一次性施工就能保持 15 年以上风格各异、如丝似绸的超群效果。壁纸漆有印花、滚花、夜光、变色龙、浮雕五大产品系列,几百种图案供顾客选择。其独特的装饰效果和优异的理化性能是任何涂料和壁纸都无法达到的。

(4)泥类粉末涂料

泥类粉末涂料包括硅藻泥、海藻泥等,是目前比较环保的涂料,深受消费者和设计师喜爱。硅藻泥本身没有任何的污染,还能净化室内空气、调节室内湿度,同时还具有隔热节能、防火阻燃、使用年限长等优点,是乳胶漆和壁纸无法比拟的。

泥类粉末涂料与其他类型涂料相比,其主要优点如下。

1)健康环保

省去了为达到涂料性能而添加的各种液态化工有害物质。

2)运输和储存方便

普通涂料中含 20%～50% 的水,而粉末涂料中的这部分水要到现场使用时才加入,也就是说,这部分水既不需要运输,也不需要储存。另外,含水的涂料,当运输和贮存的温度低于 0 ℃时,往往会冻坏,而粉末涂料不存在此问题。

3)不需防腐剂

传统的液态涂料中有水,容易被细菌污染,为了防止涂料变质,要加防腐剂,而粉末涂料无细菌污染问题,不需加防腐剂。

(5)发光涂料

发光涂料是一种可以在夜间发光的涂料,一般可分为蓄光性发光和自发性发光两类。蓄光性发光涂料含有成膜物质、填充剂和荧光颜料等组成成分。它之所以能在夜间发光,是由于涂料中的荧光颜料(主要是硫化锌等无机颜料)受到光线的照射后被激活释放能量,使其在夜间和白天都可以发出明显可见的光。自发性发光涂料的组成成分除了蓄光性发光涂料的组成成分外,还含有极少量的放射性元素,当荧光颜料的蓄光消耗完毕后,放射性物质就会放出射线刺激涂料,使其得以继续发光。

9.3 外墙涂料

外墙涂料的主要功能是装饰和保护建筑物的外墙面,使建筑物外貌整洁美观,从而达到美化城市环境的目的,同时能够起到保护建筑物外墙的作用,以延长其使用时间。

9.3.1 外墙涂料的特点

为了获得良好的装饰和保护效果,外墙涂料一般应具有以下特点。

1. 装饰性好

外墙涂料应色彩丰富多样、保色性好,能较长时间保持良好的装饰性。

2. 耐水性好

外墙面暴露在大气中,经常受到雨水的冲刷,因而作为外墙涂料应具有很好的耐水性能。某些防水型外墙涂料的抗水性能更佳,当基层墙面发生小裂缝时,涂层仍有防水的功能。

3. 耐沾污性好

大气中的灰尘及其他物质沾污涂层后,涂层会失去装饰效能,因而要求外墙装饰层不易被这些物质沾污或沾污后容易清除。

4. 耐候性好

暴露在大气中的涂层,要经受日光、雨水、风沙、冷热变化等作用。在这些因素反复作用下,一般的涂层会产生开裂、剥落、脱粉、变色等现象,使涂层失去原有的装饰和保护功能。因此,作为外墙装饰的涂层要求在规定的年限内不发生上述破坏现象,即有良好的耐候性。

9.3.2　常用外墙装饰涂料

1. 溶剂型外墙涂料

溶剂型外墙涂料是以合成树脂溶液为主要成膜物质,有机溶剂为稀释剂,加入适量的颜料、填料及助剂,经混合、溶解、研磨后配制而成的一种挥发性涂料。溶剂型外墙涂料具有较好的硬度、光泽、耐水性、耐酸碱性及良好的耐候性、耐污染性等。目前,国内外使用较多的溶剂型外墙涂料主要有丙烯酸树脂外墙涂料和聚氨酯系外墙涂料。

(1)丙烯酸树脂外墙涂料

丙烯酸树脂外墙涂料是以热塑性丙烯酸合成树脂为主要成膜物质,加入溶剂、颜料、填料、助剂等,经研磨而成的一种溶剂型涂料。丙烯酸树脂外墙涂料的特点有:无刺激性气味,耐候性好,不易变色、粉化或脱落;耐碱性好,且对墙面有较好的渗透作用,涂膜坚韧,附着力强;施工方便,可刷、滚、喷,也可根据工程需要配制成各种颜色。该涂料主要应用于民用、工业、高层建筑及高级宾馆等的内外装饰。

(2)聚氨酯系外墙涂料

聚氨酯系外墙涂料是以聚氨酯树脂或聚氨酯与其他树脂复合物为主要成膜物质,加入颜料、填料、助剂等配制而成的优质外墙涂料。聚氨酯系外墙涂料包括主涂层涂料和面涂层涂料。这类涂料的特点有:近似橡胶弹性的性质,对基层的裂缝有很好的适应性;耐候性好;具有极好的耐水、耐碱、耐酸等性能;表面光洁度好,呈瓷状质感,耐沾污性好,使用寿命可达15 年以上。该系列涂料主要用于高级住宅、商业楼群、宾馆等的外墙装饰。

2. 合成树脂乳液型外墙涂料

合成树脂乳液型外墙涂料就是通常所说的外墙乳胶漆,其主要成膜物质为高分子合成树脂乳液。其按照涂料的质感可分为薄质乳液涂料(乳胶漆)、厚质涂料、彩色砂壁状涂料等。目前,常用的薄质外墙涂料有乙-丙乳液涂料、苯丙乳液涂料、纯丙乳液涂料等;厚质涂料有丙烯酸复层涂料、合成树脂乳液砂壁状涂料等。

(1)乙-丙乳液涂料

乙-丙乳液涂料是由醋酸乙烯和一种或几种丙烯酸酯类单体、乳化剂、引发剂,通过乳液聚合反应制得的共聚乳液,称为乙-丙共聚乳液;然后将这种乳液作为主要成膜物质,掺入颜料、填料、成膜助剂、防霉剂等,经分散、混合配制而成的乳液型涂料,称为乙-丙乳液涂料。该涂料具有较好的耐候性、保色性,且安全无毒、施工简单、干燥迅速,适用于住宅、商店、宾馆和工业建筑的外墙装饰。

（2）苯丙乳液涂料

苯丙乳液涂料是以苯乙烯－丙烯酸酯共聚物为主要成膜物质，加入颜料、填料及助剂等，经分散、混合配制而成的乳液型外墙涂料。它具有良好的耐候性、耐水性、耐碱性、抗化学性和抗沾污性，安全无毒、施工简单、干燥迅速、色泽鲜艳。根据不同需求，可制成无光、半光、有光一种效果。

（3）纯丙乳液涂料

纯丙乳液涂料以100%丙烯酸酯共聚乳液为胶黏剂配制而成，是目前我国外墙涂料中的主要品种。它具有优异的保光、保色（耐紫外线）性，户外耐久性、耐水性、耐碱性，良好的抗沾污性和耐擦洗性；且防霉、防藻，安全无毒、绿色环保，更适宜在温度变化较大的环境中作为外墙涂料使用。

（4）丙烯酸复层涂料

丙烯酸复层涂料形成的涂料具有浮雕感，又称凹凸花纹涂料或浮雕涂料，是一种装饰性较强的厚质涂料。它通常以耐候性优异的丙烯酸共聚乳液为胶黏剂配制而成的。复层涂料是由底层涂料、中层涂料和面层涂料三部分组成的。将这些涂料以此顺序施工，形成质地坚硬的复合涂层。该涂料具有优良的耐水、耐碱及保光、保色性，还有较好的遮盖能力，在施工应用中可根据不同需求涂刷成大小不一、多种类型的花纹质感，具有较好的立体装饰效果。但是复层涂料形成的凹陷处易积灰，自洁性较差。

（5）合成树脂乳液砂壁状涂料

合成树脂乳液砂壁状涂料俗称防石漆，是以合成树脂乳液为主要胶黏剂，以砂粒、石材微粒和石粉为骨料配制而成的，在建筑物表面上能形成具有天然石材质感的厚质涂层，20世纪80年代称为彩砂涂料。由于其耐沾污性能相对较差，故使用量不大。近年来随着涂料配方的改进，施工方法更为先进，花色更为丰富，质感造型更为逼真，应用范围趋于广泛。该类涂料由于具有天然花岗石、大理石般的装饰效果，现大量用于商店住宅、公共建筑外墙，特别是外墙底部；结合分格缝设计，可以达到以假乱真的装饰效果。

3. 无机有机复合外墙涂料

无机有机复合外墙涂料主要指涂料的基料采用属于有机化合物的合成树脂乳液和属于无机高分子聚合物硅溶胶并用的方式所制取的涂料。

无机高分子聚合物硅溶胶颗粒细微，对基材渗透力强，与涂料中的颜料、填料结合力强，能与水泥混凝土基材中的碱性物质反应，表面不易产生静电，抗沾污性优良，具有极好的耐水性、耐碱性、耐高温性和透气性。但硅溶胶活性大，干燥太快，成膜性差，容易产生龟裂，且光泽差，故不能单独作为成膜物质。而合成树脂乳液具有成膜性好，涂膜光泽高，耐水性、耐碱性和耐洗刷性好，耐候性优良等优点，同时又有漆膜硬度较低，存在静电而导致抗沾污性不足，渗透力不太好等缺点。该涂料同时具有无机高分子硅溶胶和有机高分子聚合物乳液两者的优点，互相取长补短。可以说，无机有机复合外墙涂料的特点正是上述无机高分子硅溶胶所具有的优点和有机高分子聚合物乳液所具有的优点的综合，而它们各自的缺点都基本上得到弥补和克服。

无机有机复合外墙涂料是各种省能源、无公害的建筑涂料中最有代表性的一种，因为它在耐候、耐水、抗污染以及耐高温、不燃等方面都具有较好的性能，同时原料来源广泛，在建筑装饰装修工程中可以大量推广。

9.4　地面涂料

地面涂料的主要功能就是装饰和保护地面,使地面清洁美观,同时与内墙面、顶棚及其他装饰一起创造优雅的室内环境。

9.4.1　地面涂料的特点

为了获得良好的装饰及保护效果,地面涂料应具有如下特点。

1. 耐碱性良好

地面涂料主要涂刷在水泥砂浆基层上,而基层往往带有碱性,因而要求所用的地面涂料具有优良的耐碱性能。

2. 抗冲击性良好

地面容易受到重物的撞击,要求地面涂层受到重物冲击以后磨损少、不开裂。

3. 耐水性良好

为了保持地面的清洁,经常需要用水擦洗地面,因此要求地面涂层有良好的耐水洗刷性能。

4. 耐磨性良好

耐磨损性能是地面涂料的主要性能之一,人们的行走、重物的拖移,使地面涂层经常受到摩擦,因此用作地面保护与装饰的涂料涂层应具有非常好的耐磨损性能。

5. 安全无毒、涂饰方便

地面涂料安全无毒,且涂饰方便。

9.4.2　常用的地面涂料

1. 过氯乙烯地面涂料

过氯乙烯地面涂料以过氯乙烯树脂为主要成膜物质,掺入少量的酚醛树脂改性,加入填料、颜料、稳定剂等,经捏合、混炼、塑化切粒、溶解等工艺制成。它是我国将合成树脂用作建筑室内水泥地面装饰的早期产品之一,过氯乙烯地面涂料的主要技术指标如表9.8所示。

表9.8　过氯乙烯地面涂料的主要技术指标

项目	指标
色泽外观	稍有光,漆膜平整,无刷痕,无粗粒
黏度(涂 -4 黏度计)/s	150 ~ 200
干燥时间((20 ± 2) ℃,相对湿度 <70%)/min	表干 30 ~ 50;实干
流平性	无
遮盖力(黑白格)/(g/m²)	
耐磨性(Teber 型)/g	
附着力(白铁皮,1 mm 格)/%	
抗冲击功/(N·m)	

过氯乙烯地面涂料的主要特点如下：

①过氯乙烯地面涂料干燥快,施工方便,在常温下 2 h 全干,在冬季晴天亦能施工;

②具有良好的耐磨性;

③具有很好的耐水性、耐腐蚀性;

④具有良好的耐老化和防水性能;

⑤重涂性好,施工方便;

⑥过氯乙烯地面涂料含有大量的易挥发、易燃的有机溶剂(二甲苯),因而在配制涂料及涂刷施工的过程中应注意防火、防毒。

2. 环氧树脂地面涂料

环氧树脂地面涂料是以环氧树脂为主要成膜物质的双组分常温固化型涂料。该类涂料由甲、乙两种组分组成。甲组分由以环氧树脂为主要成膜物质,加入填料、颜料、增塑剂和其他助剂等组成;乙组分由以胺类为主的固化剂组成。环氧树脂地面涂料的主要技术指标如表 9.9 所示。

表 9.9　环氧树脂地面涂料的主要技术指标

项目	指标	
	清漆	色漆
色泽外观	浅黄色	各色,漆膜平整
黏度(涂 – 4 黏度计)/s	14 ~ 26	16 ~ 40
细度	—	≤30 μm
干燥时间((25 ±2) ℃,相对湿度≤65%)	表干:2 ~ 4 h	表干:2 ~ 4 h
	实干:24 h	实干:24 h
	全干:7 d	全干:7 d
抗冲击强度/(N·m)	5	5
柔韧性/mm	1	1
耐磨系数(磨耗量/试件重)	—	0.013 2

环氧树脂地面涂料的特点如下:

①涂层坚硬、耐磨,且有一定的韧性;

②具有良好的耐化学腐蚀、耐油、耐水等性能;

③涂层与水泥基层的黏结力强,耐久性好;

④可根据需要涂刷成各种图案,装饰性好;

⑤双组分固化,施工复杂,且施工时应注意通风、防火,地面含水率不大于 8%。

3. 聚氨酯地面涂料

聚氨酯地面涂料是双组分常温固化型涂料,由甲、乙两种组分组成,即聚氨酯预聚物部分(甲组分)和固化剂、颜料、填料、助剂(乙组分)按一定比例混合、研磨均匀制成。聚氨酯地面涂料有薄质罩面涂料和厚质弹性地面涂料两类。前者主要用于木质地板,后者用于水泥地面。聚氨酯地面涂料的主要技术指标如表 9.10 所示,聚氨酯地面涂料如图 9.1 和图

9.2 所示。

表 9.10　聚氨酯地面涂料的主要技术指标

项目	指标
肖氏硬度	74 ~ 91
断裂强度/MPa	3.8 ~ 19.2
伸长率/%	103 ~ 272
永久变形/%	0 ~ 12
阿克隆磨耗/(cm^3/1.61 km)	0.108 ~ 0.160

图 9.1　聚氨酯地面涂料

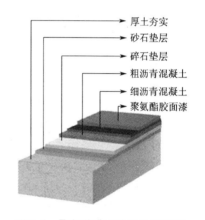

厚土夯实
砂石垫层
碎石垫层
粗沥青混凝土
细沥青混凝土
聚氨酯胶面漆

图 9.2　聚氨酯地面涂料的构造图

聚氨酯厚质弹性地面涂料与金属、水泥、木材和陶瓷等地面材料的黏结力强,能与地面形成一体,整体性好;涂料的色彩丰富,可涂成各种颜色,而且使用中不变色,还可以将地面做成图案;涂料固化后,具有很高的强度和弹性,脚感舒适,而且耐水性、耐酸性、耐碱性、耐油性及耐磨性好;使用过程中不起尘、易清洁,有良好的自涤性,无须打蜡,可代替地毯使用。其缺点是这种涂料价格较贵,施工复杂;原材料有毒,施工时应注意通风、防火和劳动保护。

聚氨酯厚质弹性地面涂料是一种高档的地面涂料,可用于各种建筑的地面装饰,例如住宅和会议室等;也可用于地下室和卫生间等防水装饰或工业厂房车间要求耐磨、耐酸碱和耐腐蚀等的地面装饰。

9.5　特种涂料

特种涂料是相对常规涂料的一种涂料品种,一般具有特殊的性能,应用于特殊的场合。特种涂料主要有防火涂料、防水涂料、防霉涂料及其他常见的专用涂料等。

1. 防火涂料

防火涂料又叫阻燃涂料,将这类涂料涂刷在建筑物上某些易燃材料表面,能提高易燃材料的耐火能力,或能减缓火焰蔓延传播速度,在一定时间内能阻止燃烧,控制火势的发展,为人们灭火提供时间。

由于建筑工程的高层化、集群化、工业的大型化及有机合成材料的广泛应用,人们对防火工作产生高度重视,而采用涂料防火方法比较简单,适应性强,因而在公用建筑、车辆、飞机、船舶、古建筑及文物保护、电器电缆、宇航等方面都有应用。

(1)防火涂料类型与品种

防火涂料可以根据防火原理、涂层使用条件、应用保护对象材料等不同来划分类型。一般按防火机理进行分类,可分为非膨胀型防火涂料和膨胀型防火涂料两类。

1)膨胀型防火涂料

膨胀型防火涂料由难燃树脂、难燃剂及碳剂、脱水成碳催化剂、发泡剂组成。涂层在火焰或高温作用下会发生膨胀,形成比原来涂层厚度大几十倍的泡沫碳质层,能有效地阻挡外部热源对底材的作用,从而阻止燃烧的发生,其阻止燃烧的效益大于非膨胀型防火涂料。

2)非膨胀型防火涂料

非膨胀型防火涂料由难燃性或不燃性的树脂及难燃剂、防火填料等组成,其涂层具有较好的难燃性,能阻止火焰蔓延。

(2)防火涂料的性能特点

各种不同类型的防火涂料有其自身的性能特点,以下是膨胀型丙烯酸乳胶防火涂料的主要性能。

①涂膜遇火膨胀,产生蜂窝状炭化发泡层,隔火隔热效果显著,如刷在 3 mm 厚的纤维板上,耐 800 ℃左右酒精火焰垂直燃烧 10 min 才能穿透。

②涂刷在油板绝缘和塑料绝缘电缆线上,经 830 ℃煤气火焰喷出燃烧 20 min,其内部绝缘完好,可以继续通电。

③涂料呈中性,干膜附着力 2～3 级,冲击强度大于 294 N·cm,在 25 ℃蒸馏水中浸泡24 h 不起泡脱落,在生产储运和施工过程中无火灾危险,不污染空气,对人无毒害。

2. 防水涂料

建筑防水涂料是指用于防止水侵入和渗漏的一类涂料,主要包括屋面防水涂料及地下建筑防潮涂料。我国目前已研制成功并投入使用的主要防水涂料品种有水乳型再生胶沥青防水涂料、阳离子型氯丁胶乳沥青防水涂料、聚氨酯防水涂料以及防水油膏等。

(1)防水涂料的特点

在混凝土材料的基面上(如屋面)涂刷防水涂料后,能形成均匀无缝的柔性防水层,可以有效地防止雨水或地下水的渗透,即具有良好的防水渗透作用和一定的对基层变形的适应能力。

涂膜防水层与合成高分子系的卷材防水层相比,本质上区别不大,但由于涂料在成膜过程中没有接缝,能形成无缝的防水层。故这类防水材料不仅能够在平屋面上,而且还能在立面、阴阳角和其他各种复杂表面基层上形成连续不断的整体性防水涂层。

(2)防水涂料的性能特点

由于防水涂料形成的防水层必须是连续的、无缝的,不能因基层裂缝、各种预制板节点松动或防水保护层开裂等原因而造成防水涂层的破坏,因此其应具有很好的柔韧性和耐候性,能长期地保持其防水功能,并有较好的抗拉强度、延伸率、撕裂强度及耐候性。

3. 防霉涂料

为了保持清洁和美观,楼房壁橱、厨房、浴室、地下室、食品加工厂都需涂防霉涂料。

所谓防霉涂料,是指一种能够抑制霉菌繁殖和生长的功能性涂料,通常是在涂料中添加某种抑菌剂而达到防霉的目的。传统的涂料或其他装饰涂料在储存过程中,为了防止液态涂料因霉菌作用而引起霉变,常加一定量的防腐剂,但这类涂料防腐剂的加入量远低于防霉涂料中抑菌剂的加入,因此只有涂料防腐作用,而无涂料防霉效果。目前常用的防霉涂料有丙烯酸乳胶外用防霉涂料、亚麻子油外用防霉涂料、醇酸外用防霉涂料、聚醋酸乙烯防霉涂料和氯纶共聚乳液防霉涂料等。

（1）防霉涂料的特点

建筑防霉涂料的主要特点是不仅具有优良的防霉功能,而且具备良好的装饰性能。

霉菌容易滋生的环境中的建筑物表面,在涂刷防霉涂料以后,就不易发霉。因为防霉涂料用于建筑物的内外墙、顶棚或地面,所以这种涂料还必须具备较好的装饰作用。

（2）防霉涂料的性能特点

由于建筑装饰防霉涂料既要有良好的防霉作用,又要有较好的装饰效果,因此应具备以下性能。

①优良的防霉性能。防霉涂料主要应用于适宜霉菌滋生的环境中,因此能较长时间保护涂膜表面不产生霉变。

②由于涂料在建筑物中使用的部位不同,所以应满足各种不同的使用要求,应达到与普通建筑装饰涂料相同的性能指标。如外用防霉涂料应具备优良的耐水、耐候性能,内用防霉涂料应具有优良的耐擦洗性能与装饰性能,地面用防霉涂料应具有良好的耐磨性和耐擦洗性。

③选用的防霉涂料应符合绿色环保的要求,在涂料成膜后对人无毒害。

④选用的防霉涂料应原材料资源丰富、价格合理。

第10章 建筑装饰织物

人的一生约有60%的时间是在家中度过的。因此,居住环境对人们的身体健康、心理平衡等有着举足轻重的影响。随着"轻装修,重装饰"的观念渐渐地深入人心,硬装修的空间往往不能满足人的情感要求,在重视装饰、崇尚人情味、逐步追求居住文化意境的今天,装饰织物作为一种表达个性思想和生活情趣的信息载体,已成为独特的文化风景,并且装饰的品质高低已经成为反映和衡量主人品位的主要判断标准。装饰织物的运用可使静态、单纯、一览无余的空间变为动态、充满情趣、高雅富有情感的空间,其作为空间多变的装饰方式,不但可以满足现代人开放的、多层次的时尚追求,而且其易操作性和装饰的随意性等可以多方面满足人们的需求。

10.1 建筑装饰织物概述

很早以前,人类和昆虫、鸟类等就能用一些细小的线条状物穿插、缠结、叠压、连接构成较大的片块状物,使其具有一定形状和功能并加以利用。最初的纺纱和有序的织造大约始于6 000年前,人们开始使用梭来穿插较长的纱线,织成梭织类织物;借助棒、钩、针等牵引纱线穿绕,编成针织类织物;利用碱性物质使动物皮毛产生毡缩,做成无纺织物类的毛毡。经过长期的手工作坊式生产实践、探索和改进,织造工具的功能效率持续提高,纺织原料的选择加工逐步精细,组织结构方式不断创新。而织物业的快速发展和工业化是随着新型材料、机械制造、机电动力控制等现代工业的发展,在近一百年内才完成的。

在现代汉语中,装饰一词具有动词和名词两种词性,作动词是指在身体或者物体的表面加些附属的东西使之美观,作为名词指装饰品。原来纺织品只是大体上分为衣着用、装饰用、工业用三大类。中国美术学院郑巨欣教授在《中国传统纺织印花研究》一书中用类型学的方法重新对纺织品进行分类,其中依据需求和功能区别的分类就讲到,中国传统纺织品更具体地分为装饰用纺织品、日用纺织品、宗教用纺织品三类。其中的装饰用纺织品也就是现在的装饰织物,如门帘、窗帘、地毯、壁毯、椅披、台布等。其中的日用纺织品,应用范围广泛、品类繁多,在家庭、旅馆、餐厅、剧院、汽车、飞机、轮船等处都需要用装饰织物配套布置。

基本的空间改造装修等必要的隐蔽工程称为硬装修,如电路铺设,地面、墙面、顶面的表面装修处理,空气调节设备的安装等。软装饰是指除了室内装修中固定的不能移动的装饰物,其他可以移动的、易于更换的装饰物等,如家具、窗帘、床品、特色靠垫、地毯等都可称为软装饰。所以装饰织物是软装饰的组成部分。

装饰织物用的纤维有天然纤维、化学纤维和无机玻璃纤维等。纤维装饰织物与制品是现代室内重要的装饰材料之一,主要包括地毯、挂毯、墙布、窗帘等纤维织物以及岩棉、矿物棉、玻璃棉制品等。纤维装饰织物具有色彩丰富、质地柔软、富有弹性等特点,通过直接影响室内的景观、光线、色彩产生各种不同的装饰效果。矿物纤维制品则同时具有吸声、耐火、保温等特性。

　　地毯是一种装饰效果很好的地面装饰材料。地毯作为一种比较华贵的装饰品,较多用于高级宾馆、礼宾场所、会堂等地面装饰。近年来,随着化学纤维、玻璃纤维及塑料等品种地毯的研制及生产,地毯正逐步走向千家万户,并将成为一种应用广泛的地面装饰材料。

　　墙面装饰织物主要是指以纺织物和编织物为面料制成的壁纸或墙布,其原料可以是丝、羊毛、棉、麻、化纤等纤维,也可以是草、树叶等天然材料。这种材料以其独特的柔软质地和特殊效果来柔化空间、美化环境,深受人们的喜爱。

　　矿物纤维制品主要用于吸声材料领域,包括用岩棉、矿物棉、玻璃棉制成的装饰吸声板以及用玻璃棉制成的吸声毡等。

10.1.1　与室内空间关系密切的装饰织物

　　装饰织物是依其使用环境的不同与用途的不同进行分类的。一般可分为地面装饰、墙面贴饰、挂帷遮饰、家居覆饰、床上用品、盥洗用品、餐厨用品与纤维工艺美术品八大类。从室内空间设计的角度来讲,更多地把室内织物称作建筑装饰织物,即以建筑空间界面为基础进行装饰时所涉及的织物,如窗帘、门帘、贴墙布、地毯、挂毯、绣品等。其实,室内设计师更多涉及的应该是建筑装饰织物,装饰设计师或者陈列师更多涉及的是家居装饰纺织品和装饰品。从空间的角度来讲,对环境产生较大影响的应该是装饰面积,不是使用消耗品的那些织物,在很多的《建筑装饰材料》的教科书里有专门的章节介绍装饰织物,分类的方法主要是按照使用部位分为墙面类、顶面类、地面类和家具类四大类。装饰织物在室内设计专业的角度主要还是与空间有密切关系的那一部分,装饰织物也可以分为建筑装饰织物和家居装饰纺织品。但由于专业和学科之间的渗透,也没有必要把它分得特别详细和清晰。织物软装饰创造层次丰富的功能性空间,纺织品因各自的功能特点存在着主次的关系,如表 10.1 所示。

表 10.1　织物软装饰的主次关系

在空间中使用的主次顺序	主要存在形式	主要造型因素	说明
1	立面类装饰织物	窗帘、床罩、沙发布、地毯、墙布、桌布、靠垫、壁挂	第一层决定室内纺织品配套的总格调
2	铺地织物		
3	帘幕织物		从属于第一层,起点缀、呼应、衬托的作用
4	家具披覆织物		
5	生活用品		

10.1.2　常见的建筑装饰织物

1. 地面装饰类织物

　　地面装饰织物为软质铺地材料——地毯。地毯具有吸音、保温、行走舒适和装饰的作用。地毯种类很多,目前按照使用的面积可分为满铺地毯和块毯两大类,如图 10.1 所示。

图10.1　地毯

2.墙面贴饰类织物

墙面贴饰类织物泛指墙面织物。其中墙布具有吸音、隔热、调节室内湿度与改善环境的作用。墙布较常见的有黄麻墙布、印花墙布、无纺墙布、植物编织物等。此外,还有较高档次的丝绸墙布、静电植绒墙布等,如图10.2所示。

图10.2　墙面贴饰类织物

3.挂帷遮饰类织物

挂帷遮饰类织物是指挂置于门、窗、墙面等部位的织物,也可用作分割空间的屏障,具有隔音、遮蔽、美化环境等作用。其主要形式有悬挂式和百叶式两种。常用的挂帷装饰类织物有薄型窗纱、中厚型窗帘、垂直帘、横帘、卷帘、帷幔等,如图10.3所示。

4.家具覆饰类织物

家具覆饰类织物是指覆盖于家具之上的织物,具有保护和装饰的双重功能。其主要形式有沙发布、沙发套、椅垫、椅套、台布、台毯等,如图10.4所示。

5.床上用品类织物

床上用品类织物是家用装饰织物最主要的类别,具有舒适、保暖、协调美化室内环境的作用。床上用品包括床垫套、床单、床罩、被子、被套、枕套、毛毯等织物,如图10.5所示。

6.盥洗用品类织物

盥洗用品类织物以巾类织物为主,具有柔软、舒适、吸湿、保暖的性能。这类织物主要有毛巾、浴巾、浴衣、浴帘、簇绒地巾、马桶套等,如图10.6所示。

图 10.3　挂帷装饰类织物

图 10.4　家具覆饰类织物

7. 餐厨用品类织物

餐厨用品类织物在家用纺织装饰品中所占比重较小,较注重实用性能和卫生性能。一般包括餐巾、方巾、围裙、防烫手套、保温罩、餐具存放袋及购物的包袋等,如图 10.7 所示。

8. 纤维工艺美术品

纤维工艺美术品是以各式纤维为原料编织、制织的艺术品,主要用于装饰墙面,为纯欣赏性的织物。这类织物有平面挂毯、立体型现代艺术壁挂等,如图 10.8 所示。

图 10.5　床上用品类织物

图 10.6　盥洗用品类织物

图 10.7　餐厨用品类织物

10.1.3　装饰织物的使用特征

1. 变异性和依附性

与硬质的建筑材料相比,室内装饰织物属软装饰,有轻薄与厚重的不同,相对而言属于柔性的材料,因为它具有可以伸展、折叠、打褶、缝制加工、易洗等特点。所以,往往是以披覆、盖挂的形式出现,常常作为表层的防护和掩饰。装饰织物不是孤立存在的,总是依附于物体之上,起到美化和保护的功能。通过人的智慧对它进行加工设计,形成了许多特定的形

图 10.8　纤维工艺美术品

式,如床罩、各式窗帘、沙发罩、电视罩、空调罩、桌旗等,都是通过加工设计做成各式各样的家居用品的。

2. 色彩与图案的优越性

装饰织物在室内环境中不能只是艺术品,家居空间也不是博物馆,而是要以人为本创造真正宜人的环境。不同的织物会带来不同的格调和感受,营造出不同的意境,满足人们的精神审美需求。各个民族有其自身的装饰图案和色彩,了解装饰图案自身的规律和图案纹样所承载的文化含义,有利于提升室内织物的价值,赋予织物以精神,使织物与人更好地交流。

室内环境中的织物软装饰设计要素——图案和色彩是软装饰的灵魂所在,两者的无穷变化就能演绎出无数的风格。从装饰的角度看,织物设计的纹样造型和色彩都十分重要,而最先闯入视野的是色彩,色彩对人的视觉有一定的选择性和顺序性,俗话说"远看色,近看花"。色彩是一个能相当强烈而迅速刺激感觉的因素。装饰织物可以根据空间设计的需要对色彩、图案进行设计,色彩的无限搭配随着人的感受认识在不断地被开发和使用。在色彩和图案的设计中,大自然中有无穷尽的元素可以借鉴和学习,从传统的绫罗绸缎到棉麻丝绸,再到现在的化学原料的尼龙化纤等,不仅材质丰富,色彩、图案也随着时代的进步不断地变化,可以是惟妙惟肖的真实图案,也可以是具有设计感的图案和色彩构成,这是其他装饰材料所不具有的,也是不可替代的。

3. 相对生态的建筑装饰材料

在家居装饰中使用的装饰材料有上百种,根据使用量的多少分类,用量较大的装饰材料是瓷砖、石材、板材、涂料、胶黏剂、壁纸等,随着装饰风格的转变,装饰材料的用量也发生着很大的转变。首先,从物理上讲,石材、瓷砖含有辐射人体的放射性物质镭,涂料原材料中的稀释剂含有甲醛和二甲苯。当然,织物的原材料里含有农药残留、偶氮染料、重金属等,但因织物的污染造成人身伤亡的案例远远少于石材和涂料,所以说装饰织物是相对安全的装饰材料。其次,从使用的经济上讲,装饰织物相对生产成本较低、价格便宜、应用灵活、浪费较少。如同样一面墙使用同样花色的瓷砖的成本，远远高于使用壁纸或挂饰的成本；衣柜门无论是玻璃还是木头的都没有织物来得方便、经济、生态，所以对于某些室内部位采用装饰织物装修，既环保又经济。

10.1.4　装饰织物对家居环境的作用

1. 协调与融合

在现代室内空间营造中，装饰织物已经不只是单纯担当着原始的物之有用性，而是通过本身及相互间的配套、结合，成为现代室内空间演绎中的主角之一。装饰织物与所在空间的完美切合，不但能生动体现一个空间的审美氛围，还可以通过主动设计来掩饰、弥补建筑空间的缺陷和不足，通过在材料、样式、色彩上的选择来塑造某种特定的个人风格或趣味程式，更可在视觉、触觉、情态等方面较为灵活地化解现代建筑的坚硬、冷漠之感，增加人和室内空间的沟通和亲近，无不体现着一种协调与融合。空间中的任何一种装饰物都在相互交流和影响着。无论从色彩、质感、体量等各个方面，都是相互决定的。同一件装饰品放在不同的环境有着很大的不同。例如图10.9所示，深红色纱帘与红色的床罩成为空间的主要色彩，与家具的木色、地面的深褐色有"倾向色"的协调关系，都含有"红"色；除了色彩上的协调，还有质感上的协调，纱帘和床罩以及床体上方缠绕的帷幔，都有柔和、温暖、轻盈的感觉；除了质感的协调，还有造型的协调，以方形简洁的造型为主，没有太多的褶皱或者蕾丝花边的装饰，以平铺的方式覆盖，没有织物本身的造型，从各个方面展现了质朴、低调而又不失奢华的主题。融合是空间环境设计的最高级别，即"你中有我，我中有你"，相互之间交流和融合，形成一个不可分割的整体。

图10.9　装饰织物的协调

2. 美化与塑造空间

在一些高大、庄重的纪念性、公共性空间环境中，其装饰织物也必定趋于稳重、深沉；而一般的居室、接待大厅等环境，趋于体现宽容的气度，其和谐、宁静的功能特点决定了纺织品的风格一般是柔和、恬淡或浪漫、温馨的。除了氛围的塑造，与空间环境尺度的关系也是影响空间大小的主要因素，如宾馆接待大厅等较大尺度的空间，应选择大花型的面料，配合适宜的室内绿化，使空间显得开阔并富有情调，不至于因大而显得过于空旷和冷漠；而一些相对较小的家庭空间环境，应选用中浅色、短调式、小花型的织物，密与疏的对比，可使空间感增大。如图10.10所示在某种共享空间中，闭合的沙发构成了一个会客空间，在此空间上部或空间四周,织物可以通过悬吊、垂挂等形式来强调其空间的功能作用,增加人与人的融洽感、私密性,同时也获得了组织空间的效应。有时,这种空间的强调作用也可以通过在特定区域内的地面铺设地毯和在墙面悬挂吊毯等装饰方法来表现,以达到塑造空间的效果。例如进门迎面的墙壁,给人拥堵、碰壁的感觉,如用挂帏织物掩盖就将硬变软,掩饰和柔化了建筑物的弊端。

图 10.10　装饰织物的美化和塑造 1

不同环境尺度会对装饰织物的视觉感受造成差异,从而形成错觉,装饰织物对家庭空间造型的塑造具有非常重要的意义。可以充分利用这种错觉划分空间、衬托环境,从而改善家居条件。例如利用亮色织物扩张空间,使狭小的居室显得明亮宽敞;利用织物图案的大小和方向,强调空间的高阔或深远,使居室界面形成协调的构图,以取得最优空间造型;利用织物薄透的质感造成虚幻的景象,达到柳暗花明的效果,从而在意境上扩大空间;利用织物的垂挂形式,暗示空间的层次,做到分而不隔、隔而不分,在视觉感应上造成多功能的空间造型区域;利用织物的统一性,覆盖凌乱的家具或器物,弥补室内整体的不足。在营造家居环境时,常常会运用到地毯、帷幔、屏风等装饰织物对家居空间进行装饰和空间的划分,从而使家居环境摆脱硬装饰的冰冷,使家居有限的空间变得更加丰富和富有层次。纺织品的种种切合或游离在空间环境之中的组合创造,还能起到组织许多特定空间界面的效果。例如创造封闭或半封闭空间,强调隔离性;创造外向开敞空间,揭示与周围环境的交流;依靠联想作用,创造视觉上的虚拟空间;以流动的线条、多变的色彩、强烈的对比,创造动态空间,如图10.11 所示。

图 10.11　装饰织物的美化和塑造 2

　　装饰织物在卧室的空间划分上显得尤为清晰明了,在我国的不少文学作品和艺术绘画作品中有着不少关于这方面的叙述。例如我国古代叙事诗《孔雀东南飞》中描述焦仲卿妻床上的装饰"红罗复斗帐,四角垂香囊。箱帘六七十,绿碧青丝绳";在隋唐五代的顾闳中唯一传世作品《韩熙载夜宴图》中装饰织物起到了分割空间的作用,对我国后代对装饰织物在家居环境中的应用起到了非常重要的作用。

3. 体现环境主题

　　不同的民族、不同的阶层,有着不同的生活方式和家居织物的搭配方法。中国人的室内装饰风格与欧洲人的有区别,城市居民的与乡村农民的不一样,不同社会阶层、性别和年龄、收入对室内设计的要求也不相同。在家居织物的搭配过程中,按照不同的搭配方法,体现出不同的个性,按照一个特定的主题可以设计出"异国情调""仿古怀旧""返璞归真""回归自然"的家庭环境;按照色彩的搭配可以为家庭创造不同的氛围,反映主人的色彩爱好和心理反应;通过纹样的选择以及风格的确定等家庭织物的搭配与选择也能显示出主人的个性心理。在为室内设计选择装饰织物搭配时,所选的纺织品从色彩、纹样、肌理到材质都要围绕着某种主题或者按照某种风格、情调去营造出一种与设计主题、风格或情调相协调的艺术氛围。

　　(1)传统风格

　　传统风格可分为中式和西式两种。中式传统风格中,一般墙面的软装饰有手工织物(如刺绣的窗帘等)、山水挂画、窗檩等;地面铺手织地毯,配以明清风格的古典沙发。其沙发布靠垫以绸、缎、麻等为材料,表面有刺绣或印花图案,如绣福禄寿喜、龙凤呈祥等字样做装饰,既热烈浓艳又含蓄典雅。碎花的窗帘、通透的帷幔、书香浓郁的卷轴字画以及水仙、文竹等绿色植物已成为中式古典主义不可或缺的软装饰。西式传统风格主要用精美的罗马帘、华贵的床罩与纯毛地毯以及造型典雅的灯具和高贵的油画来达到雍容华贵的装饰效果。

　　(2)现代风格

　　现代风格主张简洁、明快,侧重室内空间科学合理的利用。居室内的氛围随意、舒适、温馨,有时在局部可采用一些夸张手法造成视觉上的冲击力。现代风格强调功能至上,以实用、舒适为原则,没有标志性的软装饰,以兼收并蓄为特色;在空间中主要以色彩、造型、质感等营造空间主题。现代风格与传统风格空间使用的是不同的装饰手法,形成不一样的装饰效果。

　　(3)塑造节日气氛

　　中国人在传统节日里有着张灯结彩的习惯,"挂灯笼,系彩绳",形容节日或有喜庆事时的繁华景象。织物是塑造节日气氛的主要材料,有的扎结成彩球,有的缠绕长长的彩带,"中国红"是我国最早的流行色,成为喜庆、欢乐、平安、成功等的象征。红色织物凝聚了中国欢乐祥和的民族精神。

　　(4)用织物展现季节

　　随着一年四季的变化,室内的装饰织物也会随之变化,通过质感、色彩、肌理的不同,很细腻地展现着人们触觉、视觉的变化。比如在冬天,会选用皮毛稍长、棉质较厚、色彩较深的地毯;而在春天,会迫不及待地换上色彩清爽亮丽的织物,展现一年之计在于春的美好愿望。所以,现在软装市场"像定做时装一样做软装",体现了织物随季节、气候、心情等变化的多样性以及织物与人之间亲密的关系。

10.1.5　装饰织物的应用要点

室内设计的最终目的就是为人所服务,让物能够更好地为人所用,达到最舒适、最便利、最适合人们的身心需求。装饰织物的配置和设计也不例外,也要考虑到人的实际情况,符合人生理和心理的需求,让人在家居这个空间中能够更好地进行操作。然而人机工程学为我们提供了一些相关的数据和参数,当然人机工程学最大的目的就是提供人与物、人与空间达到最舒适惬意的状态下所满足的参数,这里的舒适性包括人的视觉、触觉、行为的施展和室内整体环境的舒适。人的视觉、触觉以及对家居环境的感知是因人而异的,前面已经有所阐述,这里就介绍人在使用室内空间时,所发生的行为的舒适性。人的行为在不同状态下所呈现的动作也不尽相同,所以要了解人自身的参数才能更好地去布置家居环境中的装饰织物。装饰织物的随意性很大,有时人们在布置空间中的织物时会表现出一些夸张的形式,一味地突出空间的造型而变得啰唆、累赘,甚至忽视了人机工程学的要求,在复杂的空间中承受着装饰繁重带来的不便。所以,满足家居空间的人性化,同样要注重人机工程学的因素,以更好地把握装饰织物与人和空间的关系。

在家居中布置织物时,不合理的布置会使人产生精神和肉体上的紧张感觉,导致人行为拘谨,不能更好地完成行为动作,使人在居住空间中的行为降低,从而使生活质量下降。所以,在进行织物的布置时不仅要考虑到美观,更加需要了解人的人机尺寸,能够更好、更方便、更舒适地为人所用。

10.2　地毯装饰材料

地毯是一种古老的、世界性的高级地面装饰材料,有着悠久的发展历史,绵延千年而经久不衰,在现代室内地面装饰中仍广泛应用。地毯以其独特的装饰功能和质感,使其具有较高的实用价值和欣赏价值,成为室内装饰中的重要组成部分。

地毯不仅具有隔热、保温、隔声、柔软及弹性好等优点,而且铺设后又可创造出其他装饰材料难以达到的高贵、华丽、美观的室内环境气氛,给人温暖、舒适之感。

地毯是一种高档的地面装饰品,我国是世界上最早生产地毯的国家之一。中国地毯做工精细,图案配色优雅大方,具有独特的风格,有的明快活泼,有的古色古香,有的素雅清秀,令人赏心悦目,富有鲜明的东方风情。"京""美""彩""素"四大图案,是我国最高级羊毛地毯的主流和中坚,是中华民族文化艺术的结晶,是我国劳动人民高超技艺的具体体现。世界上著名的地毯还有波斯地毯、印度地毯、土耳其地毯等。

10.2.1　地毯的分类

地毯所用的材料从最初的原状动物毛,逐步发展到精细的毛纺、麻、丝及人工合成纤维等,编织的方法也从手工发展到机械编织。因此,地毯已成为品种繁多、花色图案多样,低、中、高档皆有系列产品的地面铺装材料。

1. 按使用场所不同分类

地毯按使用场所不同的分类如表 10.2 所示。

表 10.2 地毯按使用场所不同分类

序号	地毯等级	使用场所
1	轻度家用级	铺设在不常使用的房间或部位
2	中度家用级(或轻度专业使用级)	用于主卧室或家庭餐厅等
3	一般家用级(或中度专业使用级)	用于起居室及楼梯、走廊等行走频繁的部位
4	重度家用级(或一般专业使用级)	用于家中重度磨损的场所
5	重度专业使用级	用于特殊要求场合
6	豪华级	用于高级装饰的场合

2. 按装饰花纹图案分类

按装饰花纹图案分类是我国的传统分类方法,由此产生了我国手工羊毛地毯著名的几大流派,一般可分为以下五类。

(1)北京式地毯

北京式地毯简称"京式地毯",是北京地区传统的地毯,具有主调图案突出、图案工整对称、色调典雅、庄重古朴的明显特点,常取材于中国古老艺术,具有独特寓意及象征性,是手工地毯优秀产品之一。

(2)美术式地毯

美术式地毯突出美术图案,图案构图完整、色彩华丽、富有层次感,给人以繁花似锦之感,显得富丽堂皇。

(3)彩花式地毯

彩花式地毯以黑色作为主色,配以小花图案,浮现百花争艳的情调,其图案清新、清晰、活泼,色彩绚丽、华贵、大方,如同工笔花鸟画,构图富于变化。

(4)素凸式地毯

素凸式地毯色调较为清淡,图案为单色凸花织做,纹样剪后清晰美观,犹如浮雕,富有幽静、雅致的情趣。

(5)仿古式地毯

仿古式地毯以古代的古纹图案、风景、花鸟为题材,给人以古色古香、古朴典雅的感觉。

3. 按材质不同分类

按材质不同分类,地毯可分为纯毛地毯、混纺地毯、化纤地毯、塑料地毯和剑麻地毯五大类。

(1)纯毛地毯

纯毛地毯即羊毛地毯,以粗羊毛为主要原料,采用手工编织或机械编织而成。纯毛地毯具有质地厚实、弹性较大、经久耐用、光泽较好、图案清晰等特点,其装饰效果极好,是一种高档铺地装饰材料。

(2)混纺地毯

混纺地毯是羊毛纤维和合成纤维混纺后编制织成的地毯。合成纤维的掺入,可显著改善纯毛地毯的耐磨性。如在羊毛中加入 20% 的尼龙纤维,地毯的耐磨性可提高五倍,其装饰性能不亚于纯毛地毯,而价格比纯毛地毯低。

（3）化纤地毯

化纤地毯也称合成纤维地毯，是用簇绒法或机织法将合成纤维制成面层，再与麻布底层缝合而成的。常有的合成纤维有丙纶、腈纶、涤纶等。化纤地毯的外观和触感似纯毛地毯，耐磨且富有弹性，是目前用量最大的中、低档地毯品种。

（4）塑料地毯

塑料地毯是采用聚氯乙烯树脂、增塑剂等多种辅助材料，经均匀混炼、塑制而成的一种新型轻质地毯。塑料地毯具有质地柔软、色彩鲜明、自熄不燃、经久耐用、污染可洗、耐水性强等特点，适用于一般公共建筑和住宅地面的铺装。

（5）剑麻地毯

剑麻地毯是以植物纤维剑麻（西沙尔麻）为原料，经轻纺纱、编织、涂胶、硫化等工序制成，产品分为素色和染色两类，有斜纹、罗纹、鱼骨纹、帆布平纹、半巴拿纹、多米诺纹等多种花色。剑麻地毯具有耐酸、耐碱、无静电现象等特点，但其弹性较差、手感比较粗糙，主要适用于楼、堂、馆、所等公共建筑地面及家庭地面铺设。

4. 按编制工艺不同分类

按编织工艺不同分类，地毯可分为手工编织地毯、簇绒地毯和无纺地毯三类。

（1）手工编织地毯

手工编织地毯一般专指纯毛地毯，采用双经双纬，通过人工打结裁绒，将绒毛层与基层一起织做而成。这种地毯做工精细，图案千变万化，是地毯中的高档品。我国手工地毯有悠久历史，早在两千多年前就开始生产，自早年出口国外至今，"中国地毯"一直以艺精工细闻名于世，成为国际市场上的畅销产品。但这种地毯工效低、产量少、成本高、价格贵。

（2）簇绒地毯

簇绒地毯又称裁绒地毯，是目前各国生产化纤地毯的主要工艺。它是通过带有一排往复式穿针的纺织机，把毛纺纱穿入第一层基层（初级背衬织布）并在其上将毛纺纱穿插成毛圈而背面拉紧，然后在初级背衬的背面刷一层胶黏剂使之固定，这样就生产出厚实的圈绒地毯。若再用锋利的刀片横向切割毛圈顶部，并经过修剪整理，则成为平绒地毯，又称割绒地毯或切绒地毯。

由于簇绒地毯生产时对绒毛进行调整，圈绒绒毛的高度一般为 5～10 mm，平绒绒毛的高度一般为 7～10 mm，所以这种地毯纤维密度大、脚感舒适，加上图案繁多、色彩美丽、价格适中，是一种很受欢迎的中档地面铺装材料。

（3）无纺地毯

无纺地毯是指无经纬编织的短毛地毯，是用于生产化纤地毯的方法之一。它是将绒毛线用特殊的钩针扎刺在用合成纤维构成的网布衬上，然后在背面涂上胶层使之黏牢。因此，无纺地毯又有针刺地毯、针扎地毯或黏合地毯之称。

无纺地毯由于生产工艺简单，所以成本低、价格廉，但弹性和耐久性较差。为提高其强度和弹性，可在毯底上加缝或加贴一层麻布底衬，或再加贴一层海绵底衬。近年来，我国还开发研制生产了一种纯毛无纺地毯，是不用纺织或编织方法而制成的纯毛地毯。

5. 按规格尺寸不同分类

按规格尺寸不同分类，地毯可分为块状地毯和卷装地毯两种。

（1）块状地毯

块状地毯多数制成方形或长方形,我国块状地毯通用规格尺寸为 610 mm × 610 mm ~ 3 660 mm × 6 710 mm,共有 56 种规格。也可根据需要制成圆形、椭圆形地毯,其厚度视质量等级而有所不同。纯毛块状地毯还可以成套供应,每套由若干块形状和规格不同的地毯组成。花式方块地毯是由花色各不相同,尺寸为 500 mm × 500 mm 的方块地毯组成一箱,铺设时可用来组合成不同的图案。

块状地毯铺设方便灵活,位置可以随意移动,既可满足不同层次人的不同情趣需求,也可以给室内地面装饰设计提供更大的选择余地,还可以对已磨损的部位随时进行调换,从而延长地毯的使用寿命,达到既经济又美观的目的。

（2）卷装地毯

卷装地毯通常为宽幅的成卷包装地毯,其幅宽有 1 ~ 4 m 等多种规格,每卷长度一般为 20 ~ 30 m,也可根据用户要求专门加工。铺设成卷的整幅地毯,可使室内具有宽敞感、整洁感,但某处损坏后不易更换,地毯的清洗比较困难。

10.2.2 地毯的主要技术性能

地毯的主要技术性能是鉴定其质量的主要标准,也是用户采购地毯时的基本依据。地毯的主要技术性能包括耐磨性、弹性、剥离强度、绒毛黏合力、抗老化性、抗静电性、耐燃性和抗菌性等。

1. 耐磨性

地毯的耐磨性是其耐久性的重要指标,通常是以地毯在固定压力下,磨至露出背衬时所需的耐磨次数表示,耐磨次数越多,表示耐磨性越好。地毯的耐磨性优劣,与所用面层材质、绒毛长度有关。一般机织化纤地毯的耐磨性优于机织羊毛地毯。我国上海生产的机织丙纶、腈纶化纤地毯,当毛长为 6 ~ 10 mm 时,其耐磨次数可达 5 000 ~ 10 000 次,达到国际同类产品的水平。

2. 弹性

地毯的弹性是反映地毯受到压力后,其厚度产生压缩变形的程度,这是评价地毯是否脚感舒适的重要指标。其弹性大小通常用动态负载下(规定次数下周期性外加荷载撞击)地毯厚度减少值及中等静负载后地毯厚度减少值来表示。

3. 剥离强度

剥离强度是反映地毯面层与背衬符合强度的一项性能指标,通常以背衬剥离强度表示,即指采用一定的仪器设备,在规定的速度下,使 50 mm 宽的地毯试样面层与背衬剥离至 50 mm 长时所需的最大力。

4. 绒毛黏合力

绒毛黏合力是衡量地毯绒毛固结在地毯背衬上的牢固程度的指标。绒毛黏合力的大小关系到地毯的使用年限和耐磨性好坏。

5. 抗老化性

抗老化性主要是针对化纤地毯而言的。这是因为化学合成纤维是有机物,有机物在空气、光照等因素的长期作用下,会逐渐产生老化,使其性能下降。地毯老化后,受撞击和摩擦时会产生粉末现象。地毯的抗老化性,通常是在经紫外线照射一定时间后,对化纤地毯的耐磨次数、弹性及光泽的变化情况加以评定。

6. 抗静电性

抗静电性是表示地毯带电和放电的性能。一般来讲,化学纤维未经抗静电处理时,其导电性能较差致使化纤地毯静电大、极易吸尘、清扫除尘困难。因此,化纤地毯生产时常掺入适量抗静电剂,国外还采用增加导电性处理等措施。抗静电性用表面电阻和静电压来表示。

7. 耐燃性

耐燃性是指地毯遇到火种时,在一定时间内燃烧的程度。当化纤地毯燃烧时间在 12 min 以内,燃烧面积的直径在 17.96 cm 以内,则认为其耐燃性合格。

8. 抗菌性

地毯作为地面覆盖材料,在使用过程中比较容易因虫、菌等侵蚀而引起霉变。因此,地毯生产过程中要掺加适宜的外加剂,进行防霉、抗菌等处理。通常规定,凡能经受八种常见霉菌和五种常见细菌的侵蚀而不长菌或不霉变者认为合格。化纤地毯的抗菌性优于纯毛地毯。

10.2.3 纯毛地毯

纯毛地毯分手工编织地毯和机织地毯两种。前者是我国传统的手工工艺品之一,后者是近代发展起来的较高级的纯毛地毯制品。

1. 手工编织纯毛地毯

我国的手工编织纯毛地毯已有两千多年的历史,一直以艺精工细而闻名于世,至今仍是国际市场上的畅销产品。手工编织纯毛地毯图案优美、色彩鲜明、质地厚实、富有弹性、经久耐用,用以铺地,触感柔软舒适,富丽堂皇,铺地装饰效果极佳。

手工编织纯毛地毯是以中国特产的优质羊毛纺纱,用现代染料染出最牢固的颜色,用精湛的技巧织出瑰丽的图案,再以专用机械平整绒面,用特殊的技术剪出凹花及周边,用化学方法洗出丝光,最后用传统手工修整出地毯成品。

手工编织纯毛地毯由于费工费时、做工精细、造价较高、产品名贵,一般用于国际性、历史性、国家及重要建筑的室内地面(如迎宾馆、会客厅、大会堂等)的铺装,也可用于高级宾馆、饭店、住宅、会客厅、会堂、展览馆、舞台等装饰性要求高的建筑及场所。

手工编织纯毛地毯是由自下往上垒织栽绒打结(八字扣,国际上称"波斯扣")而制成的,每垒织打结一层称为一道,一般用每平方英尺垒织的道数多少来表示地毯的栽绒密度。道数越多,栽绒密度越大,地毯的质量越好,价格越高。地毯的档次与道数也成正比关系,一般家庭用地毯为 90~150 道,高级装饰用地毯均在 200 道以上,个别可达 400 道。

我国手工编织纯毛地毯的主要规格和性能如表 10.3 所示。

表 10.3 手工编织纯毛地毯的主要规格和性能

品名	规格/mm	性能特点	生产工厂
90 道手工打结羊毛地毯 素式羊毛地毯 艺术挂毯	610×910~3 050×4 270 等各种规格	以优质的羊毛加工而成,图案华丽、柔软舒适、牢固耐用。传统产品 90 道机抽洗手工打结羊毛地毯,荣获轻工业部工艺美术百花奖银奖	上海地毯总厂

品名	规格/mm	性能特点	生产工厂
90 道羊毛地毯 120 道羊毛艺术挂毯	厚度:6~15 宽度:按要求加工 长度:按要求加工	用上等纯羊毛手工编织而成,经化学处理,防潮、防蛀、图案美观、柔软耐用	武汉地毯厂
90 道机拉高级羊毛手工地毯 120、140 道高级艺术地毯 (出口商标为海鸥)	任何尺寸与形状	产品有北京式、美术式、彩花式、素凸式及风景式、京彩式、京美式等	青岛地毯厂
高级羊毛手工栽绒地毯 (飞天牌)	各种形状规格	以上等羊毛加工而成,有北京式、美术式、彩花式、素凸式、敦煌式、仿古式等	兰州地毯总厂
羊毛满铺地毯 电针绣抢地毯 艺术壁毯 (工美牌)	各种规格	以优质的羊毛加工而成,电绣地毯可仿制传统手工地毯图案,古色古香,现代图案富有时代气息;壁毯图案粗犷朴实,风格多样,价格仅为手工编织地毯的1/10~1/5	北京市地毯二厂

2. 机织纯毛地毯

机织纯毛地毯是以羊毛为主要原料,采用机械编织工艺而制成的。这种地毯具有表面平整、光泽明亮、富有弹性、脚感柔软、耐磨耐用等优点。与化纤地毯相比,其回弹性、抗静电、抗老化、耐燃性均优于化纤地毯;与手工纯毛地毯相比,其性能基本相同,但价格远低于手工地毯。因此,机织纯毛地毯是介于化纤地毯和手工纯毛地毯之间的中档地面装饰材料。建筑室内地面铺设机织纯毛地毯后,不仅能起到良好的装饰作用,而且还对楼地面具有良好的保温隔热及吸声隔音效果,可降低室内的采暖空调费用,并增加室内的宁静感。因此,机织纯毛地毯特别适用于宾馆、饭店的客房、楼梯、楼道、宴会厅、酒吧间、会客厅、会议室、体育馆等室内满铺使用。另外,机织纯毛地毯还有阻燃性,可以用于防火性能要求较高的建筑室内地面。

10.2.4　化纤地毯

化纤地毯是以化学合成纤维为主要原料,按一定的织法制成面层织物后,再与背衬材料进行复合而成的。化纤地毯的化学纤维材料种类很多,如聚丙烯(丙纶)、聚丙烯腈(腈纶)、聚酯(涤纶)和尼龙(锦纶)纤维等。按其织法不同,化纤地毯可分为簇绒地毯、针刺地毯、机织地毯、编织地毯、黏结地毯、静电植绒地毯等多种,其中以簇绒地毯的产销量最大。

化纤地毯具有质轻耐磨、色彩鲜艳、脚感舒适、富有弹性、铺设简单、价格便宜等特点,还具有吸声、隔声、保温、装饰等功能。由于化纤地毯可以机械化生产,其产量较高,价格较低,加之其耐磨性优良,且不易虫蛀和霉变,所以很受人们的欢迎。其主要适用于宾馆、饭店、招待所、接待室、餐厅、住宅居室以及船舶、车辆、飞机等地面装饰铺设。化纤地毯既可以摊铺在基层面上,也可以贴铺在木地面、马赛克、水磨石或水泥砂浆表面。

最近几年,化学纤维材料在飞速发展,由于化纤材料具有独特的优点,化纤地毯的需求量日益增加,世界上化纤地毯产量约占地毯总产量的80%。我国自20世纪80年代开始生产化学纤维,目前产品质量已赶上国际同类产品的水平,成为化学纤维生产大国。2010年,我国化纤地毯需求量为 $1.2 \times 10^7 \text{ m}^2$,品种基本可配套,可满足不同要求的建筑物对抗静电、阻燃、防毒、防沾污、耐磨损等功能的要求。

化纤地毯一般由面层、防松涂层及背衬层构成。通常化纤地毯依据其面层采用的纤维材料命名,如面层采用丙纶(聚丙烯)纤维的化纤地毯,则称为丙纶纤维地毯。另外,还有腈纶(聚丙烯腈纤维)化纤地毯、涤纶(聚酯纤维)化纤地毯、锦纶(尼龙纤维)化纤地毯等。

防松涂层多以氯乙烯－偏氯乙烯共聚乳液为基料,添加适量的增塑剂、增稠剂及填充料等配制而成,可增加地毯绒面纤维在初级背衬上的固着牢度,使之不易脱落,同时又可在初级背衬上形成一层薄膜,防止胶黏剂渗到绒面层内,可控制和减少初级、次级背衬复合时胶黏剂的用量,并可以增加黏结强度。

化纤地毯的背衬层由初级背衬和次级背衬组成。初级背衬对地毯面层起固着作用,要求具有一定的耐磨性,用料为黄麻平织网或聚丙烯机织布及无纺布。次级背衬是附于初级背衬后面的材料,主要用以增加地毯的厚度及弹性,用料一般为黄麻布、聚丙烯、丁苯胶乳与热塑性橡胶泡沫、聚氯乙烯共聚型泡沫及聚氨酯泡沫等。

10.2.5　尼龙地毯

羊毛作为传统的地毯用料,具有天然纤维特有的优良性能,自古至今在高档地毯市场中独占鳌头,但在使用过程中却暴露出易污染、难洗涤、易产生水渍、不耐磨损、易使细菌繁殖等不尽如人意之处。近几年,随着人民生活水平的不断提高以及装饰事业的飞速发展,作为高档铺地材料的地毯销售前景良好。随着纤维业的不断发展、生产技术的推陈出新以及尼龙地毯防污防溃技术的研制改进,现代地毯生产及用户的选择观念发生了巨大改变。如今尼龙纤维已成为地毯制造工业中使用最多的材质,在发达国家地毯市场中占据了 80% 的份额,且呈逐渐增长的趋势。

地毯的铺设是影响整个室内空间设计效果的重要因素,不论色彩、质感、样式,都能带来视觉和触觉上的效果。但是,在选择地毯时不仅要注意其美观、华丽,还要注意其是否经久耐用。在比较锦纶(尼龙)与丙纶、腈纶、涤纶、纯毛、混纺等地毯的耐磨性、可清洁性、耐尘土性、耐污溃性、抗静电性、耐燃性技术指标后,还是以锦纶(尼龙)地毯最适宜。

与羊毛地毯相比,尼龙地毯具有以下明显的优点:

①经过热定型处理,尼龙地毯比羊毛地毯具有更好的弹性;

②不断进步的防污工艺,能防止各类污渍渗透到尼龙纤维之中,使尼龙纤维地毯更易清洗;

③防污防尘的处理在防止污渍渗透到尼龙纤维的同时,能使尼龙地毯的色泽保持艳丽如新;

④即使在频繁使用的情况下,尼龙地毯仍具有很好的耐磨性和抗倒伏性。

世界上尼龙纤维的主要生产国家有美国、中国、韩国和德国。美国现今生产的短纤维产量减少,但地毯用的长纤维产量增加,1990—2000 年的年平均增长率为 0.9%,美国国内生产的尼龙纤维四分之三用于地毯生产。我国在尼龙纤维方面推行自给化,尼龙纤维的生产年均增长率高达 13.5%,据有关部门统计,每年我国尼龙地毯的消费量均超过 $1.5 \times 10^7 \, \text{m}^2$。随着人们对尼龙地毯需求的增加,尼龙地毯市场必将得到长足发展。

10.2.6 新型地毯

随着人们生活质量的日益提高和对装饰工程的配套要求,各种功能独特的地毯纷纷问世,并不断推向市场,备受消费者的青睐。

1. 发电地毯

德国发明了一种能发电的地毯,它是利用摩擦生电的原理研制成功的。当人在地毯上走动时即能发电,若用导线连接,可供家电使用,也可对蓄电池进行充电。这种地毯装有绝缘层,安全可靠。

2. 防火地毯

英国生产了一种防火地毯,是用特殊的亚麻布制成的,用火烧 0.5 h 后仍然完好无损,防火性能极佳,而且还具有防水、防蛀的功能。

3. 保温地毯

日本推出一种电子保温地毯,具有自动调节室温的功能,其地毯上装有接收装置,每隔 5 min 向安装在墙上的温度遥控仪发出室温资料。当室温较低时,接收装置会自动接通电源,使地毯温度上升;当温度达到要求时,则会断掉电源停止供暖。

4. 光纤地毯

美国一家公司研制生产出一种光纤地毯,内含丙烯酸系光学纤维。这种光纤地毯能发出各种闪光的美丽图案,既可用来装饰房间,也可作为舞厅及演出照明等。一旦公共建筑内发生停电时,光纤地毯还会显示出各个指示箭头,给人指路。

5. 变色地毯

国外市场上有一种变色地毯,这种地毯可以根据人们的不同喜好而变换颜色。编织这种地毯的毛纱需要先用特殊化学方法加入各种底色,人们只需在洗地毯时加入特殊的化学变色剂,便可得到自己喜爱的色调。每洗一次,都可变换一种颜色,使人感到像是又铺上一块新地毯。

6. 小面积地毯

日本最近生产出一种小面积地毯,每块的面积仅有 50 cm^2,铺设时可以不用搬出家具,像铺瓷砖那样方便地铺在地板上。如果常走之处磨损严重时,只需更换磨损部分即可。这种地毯有各种颜色,能和所用家具、窗帘的色调相协调。

7. 吸尘地毯

捷克一家公司生产了一种吸尘地毯,这种地毯由一种静电效应很强的聚合材料制成,不仅能自动清除鞋底带来的灰尘,而且还能吸收空气中的尘埃。当地毯吸附的尘埃过多时,可通过敲打或用湿布拭去,即可重新吸尘。

8. 木质地毯

我国台湾建材市场上推出一种可拆式木质地毯,这种地毯以美国的橡木为原料,经过精加工组装而成。它具有原木风格,质感细腻,色泽优雅。可拆式木质地毯表面经过五次涂装,不仅防尘效果好,而且耐磨、耐酸碱、清洗容易、保洁如新。此外,这种地毯底部采用了 100% 的纯棉,消声效果也很好。

9. 夜光地毯

英国发明了一种能发光的地毯,这种地毯在纺织过程中加入了光学纤维,在灯光的照射下,能变换出各种闪光的图案。当房间内突然停电时,地毯可发出微光照明。

10. 拼接地毯

日本生产出一种新式拼接地毯,只用三角形、梯形等形状的小单元,就可根据春夏秋冬季节和用途等组合出色彩丰富、效果多多的几何纹样。同时,这种地毯正反面色彩不同,可以两面使用,具有较好的装饰功能。

11. 防水隔热地毯

这种新型的防水隔热地毯,是在两层布中间装有防水隔热材料而制成的。这种地毯可铺设在预制的水泥砂浆面层上,能起到防水、隔热、保温、阻燃、绝缘等作用。该地毯施工简便迅速、质量高,且不污染环境。

12. 多功能地毯

英国以聚丙烯短纤维为原料,研制出一种耐洗刷、耐腐蚀、不发霉、不褪色、不怕晒、耐严寒的多功能地毯。它非常适用于游泳池边、轮船甲板等公共场所装饰使用。

13. 灭火型地毯

澳大利亚发明生产出一种能防火的灭火型地毯,这种地毯表面上很像普通的羊毛地毯,但它吸饱了具有很强的冷却作用的特殊液体,这种特殊液体不仅能防止地毯被烧,而且遇到火焰时能立即把火扑灭,另外该种地毯还具有杀菌功能。

10.2.7　天然地毯

天然地毯是 20 世纪 80 年代在欧洲出现的,是采用天然物料编织而成的新型地毯。它区别于羊毛、化纤等传统地毯,一般包括剑麻地毯、椰棕地毯、水草地毯和纸地毯。天然地毯问世以来,由于它具有独特的质感和优良的特点,而且符合现代人们追求绿色环保的时代潮流,在欧洲、北美洲和大洋洲等地大量使用且越来越普及,在世界其他地区也越来越受欢迎。

以剑麻地毯为例,它除具有传统地毯柔软、保温、隔声、安全等一般共性之外,还具有自身独特的优点:

①它含有一定的水分,可以随着环境变化而吸收空气中的水分,或向空气中放出水分,以此调节室内空气湿度;

②它表面摩擦力大、耐久性强,特别适合铺设在楼梯等经常摩擦的部位;

③它节能性比较强,相当于合成地板,可以减少约一半的空调费用;

④它的弹性比较高,且防细菌、防虫蛀、防静电、阻燃防火;

⑤它容易清洁和保养,使用寿命较长;

⑥它适用于所有生活环境,能给人们提供一个天然的家居空间。

10.3　墙面装饰织物

墙面装饰织物是目前国内外使用最为广泛的装饰材料。墙面装饰织物以多变的图案、丰富的色泽、仿照传统材料的外观、独特的柔软质地、产生的特殊效果,深受用户的欢迎。在宾馆、住宅、办公楼、舞厅、影剧院等有装饰要求的室内墙面、顶棚、柱面,应用较为普遍。目前,我国生产的墙面装饰织物主要品种有织物壁纸、棉纺装饰墙布、无纺贴墙布、玻璃纤维印花贴墙布、化纤装饰贴墙布、高级墙面装饰织物、皮革与人造革、弹性壁布等高级织物。

10.3.1　织物壁纸

织物壁纸是以棉、麻、丝、毛等纤维织物作为面料制成的壁纸。这类壁纸装饰的环境,能给人以典雅、高贵及柔和之感,如用于卧室则使人有一种温暖感,有较好的透气性。但这种装饰材料一般价格较贵,裱糊技术要求较高,防污性和防火性较差,不易进行清洗。织物壁纸主要有纸基织物壁纸和麻草壁纸两种。

1. 纸基织物壁纸

纸基织物壁纸是以棉、麻、毛等天然纤维制成的各种色泽、花色和粗细不同的纺线,经特殊工艺处理和巧妙的艺术编排,黏合于纸基上而制成的。这种壁纸面层的艺术效果主要通过各色纺线的排列来达到,有的用纺线排出各种图案花纹,有的带有荧光,有的线中夹有金、银丝,还可以压制成浮雕绒面图案,使装饰效果别具一格。

纸基织物壁纸的特点主要有:色彩柔和幽雅,墙面立体感强,吸声效果较好,黏结性能优良,耐日晒,不褪色,无毒无害,无静电,不反光,且具有较好的透气性和调湿性。它适用于宾馆、饭店、办公室、会议室、接待室、疗养院、计算机房、广播室及家庭卧室等室内墙面装饰。

2. 麻草壁纸

麻草壁纸是以纸为基底,以编织的麻草为面层,经过复合加工而制成的墙面装饰材料。麻草壁纸不仅具有吸声、阻燃、不吸气、易散潮湿、不易变形等优良特点,更具有自然、古朴、粗犷的大自然之美,给人以置身自然原野之中、回归自然的感觉。它主要适用于影剧院、会议室、舞厅、酒吧、接待室、饭店、宾馆等墙壁的贴面装饰,也可用于商店的橱窗设计。

纸基织物壁纸和麻草壁纸的主要产品、规格、技术性能及生产厂家,如表 10.4 所示。

表 10.4　织物壁纸的主要产品、规格、技术性能及生产厂家

产品名称	规格	技术性能	生产厂家
纺织艺术壁纸(虹牌)	幅宽:914.4 mm,530 mm 长度:15 m/卷 10.05 m/卷	耐光色牢度:>4 级 耐磨色牢度:4 级 黏性:良好 收缩性:稳定 阻燃性:氧指数 30 左右 防霉性(回潮 20%,封闭定温):无霉斑	上海第二十一棉纺织厂
花色线壁纸(大厦牌)	幅宽:914 mm 长度:7.3 m/卷 50 m/卷	抗拉强力:纵 178 N,横 34 N 吸湿膨胀性:纵 -0.5%,横 +25% 风干伸缩性:纵 -0.5% ~ -2%,横 0.25% ~1% 耐干摩擦:2 000 次 吸声系数(250 ~2 000 Hz):平均 0.19 阻燃性:氧指数 20 ~22 抗静电性:45 ×10^7 Ω	上海第五制线厂
纺织纤维壁纸(丝娜奇牌)	幅度:500 mm 1 000 mm 长度:按用户要求	耐光色牢度:4 ~5 级 耐磨色牢度(干、湿):4 ~5 级 收缩率:经向 1%,纬向 1% 黏结性:优良 防霉性(回潮 20%,保温 5 d):无霉斑	西安市建筑材料厂

产品名称	规格	技术性能	生产厂家
麻草壁纸	厚度:1 mm 宽度:910 mm 长度:按用户要求		浙江省东阳县墙纸厂
草编壁纸	厚度:0.1~1.3 mm 宽度:914 mm 长度:7.315~5.486 m	耐光色牢度:日晒半年内不褪色	上海彩虹墙纸厂

10.3.2　棉纺装饰墙布

棉纺装饰墙布是将纯棉平布经过处理、印花、涂层制作而成的。这种墙布的特点是:强度比较大、静电比较弱、蠕变性较小、无反光、吸声性较好、花型繁多、色泽美观大方;无毒、无味的优良性能,使其具有广泛的适用性。一般常用于宾馆、饭店、公共建筑及较高级的民用住宅的装修;适用于水泥砂浆墙面、混凝土墙面、石灰砂浆墙面、石膏板墙面、胶合板、纤维板及石棉水泥板等多种基层。棉纺装饰墙布还可以用于窗帘,夏季采用这种薄型的淡色窗帘,无论其是自然下垂式或双开平拉成半弧形式,均会给室内营造出清静和舒适的氛围。

10.3.3　无纺贴墙布

无纺贴墙布是采用棉、麻等天然纤维或涤纶、腈纶等合成纤维,经过无纺成型、上树脂、印花等工序而制成的一种新型贴墙材料。按所用原料不同,无纺贴墙布可分为棉、麻、涤纶、腈纶等,各种无纺墙布均有多种花色图案。

无纺贴墙布的特点是:布体挺括、富有弹性、不易折断、耐老化性好、对皮肤无刺激作用;且色彩鲜艳、图案雅致、粘贴方便,具有一定的透气性和防潮性,耐擦洗而不褪色。它适用于各种建筑物的内墙装饰。尤其是涤纶棉无纺贴墙布,除具有麻质无纺贴墙布的所有性能外,还具有质地细腻、表面光滑等特点,特别适用于高档宾馆、高级住宅等建筑物墙面的装修。

10.3.4　玻璃纤维印花贴墙布

玻璃纤维印花贴墙布简称玻纤印花墙布,它是以中碱玻璃纤维织成的布为基材,表面涂以耐磨树脂,并印上彩色图案而制成的。玻璃纤维印花贴墙布本身具有布纹质感,经套色印花后,装饰效果较好,且色彩艳丽、花色繁多,在室内使用不褪色、不老化,防火性和防水性好,耐湿性强,可用肥皂水洗刷,价格低廉,施工简单,粘贴方便。玻璃纤维印花贴墙布适用于宾馆、饭店、商店、展览馆、会议室、餐厅、居民住宅、工厂净化车间等内墙装饰,特别适用于室内卫生间、浴室等墙面的装饰。

但是,一旦墙布表面树脂涂层磨损后,将会散落出少量玻璃纤维,使用时一定加以注意。另外,玻璃纤维印花贴墙布在运输和储存过程中,应横向放置、注意放平、切勿立放,以免损伤两侧布边,影响施工时拼接图案。

玻璃纤维印花贴墙布的厚度为 0.15~0.17 mm、幅宽 800~840 mm,每 1 m² 的质量为 200 g 左右。

10.3.5　化纤装饰贴墙布

化纤装饰贴墙布是以人造化学纤维(如涤纶、腈纶、丙纶等)织成的化纤布(单纶或多纶)为基材,经一定处理后印花而成的。化学纤维种类繁多,各具特性,常用的纤维有黏胶纤维、醋酸纤维、聚丙烯纤维、聚丙烯腈纤维、锦纶纤维、聚酯纤维等。所谓多纶是指多种化学纤维与棉纱混纺制成的贴墙布。这种墙布具有无毒、无味、透气、防潮、耐磨、无分层等特点。化纤装饰贴墙布适用于各级宾馆、旅店、办公室、会议室和居民住宅等建筑的室内墙面装修。它花色品种繁多,主要规格有幅宽 820 ~ 840 mm、厚 0.15 ~ 0.18 mm,每卷长 50 m。

10.3.6　高级墙面装饰织物

高级墙面装饰织物是指锦缎、丝绒、呢料等织物,这些织物由于纤维材料不同、织造方法不同以及处理工艺不同,所产生的质感和装饰效果也不相同,它们均能给人以美的享受。

锦缎是一种丝织品,它具有纹理细腻、柔软绚丽、古朴精致、高雅华贵的优点,但其价格昂贵,用作高级建筑室内墙面浮挂装饰,在我国已有悠久的历史;也可用于室内高级墙面的裱糊。但因锦缎柔软,容易变形,施工要求高,且比较娇气,不能擦洗,稍受潮湿就会留下斑迹或发生霉变。

丝绒色彩华丽,质感厚实温暖,格调高雅,可用作高级建筑室内窗帘、软隔断,显示出富贵、豪华的特色。

粗毛呢料或仿毛化纤织物和麻类织物,不仅具有质感粗实厚重、吸声性能好等优点,而且还能从纹理上显示出厚实、古朴等特色,主要适用于高级宾馆等公共厅堂、柱面的裱糊装饰。

10.3.7　皮革与人造革

皮革与人造革是一种高级装修材料,主要用于高级建筑室内的墙面装修。这类材料最高档的皮革是真羊皮,但其价格昂贵,通常采用的是仿羊皮纹理的人造革。人造革色彩花纹多样,仿真性很强,价格比较低,装饰效果甚佳。

皮革与人造革墙面具有柔软、消声、温暖、耐磨等优良性能,显示出高雅华贵的装饰效果,适用于健身房、幼儿园等要求防止碰撞的房间墙面,也可用于录音室、电话间等声学要求较高的房间。另外,还可用于高档的小餐厅、会客室以及住宅建筑的客厅、起居室等,以使环境更加高雅、舒适。

在室内装修工程中,还常用仿羊皮人造革制作软包和吸声门等,这样可以起到既装饰又实用的效果。

10.3.8　弹性壁布

弹性壁布是以 EVA 片材或其他片材作为基材,以任何高、中、低档装饰布面料加工而成。这种壁布具有质轻、柔软、弹性高、手感好、平整度好、防潮、不老化等特点,并有优良的保温、隔热、隔声性能,可以广泛用于宾馆、酒吧、净化车间、高级会议室、办公室、舞厅和卡拉OK 厅及家庭室内的装饰。

运用这种材料装饰的居室,新颖别致、富丽豪华、美观大方、格调高雅,装饰后的墙体富有弹性,具有一定的缓冲作用和柔软感。由于充分发挥了 EVA 发泡材料质地细腻、外表光滑、不易吸水的特点,所以其具有优良的防水性能,不会因墙体水分侵蚀而导致复合墙布的潮解和霉变,这是其他墙面装饰材料不可比拟的优点。弹性壁布使用方便,可直接粘贴在水泥墙面或夹板上,可采用喷胶或刷胶两种粘贴方法,接口外用铝合金条压缝或直接对接即可。弹性壁布的产品名称、花色品种及规格如表 10.5 所示。

表 10.5　弹性壁布的产品名称、花色品种及规格

产品名称	花色品种	规格
豪华海绵复合装饰布	有四大类 100 个花色品种,即 Y 、S 、L 、R 。如用户需增加海绵厚度,每加厚 1 mm,加价 1.87 元/m	幅宽:1 400 ~ 1 500 mm 长度:> 50 m/卷 海绵厚度:5 mm
吸声、防潮复合墙布	有 15 种花色品种 阻燃型产品价格上浮 8%	幅宽:900 ~ 1 600 mm 长度:25 ~ 50 m/卷 厚度:1.5 ~ 2 mm 或任意
英宝牌 EVA 豪华弹性壁布	多种花色品种 阻燃型产品价格上浮 8%	长度:25 ~ 50 m /卷 厚度:任意
超豪华弹性壁布	多种花色品种	宽度:900 mm 长度:20 m/卷 厚度:1.5 ~ 2.0 mm
超豪华弹性壁布	有宽幅弹性壁布、海绵软包壁布和超薄壁布三大系列 120 多个品种	幅宽:650 ~ 1 800 mm 长度:20 ~ 80 m/卷 厚度:1.2 ~ 1.5 mm
茂盛牌无纺化纤贴墙装饰布	有绒面、提花、印花三大类几十个花色品种,产品背衬复合发泡装饰布	

10.4　窗帘装饰材料

窗帘是家庭与宾馆的必备用品,在室内装饰品中占有重要的地位。室内设计、色彩格调、窗帘的颜色与风格都要与墙面、地毯、家具等的颜色、花纹相协调统一。窗帘按其组成可分为外窗帘、中间窗帘、里层窗帘;窗帘按其使用效果可分为单层、双层和三层。

1. 外窗帘

外窗帘一般是指靠近玻璃的一层窗帘。其作用是防止阳光暴晒并起到一定的遮挡室外视线的作用,即室内看室外看得见,而室外看室内看不清。外窗帘要求窗帘轻薄透明,面料一般为薄型和半透明织物。

2. 中间窗帘

中间窗帘是指在薄型和厚型窗帘之间的窗帘。一般采用半透明织物,常选用花色纱线织物、提花织物、提花印花织物、仿麻及麻混纺织物、色织大提花织物等。

3. 里层窗帘

里层窗帘在美化室内环境方面起着重要作用。对窗帘质地、图案色彩要求较高,在窗帘深加工方面也比较讲究。里层窗帘要求不透明,并有隔热、遮光、吸声等功能。选择以粗犷

的中厚织物为主,所用原料有棉、麻及各种纤维混纺材料。

窗帘面料的品种及特点如表10.6所示。

表10.6　窗帘面料的品种及特点

窗帘面料	特点
外窗帘面料	一般采用涤纶长丝为原料,在特宽幅织机上织出的幅宽为3 m,横织竖挂。为了突出美的效果,点缀花式纱线,如结子纱线、羽毛纱、无粘纱、长节距疙瘩抛道纱。粗细纱间隔使用,由深到浅,起到点缀装饰作用。织物透明,薄如蝉翼,色彩淡雅飘逸
薄型机织窗帘织物	有巴里纱、剪花巴里纱、沙罗、涤棉烂花印花织物、结子纱加浅淡印花织物、嵌金银丝闪光织物、缎条提花织物、满地印花薄型织物等。为了达到艺术效果,在工艺上有的采用抽纱、烂花、绣花、剪花、喷花等,具有独特的风格
针织外窗帘面料	有碎花、大提花经编网的织物和经编衬纬织物。采用多梳节、贾卡提花经编织机和衬纬编织机机造。针织外窗帘一般配有针织的窗围,其花型与窗帘相同
里层窗帘面料	对窗帘地质、图案色彩要求较高,里层窗帘要求不透明,有隔热、遮光、吸声等性能。里层窗帘以各种粗犷的中厚织物为主,使用原料有棉、麻及各种纤维混纺,有涤纶长丝、各种异型丝、光丝等。有的利用腈纶雪尼尔毛圈纱起花,有立体的绒毛效应;有的利用花色纱割绒印花,突出层次;有的利用异型涤纶丝、人造丝,使织物花型起光亮效果;有的利用各种花色纱线(特粗纱、花色纱、结子纱、印节纱、金银纱等)加以点缀,使织物表面粗犷,有立体感
里层窗帘织物	有纯棉、涤棉、涤纶长丝印花织物、色织大提花织物、花色纱线仿麻织物、双色提花织物、绒类织物(有平绒、灯芯绒、丝绒、天鹅绒、条格绒、提花绒、轧花等)。纯棉、涤棉贡缎织物经印花、轧光整理,产品高雅;腈纶大提花织物手感厚实、蓬松柔软;刷花绒具有凸凹花纹,风格粗犷、高雅;双层大提花织物手感柔软,外观新颖
中间窗帘面料	中间窗帘放在薄型和厚型窗帘之间,一般采用半透明织物。常选用花色纱线织物(疙瘩纱、竹节纱、棉结纱制成特殊表面效果的织物)、提花织物、提花印花织物、仿麻及麻纺织物、色织大提花织物、松结构仿呢面织物

第11章 建筑装饰骨架材料

在建筑装饰工程中,用来承受装饰墙面、柱面、地面、门窗和顶棚饰面材料质量的受力骨架,称为装饰骨架材料。装饰骨架材料的主要作用是固定、支撑和承重。在建筑装饰工程中,常用的骨架材料有木骨架材料、轻钢龙骨材料、铝合金龙骨材料、轻质隔墙板材料等。

11.1 木骨架装饰材料

木材是人类使用最早的建筑装饰材料之一,在建筑装饰上的应用具有悠久的历史。古今中外,木建筑在建筑装饰史上占有极其重要的地位。中国古建筑大多数以木结构著称于世,许多著名的宗教建筑、宫殿建筑,历经千百年而不朽,依然显现着当年的雄风。在世界建筑史上,木建筑留下了难以计数的不朽佳作,创造了举世闻名的建筑奇观。北京的故宫、山西应县的木塔、北京天坛的祈年殿、山西佛光寺的正殿等,堪称世界一流的木结构杰作。尽管当今世界上已经涌现出多种新型装饰材料,例如塑料、化学纤维、陶瓷、涂料、各种合金等,但木材具有其独特的优良特性,且木材装饰能给人一种特殊的优美感觉,这是其他装饰材料无法与之相比的。所以,木材在建筑装饰领域中,始终保持着重要的地位。

11.1.1 木材的特性、树种和分类

1. 木材的特性

木材作为一种自然材料,具有其他材料所无可比拟的天然特性,它轻盈、强度高、刚度好、便于加工成型,尤其难得的是有美丽动人的纹理;不同树种的木材,颜色各异,显示出高雅、自然的图案;无论装饰在什么部位,它都能显示出一种奇异的自然美。归纳起来,木材具有以下六个特性。

(1)材质轻、强度高

木材的表观密度一般为 550 kg/m³ 左右,它的抗压强度和横纹抗拉强度虽不太高,但其顺纹抗拉强度和抗弯强度均在 100 MPa 左右,因此木材的比强度高,属轻质高强材料,具有很大的使用价值。

(2)弹性好、韧性好

众多工程实践证明,木材能承受较大的冲击荷载和振动作用,即弹性好、韧性好。

(3)导热系数较小

木材为一种多孔结构的材料,一般木材的孔隙率在 30% 左右,有的木材孔隙率高达50% 以上,因此木材的热导率较小,一般仅为 0.30 W/(m · K) 左右,故其具有良好的保温隔热性能。

(4)装饰性能好

由于木材具有美丽的天然纹理和不同颜色,用作室内装饰或制作家具,能给人以自然而

高雅的美感,其装饰性能良好。

(5)易于加工安装

大多数木材的材质较软,易于进行加工,可锯、可刨、可凿、可雕刻,可做成各种造型、线型、花饰等的构件与制品,而且安装施工方便。

(6)耐久性能好

民间谚语称木材:"干千年,湿万年,干干湿湿两、三年"。意思是说,木材只要一直保持恒定湿度,不是干干湿湿的环境,就有很好的耐久性。例如山西五台县的佛光寺大殿木建筑(建于公元857年)、山西应县佛宫寺木塔(建于公元1056年),至今保持完好。

但木材也有一些缺点,如构造不均匀,各向异性;易吸湿、吸水,湿胀干缩变形较大;易腐朽,易虫蛀,易燃烧;天然疵病较多;若经常处于干湿交替的环境中,耐久性较差等。但是,这些缺点经过适当加工和处理后,可得到很大程度的改善。

2. 木材的树种和分类

木材的树种和分类如表11.1所示,国外几种常用树种及产地如表11.2所示,建筑装饰工程常用树种如表11.3所示。

表11.1　木材的树种和分类

分类标准	分类名称	说明	主要用途
按树种分类	针叶树	树叶细长如针,多为常绿树,材质一般较软,有的含树脂,故又称软材,如红松、落叶松、云杉、冷杉、杉木、柏木都属此类	建筑工程、桥梁、家具、机械模型等
	阔叶树	树叶宽大,叶脉成网状,大多为落叶树,材质坚硬,故称硬材,如樟木、榉木、水曲柳、青冈、柚木、山毛榉、色木等都属此类,也有少数质地较软的属此类,如桦木、锻木、山杨、青杨等	建筑装饰工程、家具及胶合板
按材种分类	原条	指已经除去皮、根、树梢的木料,但尚未按一定尺寸加工成规定的材料	建筑工程脚手架、建筑用材、家具等
	原木	指已经除去皮、根、树梢的木料,并已按一定尺寸加工成规定直径和长度的材料	直接使用的原木用于建筑工程(如屋架、檩、椽等)、电杆、坑木等
			加工原木用于胶合板、造船、车辆、机械模型及一般加工用材等
	板方材	指已经加工锯割成材的木料,凡宽度为厚度3倍以上的称为板材,不足3倍的称为方材	建筑工程、家具、装饰等
	枕木	指按枕木断面和长度加工而成的材料	铁道工程

表11.2　国外几种常用树种及产地

树种	产地	树种	产地
美松	美国	紫檀木	南亚
柚木	南亚	花梨木	南亚
柳桉木	东南亚	乌木	南亚
红檀木	东南亚	桃花心木	中美洲

表 11.3　建筑装饰工程常用树种

针叶树类		阔叶树类		针叶树类		阔叶树类	
树种	硬度	树种	硬度	树种	硬度	树种	硬度
沙木	软	水曲柳	略硬	白松	软	柞木	硬
鱼鳞云杉	略软	黄菠萝	略软	臭冷杉	软	色木	硬
泡杉	软	桦木	硬	红松	甚软	椴木	软
马尾松油	略硬	樟木	略软	柏木	略硬	山杨	甚软
杉	略软	木荷	硬	铁坚杉	略软	楠木	略软
落叶松	软	样木	硬	樟子松	软	黄杨木	硬
杉木	软	泡桐	硬	银杏	软	马栎	硬

11.1.2　木骨架的分类与性能

木骨架分为内木骨架和外木骨架两种。内木骨架是指用于顶棚、隔墙、木地板、搁栅等的骨架,多选用木质较松、纹理不美观,且含水少、干缩小、不易开裂、不易变形的树种。外木骨架是指用于高级门窗、楼梯扶手、栏杆、踢脚板等外露式的骨架,多选用木质较硬、纹理清晰、花纹美观的树种。

内木骨架选用的树种、特性和用途如表 11.4 所示。

表 11.4　内木骨架选用的树种、特性和用途

树种	材料特性	加工性能	用途
红松	材质轻软、力学强度适中、干燥性能良好、耐磨、不易龟裂变形、耐水	加工性能良好,易于胶结	高级装饰的木结构骨架
白松	材质轻软、力学强度较低、弹性较好、变形量较小	加工性能良好,易于胶结,但不易刨光	一般的木结构骨架
美松（美国花旗松）	材质略重、硬度中等、干燥性能良好、不易龟裂变形	加工性能良好,易于胶结,着钉性能较强	中、高档的装饰木结构骨架
马尾松	材质强度中等、力学强度较高、易弯曲变形	加工性能不好,胶结性能不良	低档装饰的木结构骨架
落叶松	材质较重、硬度中等、力学强度高、抗弯力大、耐磨、耐水性强、干缩性大、易开裂、易翘曲变形	加工性能不好,胶结不良,着钉时易开裂	一般装饰的木结构骨架
杉木	材质轻、力学强度适中、干燥性能良好、耐腐、不易变形、而且耐久性强	加工性能良好	地板、搁栅造型的木骨架
椴木	材质较轻软、变形量较小、不易开裂、耐水性能较差、不耐腐	加工性能良好,易于胶结,着钉易	装饰搁栅造型的木骨架

外木骨架选用的树种、特性和用途如表 11.5 所示。

表 11.5　外木骨架选用的树种、特性和用途

树种	材料特性	加工性能	用途
水曲柳	材质略重且硬,纹理直,花纹美丽,干燥性能适中,耐水耐腐性好	易加工,胶结、涂料、着色性能好	普通精装修的门窗、栅架、家具的骨架
柳桉	材质较硬,花纹不明显,干燥性能适中,耐水、耐腐性好	较易加工,胶结、涂料、着色性能好	线条、门窗框、家具的内骨架
柞木	材质重且硬,纹理直或斜,耐水、耐腐性强,耐磨损,但易开裂翘曲	加工较困难,胶结不容易,切面光滑,涂料、着色性能好	普通装修的栅架
柚木	材质坚硬,纹理直或斜,木质结构略粗,干燥收缩率小,不易变形,耐磨损,耐久性强	易加工,着色性能良好	高档精装修的门窗、栅架、家具等
红木	材质略重且硬,纹理直,耐磨损,耐久性强	加工困难,胶结性差,切削面光滑,涂料、着色性能适中	高档精装修的门窗、栅架、家具等
楠木	材质硬度适中,耐腐性较强,耐久性强,干燥时有翘曲现象	加工性能好,切面光滑,涂料、着色性能良好	普通装修的栅架支架等

11.1.3　木骨架材料的材质标准和等级

　　木骨架材料是饰面材料的受力体,不仅对材料的强度、硬度、美观、性能有一定的要求,而且对木材的质量、等级也有相应的规定。普通锯材的材质标准和等级规定如表 11.6 所示。

表 11.6　普通锯材的材质标准和等级规定

缺陷名称	检验方法	允许限度			
		特等锯材	普通锯材		
			一等	二等	三等
活节、死节	最大尺寸不得超过材宽的任意材长的/% 1 m 范围内的个数不得超过/个	10 3	20 5	40 10	不限
腐朽	面积不得超过所在材面面积的/%	不许有	不许有	10	25
裂纹、夹皮	长度不得超过材长的/%	5	10	30	不限
虫害	任意材长 1 m 范围内的个数不得超过/个	不许有	不许有	15	不限
钝棱	最严重缺角尺寸不得超过材宽/%	10	26	50	80
弯曲	横弯不得超过/%	0.3	0.5	2	3
	顺弯不得超过/%	1	2	3	不限
斜纹	斜纹倾斜高不得超过水平长的/%	5	10	20	不限

11.1.4　木骨架的常用规格

1. 吊顶木骨架规格

吊顶木骨架通常采用方格结构,以便面板与木龙骨能牢固结合。方格结构的常用尺寸为 250 mm×250 mm、300 mm×300 mm、400 mm×400 mm 三种。如果吊顶采用高低叠级或圆拱等造型,则需按设计或造型要求合理选用木骨架的断面和间距。吊顶木骨架的断面常用尺寸有 25 mm×35 mm 和 30 mm×45 mm 两种。吊顶木骨架安装定位如图 11.1 所示。

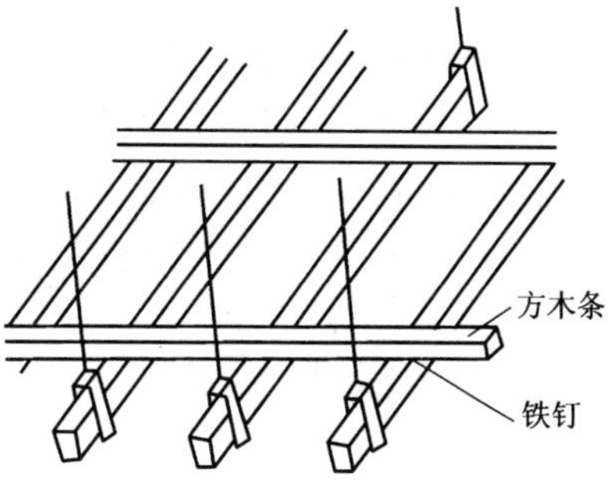

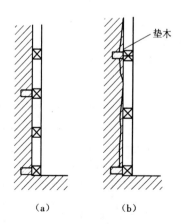

图 11.1　吊顶木骨架安装定位方法

2. 隔墙木骨架规格

隔墙木骨架有单层木骨架和双层木骨架两种结构形式。单层木骨架以单层方木为骨架,其厚度一般不小于 100 mm;双层木骨架以两层方木组成骨架,骨架之间用横杆进行连接,其厚度一般在 120～150 mm。单层木骨架和双层木骨架断面如图 11.2 所示。

隔墙木骨架通常采用方格结构,方格结构的尺寸根据面层的规格来确定。通常隔墙木骨架方格结构的尺寸为 300 mm×300 mm 和 400 mm×400 mm 两种。单层隔墙木骨架常用的断面尺寸为 30 mm×45 mm、40 mm×55 mm 两种;双层隔墙木骨架常用的断面尺寸为 25 mm×35 mm。

3. 墙面木骨架规格

建筑装饰墙面上所用的木骨架,常用的结构形式有方格结构和长方结构两种。方格结构的尺寸一般为 300 mm×300 mm,长方结构的尺寸一般 300 mm×400 mm,其木骨架的断面尺寸一般为 25 mm×30 mm、25 mm×40 mm、25 mm×50 mm、30 mm×40 mm 等。墙面与木骨架的固定形式如图 11.3 所示。

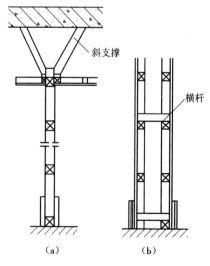

图 11.2　单层与双层木骨架断面

（a）单层木架骨　（b）双层木架骨

图 11.3　墙面与木骨架的固定形式

（a）墙身较平整　（b）墙身不平整

4. 墙裙木骨架规格

墙裙木骨架指沿建筑物内墙面做的 300 mm×300 mm 的方格结构的木骨架。这种木骨架的高度通常在 800～1 200 mm 之间。墙裙木骨架的断面尺寸一般为 25 mm×35 mm。

5. 其他木骨架规格

其他木骨架(如门窗框料、地面木棱等)均依据设计要求确定其断面尺寸,其规格尺寸不是固定的。通常门窗框料选择 75 mm×100 mm、100 mm×150 mm 等;地板木棱多选择 30 mm×50 mm。总之,断面尽量选择长方形,以便节省木材。

11.2　轻钢龙骨材料

轻钢龙骨材料是目前建筑装饰工程中最常用的顶棚和隔墙的骨架材料,它是采用镀锌钢板或优质轧带板,经过剪裁、冷弯、滚轧、冲压成型而制成的,是一种新型的木骨架的更新产品。

11.2.1　轻钢龙骨的特点和种类

1. 轻钢龙骨的特点

轻钢龙骨是最近几年发展起来的一种新型龙骨材料,目前在建筑装饰工程中被广泛应用,深受设计、施工和用户的欢迎。轻钢龙骨具有以下特点。

(1)自身质量较轻

轻钢龙骨是一种轻质高强的建筑装饰材料。采用这种材料制作的吊顶自重仅为 3～4 kg/m^2,若用 9 mm 厚的石膏板组成吊顶,总质量仅为 11 kg/m^2 左右,为抹灰吊顶自重的 1/4;用其制作的隔断自重为 5 kg/m^2,两侧各装 12 mm 厚的石膏板,组成的隔墙重为 25～27 kg/m^2,只相当于半砖墙质量的 1/10。

(2)防火性能优良

由轻钢龙骨和 2～4 层石膏板组成的隔断,其耐火极限可以达到 1.0～1.6 h。因此,轻钢龙骨具有优质的防火性能。

(3)施工效率较高

由于轻钢龙骨是一种轻质高强的金属材料,并可以采用装配式的施工方法,因此其施工效率较高,一般的施工技术每个工作日可完成隔断 3～4 m。

(4)结构安全可靠

由于轻钢龙骨材料具有强度高、刚度大的特点,因此用其制作而成的结构安全可靠。如用宽度为 50～150 mm 的隔断龙骨做成的高 3.25～6.00 m 的隔断,在 250 N/m^2 均布荷载作用下,其最大挠度值可满足国家标准规定的不大于高度的 1/120 的要求。

(5)抗冲击性能好

由轻钢龙骨和 9～19 mm 厚的普通纸面石膏板制作的隔墙,其纵向断裂荷载为 390～850 N,其抗冲击性能良好。

(6)抗震性能良好

轻钢龙骨和面层常采用射钉、抽芯铆钉和自攻螺丝这类可滑动的连接件进行固定,在地震剪力作用下隔断仅产生支承滑动,而轻钢龙骨和面层本身受力甚小。

（7）综合性能优良

因轻钢龙骨隔断的占地面积小,如 C75 轻钢龙骨和两层厚 12 mm 石膏板所组成的隔断,总宽度仅为 99 mm,而其保温隔热性能却远远超过 240 mm 厚的砖墙。

2. 轻钢龙骨的种类

轻钢龙骨按使用作用不同,可分为横龙骨、竖龙骨和通贯龙骨;按其断面形式不同,可分为 C 形龙骨、U 形龙骨、CH 形龙骨和减震龙骨等。轻钢龙骨应满足设计和防火、耐久性等方面要求,并应符合国家标准《建筑用轻钢龙骨》(GB/T 11981—2001)的规定;安装轻钢龙骨的配件,应符合建材行业标准《建筑用轻钢龙骨配件》(JC/T 558)的要求。在轻钢龙骨材料中,吊顶龙骨的代号为 D,隔断龙骨的代号为 Q。吊顶龙骨又分为主龙骨(大龙骨)和次龙骨(中龙骨和小龙骨),主龙骨也称承重龙骨,次龙骨也称覆面龙骨。

11. 2. 2　隔墙轻钢龙骨

1. 隔墙轻钢龙骨的种类

根据国家标准《建筑用轻钢龙骨》(GB/T 11981—2001)的规定,隔墙轻钢龙骨的主要规格有 Q50、Q75、Q100、Q150 四个系列,其中 Q75 系列以下的有支撑卡、角托等。用于墙体的轻钢龙骨的组成如图 11.4 所示。

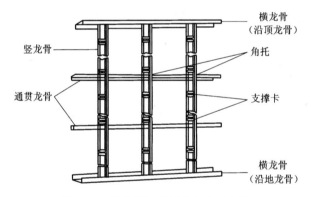

图 11.4　墙体轻钢龙骨的组成示意图

2. 隔墙轻钢龙骨的规格

墙体轻钢龙骨的断面形状及尺寸如表 11.7 所示;墙体轻钢龙骨的常见类型和规格如表 11.8 所示;墙体轻钢龙骨的配件如表 11.9 所示。

表 11.7 墙体轻钢龙骨的断面形状及尺寸

名称	断面形状	规格尺寸/mm
横龙骨		$A \times B \times t$: $52(50) \times B \times 0.7$ $77(75) \times B \times 0.7$ $102(100) \times B \times 0.7$ $152(150) \times B \times 0.7$ $B \geqslant 45$
竖龙骨		$A \times B \times t$: $52(48.5) \times B \times 0.7$ $77(73.5) \times B \times 0.7$ $100(98.5) \times B \times 0.7$ $152(150) \times B \times 0.7$ $B \geqslant 45$
通贯龙骨		$A \times B \times t$: $20 \times 12 \times 1.0$ $38 \times 12 \times 1.0$

注:本表摘引自《建筑用轻钢龙骨》(GB/T 11981—2001),实际工程应用时,则需根据设计要求进行选择。Q50 系列和 Q75 系列轻钢龙骨采用连续热镀锌板时,可允许厚度为 0.6 mm;加强龙骨的厚度为 1.5 mm。

表 11.8 墙体轻钢龙骨的常见类型和规格

名称	规格($A \times B \times t$)/mm	断面形状	质量/(kg/m)	用途
横龙骨 (U 形龙骨,沿地、沿顶龙骨,天地龙骨)	$50 \times 40 \times 0.6$ $75 \times 40 \times 0.6(1.0)$ $100 \times 40 \times 0.7(1.0)$ $150 \times 40 \times 0.7(1.0)$		0.58 0.70(1.16) 0.95(1.36) 1.23	①轻质内(隔)墙骨架上下(顶棚、地面)与建筑主体结构的连接固定 ②与竖龙骨的连接 ③可在墙体构架中用作横撑、斜撑及非通贯系列(或无配件体系龙骨墙体构造)龙骨中的水平横向杆件
竖龙骨 (C 形龙骨、立筋)	$50 \times 40 \times 0.6$ $50 \times 50 \times 0.6$ $75 \times 45 \times 0.6(1.0)$ $75 \times 50 \times 0.6(1.0)$ $100 \times 45 \times 0.6(1.0)$ $100 \times 50 \times 0.6(1.0)$ $150 \times 50 \times 0.7(1.0)$		0.77 0.89(1.48) 1.17(1.67) 1.45	①在墙体骨架中竖直安装,作为固定罩面板的主要受力构件 ②在轻质墙体的端边与建筑结构的墙(柱)体连接固定(或与隔断墙体的附加柱连接固定) ③在有配件龙骨体系构架中,可分段与竖龙骨骨架连接形成通长的水平龙骨
通贯龙骨(U 形龙骨、通贯横龙骨)	$38 \times 12 \times 10$		0.45	在墙体轻钢龙骨的通贯系列产品中,用以水平方向穿越各条竖龙骨,并与竖龙骨相连接,使龙骨组架保持稳固

续表

名称	规格($A×B×t$)/mm	断面形状	质量/(kg/m)	用途
CH 形龙骨	厚度 10		2.40	用作电梯井或其他特殊构造墙体中的主要受力构件
减震龙骨（减震条）	厚度 0.6		0.35	在受震结构中,用作竖龙骨与罩面板之间的连接构件

注:1. 根据不同的建筑轻钢龙骨产品系列,尚有加强龙骨(C 形加强龙骨)、水平龙骨(C 形横撑)、扣合龙骨(不等翼 C 形竖龙骨,可用于门窗等洞口部位作竖向杆件,双根扣合安装,故亦称为"扣盒子"龙骨)、空气龙骨(用于建筑外墙时,作为竖龙骨与外墙之间的连接构件)等。

2. 当采用通贯龙骨系列产品时,其竖龙骨上设有贯通孔,安装时便于通贯龙骨在水平方向通长穿过。对于非通贯龙骨系列产品,当需要在竖龙骨上穿过少量直径较小的管线时,供需双方可协商在竖龙骨的相应位置冲孔。

3. 当采用无配件体系的龙骨构架时,无须设置通贯龙骨,竖龙骨不冲孔。

4. 表中龙骨断面规格尺寸及质量为基本数值,具体产品或有所差异,但墙体轻钢龙骨的系列 Q50、Q75、Q100 及 Q150(即龙骨断面图中的基本尺寸)应符合表 11.11 的规定。

表 11.9　墙体轻钢龙骨的配件

名称	代号	形状	用途
支撑卡	ZC		设置于竖龙骨开口一侧,在覆面板材与龙骨固定时,起辅助支撑竖龙骨作用;也可用于竖龙骨在开口面与通贯龙骨的连接
卡托	KT		用于竖龙骨开口面与通贯龙骨及其他横向龙骨(横撑)的连接
角托	JT		用于竖龙骨开口面与通贯龙骨及其他横向龙骨(横撑)的连接
通贯龙骨连接杆	TL		用于通贯龙骨的接长

3. 隔墙轻钢龙骨的技术质量要求

隔墙轻钢龙骨的技术要求主要包括外观质量、表面防锈、断面尺寸、平直度和力学性能等。

（1）外观质量

隔墙轻钢龙骨外观应平整且棱角清晰,切口不允许有影响使用的毛刺和变形,镀锌层不允许有起皮、起瘤、脱落等缺陷。按规定方法检测时,其外观质量应符合表 11.10 中的规定。

表 11.10　隔墙轻钢龙骨的外观质量

缺陷种类	优等品	一等品	合格品
腐蚀、损伤、黑斑、麻点	不允许	无较严重的腐蚀、损伤、黑斑、麻点,面积小于或等于 1 cm² 的黑斑每米长度内不多于 3 处	

（2）表面防锈隔墙

轻钢龙骨表面应镀锌防锈,其双面镀锌量和双面镀锌层厚度应符合有关规定。

（3）断面尺寸隔墙

轻钢龙骨断面尺寸的允许偏差应符合表 11.11 中的规定。

表 11.11　隔墙轻钢龙骨断面尺寸的允许偏差　　　　　　　　　　mm

项目			允许偏差		
			优等品	一等品	合格品
断面尺寸	尺寸 A		±0.3	±0.4	±0.5
	尺寸 B	B≤30	±1.0		
		B>30	±1.5		

（4）平直度

隔墙轻钢龙骨的底面和侧面的平直度应符合表 11.12 中的规定。

表 11.12　隔墙轻钢龙骨底面和侧面的平直度

项目		平直度标准(mm/1 000)		
		优等品	一等品	合格品
横龙骨、竖龙骨	侧面	0.5	0.7	1.0
	底面	1.0	1.5	2.0
通贯龙骨	侧面、底面	1.0	1.5	2.0

（5）力学性能

隔墙轻钢龙骨的力学性能应符合表 11.13 中的规定。

表 11.13　隔墙轻钢龙骨的力学性能

项目	技术要求
抗冲击性实验	残余变形量≤10.0 mm,龙骨有明显的变形
静载实验	残余变形量≤2.0 mm

4. 隔墙轻钢龙骨的应用

隔墙轻钢龙骨主要适用于办公楼、饭店、医院、娱乐场所、影剧院等的分隔墙和走廊隔墙等部位。在实际隔墙装饰工程中,一般常用于单层石膏板隔墙、双层石膏板隔墙、轻钢龙骨隔声墙和轻钢龙骨超高墙等。

(1)单层石膏板隔墙

单层石膏板隔墙又称普通隔墙,是一种非承重、有保温层的隔墙。其规格为:墙厚 74 mm、高度 2.7 m。其具体做法是:先在设计位置安装 C50 轻钢龙骨,其竖向龙骨的间距为 600 mm;再在轻钢龙骨的两侧安装厚度为 12 mm 的纸面石膏板各一张,在纸面石膏板之间铺填厚度为 30 mm 的岩棉,对各部位的接缝(尤其是石膏板接缝)进行密封处理;最后进行表面粉刷和其他装饰。

单层石膏板隔墙的具体做法和构造如图 11.5 所示。

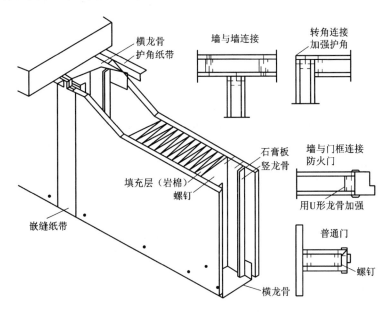

图 11.5　单层石膏板隔墙的具体做法和构造

(2)双层石膏板隔墙

双层石膏板隔墙也是一种非承重、有保温层的双层石膏板隔墙。其规格为:墙厚 98 mm、高度 3.0 m。其主要用于防火、隔声、保温要求较高的装饰工程,或作为高档装饰中卫生间墙砖粘贴的承力墙。

双层石膏板隔墙的具体做法是:先安装 C50 轻钢龙骨,单支竖向龙骨的间距为 600 mm;再在轻钢龙骨的两侧安装厚度为 12 mm 的石膏板各两张,在石膏板之间铺填厚度为 30 mm 的岩棉,对各部位的接缝(尤其是石膏板接缝)进行密封处理;最后进行表面粉刷和其他装饰。

双层石膏板隔墙的具体做法和构造如图 11.6 所示。

(3)轻钢龙骨隔声墙

轻钢龙骨隔声墙是一种非承重、有保温层的多层纸面石膏板隔墙。其规格为:墙厚 110 mm、高度 2.7 m 。

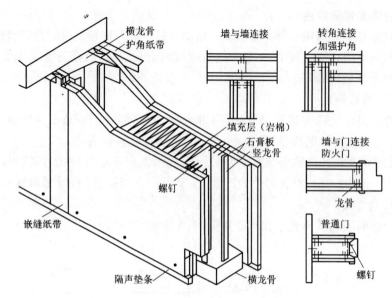

图 11.6 双层石膏板隔墙的具体做法和构造

　　轻钢龙骨隔声墙的具体做法是:先安装 C50 轻钢龙骨,其竖向龙骨的间距为 600 mm;再在龙骨朝室外的一侧安装厚度为 12 mm 的纸面石膏板 3 张,朝室内的一侧安装纸面石膏板 2 张,在石膏板之间铺填厚度为 30 mm 的岩棉,对各部位的接缝(尤其是石膏板接缝)进行密封处理;最后进行表面粉刷和其他装饰。

　　轻钢龙骨隔墙的具体做法和构造如图 11.7 所示。

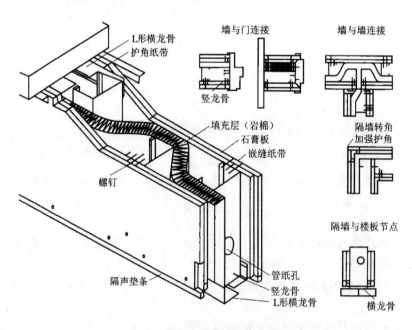

图 11.7 轻钢龙骨隔墙的具体做法和构造

(4)轻钢龙骨超高墙

　　轻钢龙骨超高墙是一种非承重的石膏板超高墙。其规格为:墙厚 238 mm、高度 8.0 m。

　　轻钢龙骨超高墙的具体做法是:先安装两排 C50 轻钢龙骨,间距为 190 mm,两排轻钢龙骨对齐成对,竖向每隔 30 cm 用厚为 12 mm 纸面石膏板进行连接,每排为单支竖龙骨,间距为 600 mm,竖向拼接,一直到隔墙的高度;再在两排轻钢龙骨各铺贴一层 30 mm 厚的岩棉;然后对各部位的接缝(尤其是石膏板接缝)进行密封处理;最后进行表面粉刷和其他装饰。

　　轻钢龙骨超高墙的具体做法和构造如图 11.8 所示。

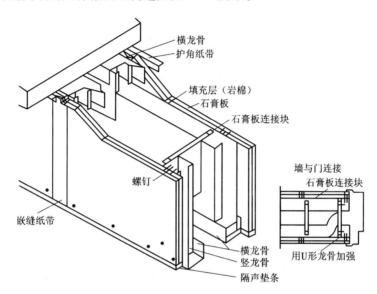

图 11.8　轻钢龙骨超高墙的具体做法和构造

11.2.3　顶棚轻钢龙骨

1. 顶棚轻钢龙骨的种类和规格

　　用轻钢龙骨制作的吊顶,按其承载能力不同可分为不上人吊顶和上人吊顶两种。

　　不上人吊顶只承受吊顶本身的质量,轻钢龙骨的断面尺寸一般比较小;上人吊顶不仅要承受吊顶本身的质量,而且还要承受人员走动的荷载,一般应承受 80 ~ 100 kg/m² 的集中荷载。上人吊顶常用于空间较大的影剧院、音乐厅、会议中心或有中央空调的顶棚工程。

　　顶棚轻钢龙骨的规格主要有 D38、D45、D50 和 D60 四个系列,其名称、产品代号和规格尺寸等如表 11.14 所示。

表 11.14　顶棚轻钢龙骨的名称、产品代号和规格尺寸

名称	产品代号	规格尺寸/mm			用钢量 /(kg/m²)	吊点间距/mm	吊顶类型
		宽度	高度	厚度			
主龙骨 (承重龙骨)	D38	38	12	1.2	0.56	900 ~ 1 200 1 200 ~ 1 500	不上人
	D50	50	15	1.2	0.9		上人
	D60	60	30	1.5	1.53		上人
次龙骨 (覆面龙骨)	D45	25	19	0.5	0.13		
	D50	50	19	0.5	0.41		
L 形龙骨	L35	15	35	1.2	0.46		

续表

名称	产品代号	规格尺寸/mm			用钢量/(kg/m²)	吊点间距/mm	吊顶类型
		宽度	高度	厚度			
T16-40暗式轻钢吊顶龙骨	D-1型吊顶	16	40		0.9	1 250	
	D-1型吊顶	16	40		1.5	750	上人
	D-1型吊顶	DC+T16-40龙骨构成骨架			2.0	900~1 200	不上人
	D-1型吊顶	T16-40龙骨配纸面石膏板			1.1	1 250	上人
	D-1型吊顶	DC+T16-40龙骨配铝合金吊顶板			2.0	900~1 200	上人
主龙骨	D60(CS60)	60	27	1.50	1.37	1 200	不上人
主龙骨	D60(C60)	60	27	0.63	0.61	850	不上人
铝合金T形主龙骨	D38	25	32			900~1 200	不上人
铝合金T形次龙骨	D45	25	25			900~1 200	不上人
铝合金T形边龙骨	D45	25	25			900~1 200	不上人

2. 顶棚轻钢龙骨的应用

轻钢龙骨吊顶材料主要适用于饭店、办公楼、娱乐场所、医院、音乐厅、会议中心、影剧院等新建或改建工程中。下面介绍几种吊顶的具体应用。

(1)不上人U形龙骨吊顶

不上人U形龙骨吊顶是一种不上人吊顶结构形式。其具体做法为:先安装C60轻钢龙骨吊顶网架,主龙骨的间距一般为1.00 m,副龙骨的间距一般为0.5 m;再在龙骨下方安装厚度为12 mm的纸面石膏板;然后对纸面石膏板进行嵌缝处理;最后对石膏板的表面进行装饰。

不上人U形龙骨吊顶的构造如图11.9所示。

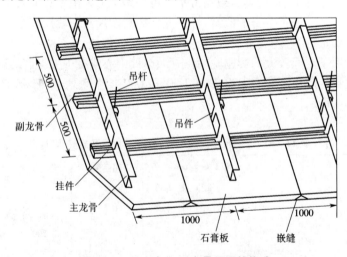

图 11.9　不上人 U 形龙骨吊顶的构造

(2)U形龙骨拼插式吊顶

U形龙骨拼插式吊顶是将龙骨巧妙用于吊顶的一种结构形式。其具体做法是:先用两根 D50 龙骨背靠铆钉固定作为主龙骨,间距为 1.2 m,同吊杆一起进行安装,吊杆的间距为 500 mm;再在龙骨下方安装厚度为 12 mm 的纸面石膏板;然后对纸面石膏板进行嵌缝处理;最后对石膏板的表面进行装饰。

　　U 形龙骨拼插式吊顶的构造如图 11.10 所示。

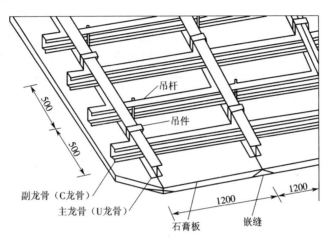

图 11.10　U 形龙骨拼插式吊顶的构造

（3）上人 U 形龙骨吊顶

上人 U 形龙骨吊顶是一种上人吊顶的结构形式。其具体做法为:先安装 C60 轻钢龙骨吊顶网架,吊杆的间距为 3.3 m,主龙骨的间距一般为 1.2 m,副龙骨的间距一般为 500 mm;再在龙骨上方铺一层厚度为 30 mm 的岩棉,在龙骨下方安装厚度为 12 mm 的纸面石膏板;然后对纸面石膏板进行嵌缝处理;最后对石膏板的表面进行装饰。

　　上人 U 形龙骨吊顶的构造如图 11.11 所示。

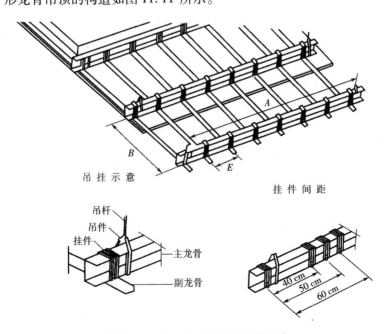

图 11.11　上人 U 形龙骨吊顶的构造

11.2.4　烤漆龙骨

　　烤漆龙骨是最近几年发展起来的一种龙骨新品种,其具有产品新颖、颜色鲜艳、规格多样、强度较高、价格适宜等特点,因而在室内顶棚装饰中广泛应用。其中镀锌烤漆龙骨是与矿棉吸声板、钙维板等顶棚材料相搭配使用的新型龙骨材料。这种烤漆龙骨采用高张力镀锌烤漆钢板,用精密成型机加工而成。龙骨结构组合紧密、牢固、稳定,具有防锈、不变色和装饰效果好等优良性能。龙骨条的外露表面经过烤漆处理,可与顶棚板材的颜色相匹配。烤漆龙骨与饰面板的顶棚尺寸比较固定,一般为 600 mm × 600 mm、600 mm × 120 mm,可与灯具有效地结合,产生装饰的整体效果。同时,拼装面板可以任意拆装,因此维修比较方便,特别适用于大面积的顶棚(如办公楼、工业厂房、医院、商场、会议厅等),能够达到整洁、明亮、简捷的效果。

　　烤漆龙骨有明架凹槽形系列、T 形 O 系列和 T 形 A 系列三种规格,各系列又分为主龙骨、副龙骨和边龙骨三种。烤漆龙骨的系列规格如表 11.15 所示。

表 11.15　烤漆龙骨的系列规格　　　　　　　　　　　　　　　mm

系列名称	主龙骨	副龙骨	边龙骨
明架凹槽形系列			
T 形 O 系列			
T 形 A 系列			

11.3　铝合金龙骨材料

　　铝合金龙骨材料是建筑装饰工程中用量最大的一种龙骨材料,其具有质量较轻、强度较高、易于加工、装饰性好等优良性能。

11.3.1　铝合金吊顶龙骨

　　采用铝合金材料制作的吊顶龙骨,具有质轻、高强、不锈、美观、抗震、安装方便等特点,

主要适用于室内吊顶的装饰。铝合金吊顶龙骨一般常用 T 形,可与饰面板材组成 450 mm ×
450 mm、500 mm × 500 mm、600 mm × 600 mm 的方格(图 11.12),不需要大幅面的吊顶材
料,可灵活选用小规格吊顶材料,吊顶龙骨呈方格状外露,美观大方。铝合金材料制作的龙
骨,经过电氧化处理后,具有光亮、不锈、色调柔和等特点。

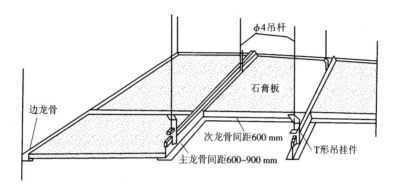

图 11.12　不上人 T 形吊顶龙骨安装示意图

铝合金吊顶龙骨的规格和性能如表 11.16 所示。

表 11.16　铝合金吊顶龙骨的规格和性能

名称	铝龙骨	铝平吊顶筋	铝边龙骨	大龙骨	配件
规格/mm	φ4 22 ←22→ 壁厚1.3	22 ←22→ 壁厚1.3	22 ←22→ 壁厚1.3	45 15 壁厚1.3	龙骨等的连接件及吊挂件
截面积/m²	0.775	0.555	0.555	0.870	
单位面积质量 /(kg/m²)	0.210	0.150	0.150	0.770	
长度/m	3 或 0.6 的倍数	0.596	3 或 0.6 的倍数	2.00	
力学性能	抗拉强度 210 MPa,伸长率 8%				

11.3.2　铝合金隔墙龙骨

铝合金隔墙所用的龙骨是用大方管、扁管、等边槽、连接角等四种铝合金型材做成的墙
体框架,然后用厚玻璃或其他材料做成墙体饰面,从而组成铝合金隔墙龙骨。以上四种铝合
金隔墙龙骨的规格如表 11.17 所示。

表 11.17　铝合金隔墙龙骨的规格

序号	型材名称	外形截面尺寸(长×宽)/mm	单位质量/(kg/m²)	示意图
1	大方管	7.62×44.45	0.894	
2	扁管	7.62×25.4	0.661	
3	等边槽	12.7×12.7	0.100	
4	等角	38.1×38.1	0.530	

铝合金隔墙龙骨具有空间透视很好、制作比较简单、墙体结实牢固等特点,主要用于办公室的分隔、厂房的分隔和其他较大空间的分隔。

11.4　轻质隔墙板材料

随着装饰工程的日益普及和新型装饰材料的涌现,人们对隔墙材料的综合性能要求也越来越高,不仅要满足材质轻、强度较高、施工方便的要求,而且要能适合各种面层材料的施工,这样各种轻质复合型墙板逐渐受到人们的喜爱,并在建筑装饰工程中被广泛推广应用。

目前,在隔墙板装饰工程施工中常用的新型隔墙板的品种很多,比较成功的有 GRC 空心轻质隔墙板、泰柏板、轻质加气混凝土板(块)等。

11.4.1　GRC 空心轻质隔墙板

GRC 空心轻质隔墙板是以普通硅酸盐水泥及掺量达 30% 以上的粉煤灰为基料,以耐酸玻璃纤维为增强材料,用特殊的方法及专用成型机一次成型制作的轻质隔墙板。

1. GRC 空心轻质隔墙板的特点

GRC 空心轻质隔墙板具有非常独特的技术性能,主要表现在以下五个方面。

(1)隔墙材质很轻

GRC 空心轻质隔墙板是一种质量很轻的板材,其单位面积质量仅为普通黏土砖的 1/10 左右。不但方便施工、增加抗震能力、减小承重结构的断面、减轻对楼板的荷载,还利于隔墙的布置等。

(2)强度利用系数高

GRC 空心轻质隔墙板属于一种轻质高强材料,它的比强度较高,作为室内隔墙板或建筑维护,可以充分发挥其强度的利用系数,做到轻质高强、材尽其用。

(3)耐火性能好

GRC 空心轻质隔墙板是以普通硅酸盐水泥和粉煤灰为基料,所以耐火性能良好,具有不燃烧、不助燃、耐高温等优点。

(4)便于电气设施布置

GRC 空心轻质隔墙板在进行预制时,可以根据室内电器线路及设施的设计,预留纵、横线槽,以方便电器线路的安装,符合装饰美观的需求。

（5）与面板黏结牢固

GRC 空心轻质隔墙板的性质与混凝土大体相同,可以和大多数面板相黏结,具有较好的黏结性。

2. GRC 空心轻质隔墙板的用途

GRC 空心轻质隔墙板由于具有以上优良的性能,可以广泛用于工业和民用建筑的内隔墙,改建、夹层或大开间住宅的隔断,公共设施和电梯通道的防火板、建筑维护、隔声墙等。

3. GRC 空心轻质隔墙板的规格

GRC 空心轻质隔墙板可分为 60 系列、90 系列和 120 系列,其规格尺寸如表 11.18 所示。

表 11.18　GRC 轻质隔墙板的规格

系列	厚度/mm	宽度/mm	高度/mm	单位质量/（kg/m²）
60	60	600	2 500 ~ 3 200	35
90	90	600	2 500 ~ 3 300	45
120	120	600	2 500 ~ 3 300	70

11.4.2　泰柏板

泰柏板又称钢丝泡沫塑料墙板,以三维空间焊接而成。泰柏板可分为两种:普通泰柏板,各桁条的间距为 50.8 mm;轻质泰柏板,各桁条的间距为 203 mm。泰柏板的规格如表 11.19 所示。

表 11.19　泰柏板的规格

类型	长度/mm	宽度/mm	厚度/mm
短板	2 140	1 220	76
标准板	2 440	1 220	76
长板	2 740	1 220	76

泰柏板主要用于工业和民用建筑的内隔墙和夹层建筑的内外隔墙,但考虑到这种隔墙板的耐火极限一般,所以高度在 100 m 以上的高层建筑和面积在 100 m² 以上的二类高层民用建筑的隔墙不宜采用泰柏板。

11.4.3　轻质加气混凝土板（块）

轻质加气混凝土板（块）是以石英砂为基料,以水泥和石灰为胶黏剂,以石膏为硬化剂,以铝粉为发泡剂,经过高温高压养护而制成的多孔状板（块）。

1. 轻质加气混凝土板（块）的特点

（1）材料质量很轻

轻质加气混凝土板（块）的表观密度在 400 ~ 850 kg/m³,仅为普通黏土砖的 1/3,普通混凝土的 1/4,属于一种质量较轻的隔墙材料。

（2）保温隔热性好

轻质加气混凝土板(块)的热导率为混凝土的 1/10,4 cm 厚的轻质加气混凝土板(块)的保温性能与 24 cm 厚砖墙基本相同。

（3）防火性优良

轻质加气混凝土板(块)本身为无机物,既不助燃,也不燃烧,更不会燃烧产生有毒气体,是一种防火性能优良的防火材料。以 10 cm 厚的砌块为例,防火性能达 4 h。

（4）隔声性能良好

轻质加气混凝土板(块)依据厚度不同,可分别降低 30～50 dB 的音量,是一种具有隔声与吸声双重效果的优良建筑装饰材料。

（5）施工工艺简单

轻质加气混凝土板(块)便于敷设管线,施工时可以连续砌筑,不受一次只可砌筑 1 m 高度的限制,再者砌一块相当于砌 18 块黏土砖。一般普通黏土砖的砌筑效率为 10～12 m³/工日,而轻质加气混凝土板(块)的砌筑效率为 15～25 m³/工日,可节约近 1/2 的时间,大大降低劳动成本。

2. 轻质加气混凝土板(块)的规格

轻质加气混凝土制品主要分为板和砌块两种。砌块一般不配置钢筋,而板需要根据设计配置钢筋。砌块的规格如表 11.20 所示,墙板的规格如表 11.21 所示。

表 11.20　轻质加气混凝土砌块的规格　　　　　mm

尺寸	砌块
长度(L)	800
厚度(B)	100,150,200,250,300
高度(H)	250

表 11.21　轻质加气混凝土墙板的规格　　　　　mm

品种	代号	安装方向	产品尺寸		
			长度 L	宽度 B	厚度 D
外墙板	JQB	竖向	1 000～6 000,以 50 递增	600	100
					150
		横向			200
					20
隔墙板	JGB		1 000～8 000,按设计要求制作	600	最小 100,按设计要求制作

3. 轻质加气混凝土板(块)的应用

由于轻质加气混凝土板(块)是一种轻质、保温、防火、隔声的新型装饰材料,所以其应用比较广泛,可用于古建筑装饰的外围护墙、内隔墙、楼板及屋面板。砌块既可用于建筑的内外墙和填充墙,又可作为砖混结构的承重内外墙;墙板适用于各种结构形式的建筑,尤其适用于住宅、厂房及各类公共建筑。

第12章 建筑顶棚饰面材料

顶棚是建筑工程中暴露于表面的部分,是室内装饰中最能体现整体效果的部分,也是实用性、艺术性和观赏性的统一体。根据工程特点和装饰部位的功能设计顶棚的造型和风格以及科学合理地选用顶棚装饰材料,是室内装饰设计人员、现场施工人员的一项重要任务。

随着科学技术的飞速发展,顶棚饰面材料的类型和品种越来越多。目前,在顶棚装饰工程中常用的饰面材料有普通石膏板、装饰石膏板、矿棉装饰板、塑料装饰天花板、金属装饰天花板以及其他顶棚常用材料、装饰线条材料等。

12.1 装饰石膏板材料

石膏是一种气硬性无机胶凝材料,在我国已有两千多年的开采历史。由于其具有孔隙率大(质轻)、保温、隔热、吸声、防火、容易加工、装饰性好等优点,所以在建筑工程中被广泛应用,其中石膏板是石膏制品中品种和产量最多的一种。近几年来,国内外普遍采用石膏板作为室内墙面和顶棚的装修装饰材料。

我国生产的石膏板可分为普通纸面石膏板、装饰石膏板和嵌装式装饰石膏板三类。

12.1.1 普通纸面石膏板

普通纸面石膏板是以建筑石膏(亦称半水石膏)为主要原料,掺入适量的纤维和外加剂制成芯板,再在其表面贴以厚质护面纸而制成的板材。

1. 纸面石膏板的品种

纸面石膏板一般包括普通纸面石膏板、纸面石膏装饰吸声板、耐火纸面石膏板和耐水纸面石膏板等。

(1)普通纸面石膏板

普通纸面石膏板是一种制作容易、价格低廉、应用比较广泛的顶棚装饰材料,由于具有良好的防火阻燃性能,所以可以用于没有特殊防火要求的墙体及顶棚等建筑部位。

(2)纸面石膏装饰吸声板

纸面石膏装饰吸声板是一种在石膏板上开有小孔的小型板材,具有较好的吸声作用,主要用于吊顶的面层。其产品主要为正方形,规格为 500 mm × 500 mm、600 mm × 600 mm,厚度为 9 mm、12 mm,活动式装配吊顶主要以 9 mm 厚为宜。

(3)耐火纸面石膏板

耐火纸面石膏板是一种具有良好耐火性能的板材,在发生火灾后,这种石膏板能在一定的时间内保持结构完整,从而起到阻隔火焰蔓延的作用。如北京新型材料厂生产的"龙牌"高级防火石膏板,在制作过程中加入玻璃纤维和其他添加剂,能够在遇火时增强板材的耐火作用。

（4）耐水纸面石膏板

耐水纸面石膏板是在石膏中加入水溶性合成树脂或沥青、合成树脂与活性矿物掺料复合剂及涂敷与浸渍具有防水性的有机或无机盐等，使制品结构的致密性得到改善，同时对石膏板纸也进行了防水处理，使其耐水性能大大增加。这种板材虽然比普通石膏板的防水性能有所提高，但仍不能直接暴露在潮湿的环境中，只能作为衬板使用，外面还需贴瓷砖一类的耐水饰面材料，切记不可长期浸泡在水中。耐水纸面石膏板一般为长方形，板边形状为楔形边和直角边。

2. 纸面石膏板的形状、规格和性能

（1）纸面石膏板的形状

纸面石膏板一般为矩形，其长度有 1 800 mm、2 100 mm、2 400 mm、2 700 mm、3 000 mm、3 300 mm 等几种，其宽度有 900 mm、1 200 mm 两种，其厚度有 9 mm、12 mm、15 mm、18 mm 等几种，一般情况下采用厚度为 9 mm 和 12 mm 的纸面石膏板。纸面石膏板的棱边（长边）形状有五种，具体形状如图 12.1 所示。

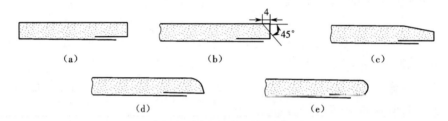

图 12.1 纸面石膏板的棱边形状

（a）矩形棱边　（b）45°倒角棱边　（c）楔形棱边　（d）半圆形棱边　（e）圆形棱边

（2）纸面石膏板的规格和性能

纸面石膏板的品种很多，不同的生产厂家，生产的纸面石膏板的规格和性能有很大差异。目前常见的品种有普通纸面石膏板、耐火纸面石膏板、耐水纸面石膏板、圆孔形纸面石膏装饰吸声板和长孔形纸面石膏板装饰吸声板等。常见纸面石膏板的规格、性能和用途如表 12.1 所示。

表 12.1 常见纸面石膏板的规格、性能及用途

品名	规格（长×宽×高）/mm	技术性能	主要用途
普通纸面石膏板	（2 400～3 300）×（900～1 200）×（9～18）	耐水极限：5～10 mm 含水率：<2% 热导率/[W/(m·K)]：0.167～0.180 单位面积质量/(g/cm²)：9.5～25	墙面和顶棚的基面板
耐水纸面石膏板	长：2 400,2 700,3 000 宽：900,1 200 厚：12,15,18 等	吸水率：<5%	卫生间、厨房衬板

续表

品名	规格(长×宽×高) /mm	技术性能	主要用途
耐火纸面石膏板	900×450×9 900×450×12 900×600×9 900×600×12 1 200×450×9 1 200×450×12 1 200×600×9 1 200×600×12	燃烧性能:A2 级不燃 含水率:≤2% 热导率:0.186～0.206 W/(m·K) 隔声性能: 　9 mm 厚　隔声指数为 25 dB 　12 mm 厚　隔声指数为 28 dB 钉入强度: 　9 mm 厚为 1.0 MPa 　12 mm 厚为 1.2 MPa	防火要求较高的建筑室内顶棚和墙面基面板
圆孔形纸面石膏装饰吸声板(龙牌)	600×600×(9～12) 孔径:6 孔距:18 开孔率:8.7% 表面可喷涂或涂料各种花色	单位面积质量:9～12 kg/m² 挠度:板厚 12 mm,支架间距 40 mm 　纵向　1.0 mm 　横向　0.8 mm	顶棚和墙面的表面装饰
长孔形纸面石膏装饰吸声板(龙牌)	600×600×(9～12) 孔长:70 孔宽:2 孔距:13 开孔率:5.5%	断裂荷载:制作间距 40 mm 　9 mm 厚板　横向 400 N 　　　　　　　纵向 150 N 　12 mm 厚板　横向 600 N	

（3）纸面石膏板的特点

纸面石膏板具有质轻、抗弯强度高、防火、隔热、隔声、抗震性能好、收缩率小、可调节室内湿度等优点,特别是将纸面石膏板配以金属龙骨用作吊顶或隔墙时,与采用胶合板相比,能较好地解决防火问题。经试验证明,用酒精灯火焰剧烈加热 12 mm 厚的石膏板时,在 15 min 后板背后的温度仍低于木材的着火点(230 ℃),而且试件的任何部位均不出现明火,也不会出现延燃现象。

根据公安部消防科学研究所测试,认为纸面石膏板的耐火极限完全可以满足规范规定的一、二级耐火等级吊顶要求,即要求其应为不燃材料,耐火极限为 15 min。

普通纸面石膏板和耐火纸面石膏板,因其板面幅宽而平整,并具有可锯、可刨、可钉等易加工性,所以易于安装施工,劳动强度较小,生产效率较高,施工速度较快,且可以在吊顶造型中,通过起伏变化构成不同艺术风格的空间,进一步创造富有变化、开朗轻松的环境。

普通纸面石膏板虽然具有很多优良性能,但其抗压强度不高,一般只用作装饰材料,而不能用于承重结构。

12.1.2　装饰石膏板

装饰石膏板是以建筑石膏(亦称半水石膏)为主要原料,掺入适量的纤维增强材料和外加剂,与水一起搅拌均匀,再注入带有图案花纹的硬质模具内成型,最后经过硬化干燥而成的无护面纸装饰板材。有的装饰石膏板在生产时,可在其板面粘贴一层聚氯乙烯(PVC)装饰面层,以一次完成装饰工序。当用作吊顶板材考虑兼有吸声效果时,则可将板穿以圆形或方形的盲孔或全部穿孔,通常将孔呈一定图案进行布置,以增强板材的装饰效果。

1. 装饰石膏板的品种和性能

(1)装饰石膏板的品种

装饰石膏板的品种很多,根据装饰石膏板的功能不同,可分为高效防水石膏吸声装饰板、普通石膏吸声装饰板和石膏吸声板等。

(2)装饰石膏板的性能

装饰石膏板的主要技术性能包括容重、断裂荷载、挠度、软化系数、热导率、防水性能、吸声系数和频率等。其技术性能指标如表12.2所示。

表12.2 装饰石膏板的主要技术性能

技术性能	技术指标	技术性能	技术指标
容重/(kg/m³)	750～870	吸声系数(驻波管测试)/频率	
断裂荷载/N	200	250 Hz	0.08～0.14
挠度(绝对湿度95%,跨度580 mm)/mm	1.0	500 Hz	0.65～0.80
软化系数	>0.72	1 000 Hz	0.30～0.50
热导率/[W/(m·K)]	<0.174	2 000 Hz	0.34
防水性能(24 h吸水率)/%	<2.5(高效防水板)		

2. 装饰石膏板的分类和规格

(1)装饰石膏板的分类及代号

装饰石膏板的分类方法比较简单,一般有以下两种方法:按板材的耐湿性能不同,可分为普通板和防潮板两类;每类按其板面特征不同,又可分为平板、孔板和浮雕板三种。其具体分类及代号如表12.3所示。

表12.3 装饰石膏板的分类及代号

分类	普通类			防潮板		
	平板	孔板	浮雕板	平板	孔板	浮雕板
代号	P	K	D	FP	FK	FD

(2)装饰石膏板的形状及规格

装饰石膏板的主要形状为正方形,其棱边的形状有直角形和45°倒角形两种。装饰石膏板常用的规格有以下4种:300 mm×300 mm×8 mm、400 mm×400 mm×8 mm、500 mm×500 mm×10 mm、600 mm×600 mm×10 mm。

按照国家标准《装饰石膏板》(GB 9777—88)规定,装饰石膏板产品标记顺序为产品名称、板材分类代号、板材边长、标准号。例如尺寸为500 mm×500 mm×9 mm的防潮孔板,其标记为装饰石膏板 FK500GB 9777。生产装饰石膏板的厂家很多,其产品的规格和技术性能也有差异,常用装饰石膏板的规格和技术性能如表12.4所示。

表 12.4　常用装饰石膏板的规格和技术性能

名称	品种	规格(长×宽×高)/mm	技术性能	
			项目	指标
系列装饰石膏板（鹰牌）	防火墙	300×300×9 400×400×9 500×500×9 600×600×9	断裂荷载/N： 　轻质板、孔板 　浮雕板、平板 　防水板	 140 160 150
	深浮雕	500×500 凸出 30~150	含水率/% 吸水率/%	<3 防水板浸水 2 h，<5
防火硅酸装饰石膏板	方格板、螺丝板、沙面板、条纹板等	600×600		
装饰石膏板（鲸牌）	组合花图案板	500×500×10	板重/(kg/m²) 表观密度/(kg/m³) 抗弯强度/MPa 抗压强度/MPa 耐火极限/min 吸声系数(2 000 Hz 穿孔率3%)	8~9 770~870 3.2~4.0 6.0~8.0 >16 10 mm 厚度板背面贴纸为 0.25 10mm 厚度板背面贴纸100 mm 空腔为 0.17
	石膏主体图案板	500×500×10		
	石膏压花图案板	500×500×10 500×500×6		
	石膏平面板	500×500×6		
	半穿孔装饰板	500×500×10 500×500×6		
装饰石膏板	全穿孔装饰板	500×500×10 500×500×6	吸收系数(2 000 Hz 穿孔率为6%)	10 mm 厚度 +30 mm 厚岩棉为 0.24 10 mm 厚度 + 100 mm 空腔内有 30 mm 厚岩棉为 0.42
	全穿孔吸声板	500×500×10 500×500×6 600×600×10		
石膏装饰吸声板	平板 花纹板 浮雕板 穿孔板	300×300×9.12 400×400×9.12 494×494×9.12 594×594×9.12	表观密度/(kg/m³) 断裂荷载/N 热导率/W/(m·K)	750~900 750 0.19

3. 装饰石膏板的特点

装饰石膏板是一种经济、美观的装饰板材，其质地非常细腻，颜色洁白无瑕，图案花纹多样，浮雕造型优美，立体感极强，用于室内的饰面装饰，显得素雅大方，给人以赏心悦目之感。

装饰石膏板和纸面石膏板一样，具有质量较轻、强度较高、绝热、防火、吸声、阻燃、抗震、耐老化、变形小、能调节室内湿度等优良性能；另外，也具有加工性能好的优点，可进行锯、刨、钉、粘贴等加工，施工方便，工效较高，可缩短施工工期，是室内装饰广泛应用的材料。

4. 装饰石膏板的用途

装饰石膏板是一种极好的顶棚饰面装饰材料,其种类不同,用途也不相同,分别适用于以下工程的装饰。

(1)普通装饰吸声石膏板的用途

普通装饰吸声石膏板适用于宾馆、礼堂、会议室、招待所、医院、候机室、候车室等作为吊顶或平顶装饰用板材以及安装在这些室内四周墙壁的上部,也可用于民用住宅、车辆、船舶、房间等室内顶棚和墙面的装饰。

(2)高效防水装饰吸声石膏板的用途

高效防水装饰吸声石膏板主要适用于对装饰和吸声均有一定要求的建筑物室内顶棚和墙面的装饰,特别适用于环境湿度大于70%的工矿车间、地下建筑、人防工程及对防水有特殊要求的建筑装饰工程。

(3)一般吸声石膏板的用途

一般吸声石膏板不同于前两种石膏板,它的主要功能是吸声。这种石膏板主要适用于各种音响效果要求较高的场所,如影剧院、电教室、播音室、语音室等室内的顶棚和墙面,同时还起到装饰的作用。

5. 装饰石膏板的选择

当建筑物的室内顶棚或墙面装饰设计采用装饰石膏板时,一般可以按以下三个方面的要求进行石膏板的选择。

(1)从满足功能的角度选择

装饰石膏板的主要功能是装饰作用,根据这类石膏板的品种不同,有的也兼有吸声、防水、防潮、防火等功能。从满足功能的角度选择,主要应从满足装饰效果和满足其他功能两个方面考虑。

1)从装饰效果的角度考虑

从满足装饰效果考虑,即设计者应当根据用户的要求,并根据建筑物所处的环境、部位、场所及使用效果等进行设计,做到图案新颖、色泽搭配、色彩协调,充分发挥装饰材料的特性,力求达到美观、新颖、大方、典雅,给人以柔和、清晰、舒适、温馨的感觉。

2)从防水防潮的角度考虑

从防水防潮的角度考虑,则应根据装饰石膏板安装于建筑物的部位及环境条件确定。通常对于相对湿度为60%左右的场所,可选择具有防潮功能的石膏板;对于相对湿度大于70%的场所,应当选择具有防水功能的石膏板。

(2)从石膏板规格的角度选择

对于石膏板规格的要求,主要应根据建筑层高确定。在一般情况下,用于建筑层高10 m左右的吊顶,可选择500 mm×500 mm×10 mm和600 mm×600 mm×10 mm规格的石膏板材,而不宜选用尺寸过大、过厚的板材。如果选用尺寸过大、过厚的板材,不但会增加板材本身的质量,使安装后板材的下垂变形较大,而且对安装和运输板材都将带来一定的困难。

(3)从图案色彩的角度选择

最近几年,我国在生产装饰石膏板方面发展很快,其装饰图案有印花、压花、浮雕、穿孔及贴砂等多种,设计者应根据使用场所或建筑装饰总体要求选取,可采用一地一种或一地多种进行组合。如影剧院、放映厅、休息厅等不同场所,可选择不同图案的装饰吸声石膏板;而对边围、灯台、吊扇等处,可采用另外种类的图案板材,或者采用凹凸安装的办法,以获得更加新颖美观的效果。

装饰石膏板的色泽选择应以舒适、柔和、美观、高雅为准则,颜色以蛋青、淡蓝、鱼白、浅绿、奶油、肉红等色为宜,也可根据建筑要求选择表面进行涂料或喷涂乳胶漆的板材。涂料的表面略带光泽,有反光现象,但不易污染,易于清洗;乳胶漆表面不反光,故被普遍采用。

应该指出,采用装饰石膏板作为吊顶时,最大的质量问题是易产生较大变形。造成此现象的主要原因:一是石膏板吸湿受潮后易产生挠曲变形;二是使用环境通风不良,空间湿气不易散发。因此,设计时应考虑使装饰石膏板处于通风干燥的室内,以防止其产生受潮变形。

12. 1. 3　嵌装式装饰石膏板

嵌装式装饰石膏板也是以建筑石膏为主要原料,掺入适量的纤维增强材料和外加剂,与水一起搅拌均匀,再经浇筑成型、硬化、干燥而成的不带护面纸的板材。板材的正面为平面或带有一定深度的浮雕花纹图案,而背面四周加厚并带有嵌装企口的石膏板,称为嵌装式装饰石膏板。

1. 嵌装式装饰石膏板的品种

嵌装式装饰石膏板主要包括穿孔嵌装式装饰石膏板和吸声嵌装式装饰石膏板两种。

(1)穿孔嵌装式装饰石膏板

板材背面中部凹入而四周边加厚,并制有嵌装企口,板材正面为平面或带有一定深度的浮雕花纹图案,也可穿以盲孔,这种板称为穿孔嵌装式装饰石膏板。

(2)吸声嵌装式装饰石膏板

当采用具有一定数量穿透孔的嵌装式装饰石膏板作面板,在其背后复合吸声材料,使板成为具有一定吸声特性的板材,这种板称为吸声嵌装式装饰石膏板。

2. 嵌装式装饰石膏板的形状和规格

嵌装式装饰石膏板多数为正方形,其棱边断面形状有直角形和45°倒角形两种。

嵌装式装饰石膏板的规格为:600 mm×600 mm,边厚可达28 mm;500 mm×500 mm,边厚可达25 mm。其单位面积质量的平均值应不大于 16.0 kg/m²,最大值应不大于 18.0 kg/m²,如表 12.5 所示。

表 12.5　嵌装式装饰石膏板的产品规格和技术性能

名称	品种	规格(长×宽×高)/mm	技术性能	
			项目	指标
石膏装饰吸声板	平面板	500×500×6	板重/(kg/m²)	<20
			表观密度/(kg/m³)	825~900
	嵌装装饰石膏板	625×625 边部厚度:28~29 花纹深度:10~15 配 T1640 轻钢暗式系列龙骨	含水率/%	<3
			燃烧性能	不燃烧、不变形
			火焰接触45 s	变形
			断裂荷载/N	≥150
			吸湿系数	穿孔板

续表

名称	品种	规格(长×宽×高) /mm	技术性能	
			项目	指标
嵌装式浇注石膏装饰板(龙牌)	直角平面板、直角半穿孔板、倒角平面板、倒角半穿孔板	600×600×30(10) 花纹深度:10~15	板重/(kg/m²) 含水率/% 燃烧性能 断裂荷载/N 受湿挠度/mm	<18 <3 属于不燃材料 >200 <5
装饰吸声石膏板	嵌装装饰石膏板	500×500 600×600 625×625	板重/(kg/m²) 含水率/%	8.5~10 <4.0
	嵌装吸声石膏板			
	薄板石膏板	500×500×8 600×600×8		

3. 嵌装式装饰石膏板的特点

嵌装式装饰石膏板的性能与上述装饰石膏板基本相同。由于嵌装式装饰石膏板带有嵌装式企口,所以给吊顶的施工、制作带来了更大的便利,即板材嵌固后不需要另行固定,吊顶施工可实现全装配化,任何部位的板材均可随意拆卸。这样可以节约施工工序、加快施工速度、降低工程造价。

嵌装式装饰石膏板具有质轻、强度较高、吸声、防潮、防火、阻燃、不变形、能调节室内湿度等优良性能,并具有施工方便、可锯、可钉、可割、可粘贴等优点,特别还兼有较好的装饰性和吸声性能。

4. 嵌装式装饰石膏板的用途

嵌装式装饰石膏板由于具有装饰和吸声的双重功能,所以它的应用范围较广,主要适用于影剧院、宾馆、礼堂、饭店、展厅等公共建筑及纪念性建筑物的室内顶棚装饰以及某些部位的墙面装饰。

嵌装式装饰石膏板的装饰功能主要通过其表面各种不同的凹凸图案和一定深度的浮雕花纹实现,加之各种绚丽灿烂的色彩,不论从其立面造型或平面布置来欣赏,都会获得良好的装饰效果。如果图案、色彩选择得当,则装饰效果显得更加大方、美观、新颖、别致,特别适用于影剧院、会议中心、大礼堂、展览厅等观众比较集中的公共场所。

嵌装式装饰石膏板的吸声功能主要是由板面穿孔或采取具有一定深度的浮雕花纹来实现的。设计时应根据不同的吸声要求,选用盲孔板或穿孔板,或者采用具有一定深度的浮雕板与带孔板叠合安装,以期达到更好的吸声效果。穿孔板上的不同孔形、不同孔距和不同孔径,能巧妙地布置排列成组合图案,不仅能达到吸声的目的,而且也增添了板材饰面的艺术效果。

嵌装式装饰石膏板还可以与轻钢暗式系列龙骨配套使用,组成新型隐蔽式装配吊顶体系,即这种吊顶在施工时,采用板材企口暗缝咬接安装。安装板材时,要注意选用的龙骨必须与板材企口相配套,并注意图案的拼接及保证企口的相互咬接牢靠。

12.2 矿棉装饰板材

矿棉装饰板材是一种新型装饰板材,具有轻质、吸声、防火、保温、隔热、美观大方、可锯、可钉、施工简单等优良性能,其装配化程度比较高,完全是干作业,是高级宾馆、办公室、饭店、公共场所比较理想的顶棚装饰材料。

矿棉装饰板材主要包括矿物棉装饰吸声板、玻璃棉装饰材料吸声板和岩棉装饰吸声板。

12.2.1 矿物棉装饰吸声板

矿物棉装饰吸声板是以矿渣棉为主要材料,加入适量的黏结剂、防腐剂、防潮剂等,经过配料、加压成型、烘干、切割、开榫、表面精加工和喷涂而制成的一种高级顶棚装饰材料。

1. 矿物棉装饰吸声板的规格和性能

我国生产的矿物棉装饰吸声板的品种通常有滚花、浮雕、纹体、印刷、自然型、米格型等多种,其形状主要有正方形和长方形两种,常用尺寸有 300 mm × 300 mm、500 mm × 500 mm、600 mm × 600 mm、610 mm × 610 mm、625 mm × 625 mm、600 mm × 1 000 mm、600 mm × 1 200 mm、625 mm × 1 250 mm 等规格,其厚度一般在 9 ~ 30 mm。

矿物棉装饰吸声板不仅具有许多良好的技术性能,而且其装饰效果非常好,表面有各种各色花纹,图案繁多。有的表面加工成树皮纹理;有的则加工成浮雕或满天星图案,具有良好的装饰效果。矿物棉装饰吸声板的规格和性能如表 12.6 所示。

表 12.6 矿物棉装饰吸声板的规格和性能

名称	规格(长 × 宽 × 厚) /mm	技术性能	
		项目	指标
矿棉吸声板	596 × 596 × 12 596 × 569 × 15 596 × 596 × 18 496 × 496 × 12 496 × 496 × 15	板重/(kg/m²)	450 ~ 600
		抗弯强度/MPa	≥1.5
		热导率/[W/(m·K)]	0.048 8
		吸湿率/%	<5
		吸声系数	0.2 ~ 0.3
		燃烧性能	自熄
矿棉吸声板	600 × 300 × 9(12,15) 600 × 500 × 9(12,15) 600 × 600 × 9(12,15) 600 × 1 000 × 9(12,15)	板重/(kg/m²)	<500
		抗弯强度/MPa	1.0 ~ 1.4
		热导率/[W/(m·K)]	0.048 8
		含水率/%	≤3
		吸声系数	0.3 ~ 0.4
		工作温度/℃	400

名称	规格(长×宽×厚) /mm	技术性能	
		项目	指标
矿棉吸声板	滚花： 300×600×(9~15) 579×579×(12~15) 600×600×12 375×1 800×15 立体： 300×600×(12~9) 浮雕： 303×606×12	板重/(kg/m²) 抗弯强度/MPa 热导率/[W/(m·K)] 吸水率/% 难燃性	<470 厚9 mm 为1.96 厚12 mm 为1.72 厚15 mm 为1.6 0.081 5 9.6 一般
矿棉吸声板	明、暗架平板： 300×600×18 600×600×18 跌级板： 600×600×18 600×200×22.5 该产品还有细致花纹板、细槽板、沟槽板、条状板等,有多种颜色	板重/(kg/m²) 耐燃性 吸声系数 反光度系数	450~600 一级 0.50~0.75 0.83

12.2.2　玻璃棉装饰材料吸声板

玻璃棉装饰材料吸声板是以玻璃棉为主要原料,加入适量的胶黏剂、防潮剂、防腐剂等,经热压、烘干、表面加工等工序而制成的吊顶装饰板材。

目前,市场上供应的玻璃棉装饰材料吸声板主要为表面贴附带有图案花纹的 PVC 薄膜、铝箔的产品及印花产品,正在开发的产品有明暗龙骨、开槽、立体和浮雕等类别,这些产品很快就会用于实际工程中。

1.玻璃棉装饰材料吸声板的特点

玻璃棉装饰材料吸声板具有轻质、吸声、防火、防潮、保湿、隔热等优良性能,装饰美观、施工方便在吸声和装饰方面更为突出,是一种优良的顶棚装饰材料。

2.玻璃棉装饰材料吸声板的用途

玻璃棉装饰材料吸声板主要适用于宾馆、饭店、商场、门厅、影剧院、音乐厅、体育馆、会议中心、计算机机房、播音室、录像室、船舶及住宅的顶棚装饰。

3.玻璃棉装饰材料吸声板的规格和技术性能

玻璃棉装饰材料吸声板的规格和技术性能如表 12.7 所示。

表 12.7　玻璃棉装饰材料吸声板的规格和技术性能

名称	规格（长×宽×厚）/mm	技术性能	
		项目	指标
玻璃棉吸声板	600×1 200×25	密度/（kg/m³）	48
		热导率/[W/（m·K）]	0.033 3
玻璃棉装饰天花板	600×1 200×15 600×1 200×25	密度/（kg/m³）	0.033 3
		热导率/[W/（m·K）]	
玻璃纤维棉吸声板	303×30×（10,18,20）	吸声系数（Hz/吸声系数）	（500～4 000）/0.7
		热导率/[W/（m·K）]	0.047～0.064
玻璃棉吊顶板	600×1 200×25	密度/（kg/m³）	50～80
		常温热导率[W/（m·K）]	0.029 9

12.2.3　岩棉装饰吸声板

岩棉装饰吸声板是以岩石、工业废渣和石灰石等为主要原料,经高温熔融、粒化、喷胶搅拌、布料热压固化、板材后期加工等工序制成的。其产品按结构形式不同,可分为棉、带、板、毡、贴面毡和管壳等。其产品的质量要求应符合国家标准《绝热用岩棉、矿渣棉及其制品》(GB/T 11835—2007)中的规定。

1.岩棉装饰吸声板的特点

岩棉装饰吸声板不仅具有良好的吸声性能,而且还具有化学稳定性好、强度较高、不燃、防潮、结构稳定、长期使用无挠度变形、施工简单易行等优点,是现代建筑物室内装修的一种新型材料。

2.岩棉装饰吸声板的用途

岩棉装饰吸声板由于具有以上的优良性能,所以可以广泛用于宾馆、酒店、影剧院、卡拉OK、音乐舞厅、候机大楼、科研大楼、别墅、私人住宅等高级场所的室内吊顶装饰。

12.3　塑料装饰天花板

用于顶棚装饰工程中的塑料装饰天花板,根据合成树脂的种类不同,其花色品种很多,在顶棚中应用较多的有聚氯乙烯(PVC)天花板和钙塑泡沫装饰吸声板等。

12.3.1　聚氯乙烯（PVC）天花板

聚氯乙烯塑料天花板简称 PVC 塑料天花板,是以聚氯乙烯树脂为主要原料,加入适量抗老化剂、色料、改性剂等,经过捏合、混炼、拉片、切粒、挤出或压延、真空吸塑等工艺而制成的装饰性板材。这种板材表面光滑、色泽鲜艳,具有轻质、隔热、保温、防潮、防腐蚀、阻燃、不变形、易清洗、可钉、可锯、可刨、施工简便等优良性能,外观有拼花、格花等图案,颜色有乳白色、米色和天蓝色等,主要适用于宾馆、礼堂、医院、商场等建筑物的内墙和吊顶的装饰。

聚氯乙烯塑料天花板的主要力学性能指标如表 12.8 所示。

表 12.8　PVC 塑料天花板的主要力学性能指标

性能名称	技术指标	性能名称	技术指标
密度/(g/cm³)	1.6~1.8	吸水性(20 ℃,24 h)	≤0.1%
抗拉强度/MPa	16~92	燃烧性	难燃、自熄
布氏硬度/(N/mm²)	>2.0	热收缩性(60 ℃,24 h)	≤±5

12.3.2　钙塑泡沫装饰吸声板

钙塑泡沫装饰吸声板是以高压聚乙烯、合成树脂为主要原料,加入适量的无机填料、轻质碳酸钙、发泡剂、关联剂、润滑剂、颜料等,经过混炼、模压、发泡成型等工艺而制成的板材。按照板材的功能不同,可分为普通钙塑泡沫装饰吸声板和加入阻燃剂的难燃泡沫塑料吸声板两种;按表面图案不同,可分为凹凸图案和平板穿孔图案两种。平板穿孔式板材的吸声功能较好,是一种集防潮、吸声、装饰于一体的多功能装饰板材。

1. 钙塑泡沫装饰吸声板的特点

钙塑泡沫装饰吸声板具有以下五个方面的特点:

①其表面形状和颜色多种多样,质地松软、造型美观、立体感强,犹如石膏浮雕;

②其最突出的优点是质轻、吸声、隔热、耐水及施工方便等;

③其表面可以刷涂料,能满足对不同色彩的要求,实现对顶棚装饰的目的;

④其吸声效果非常好,特别是穿孔钙塑泡沫装饰吸声板,不仅能保持良好的装饰效果,而且能达到很好的音响效果;

⑤其温差变形比较小,且温度指标比较稳定,抗撕裂性能较好,有利于抗震。

2. 钙塑泡沫装饰吸声板的用途

由于钙塑泡沫装饰吸声板具有以上特点,所以其应用范围比较广泛,可用于礼堂、医院、剧场、电影院、电视台、工厂、商店等建筑的室内平顶装饰吸声。

3. 钙塑泡沫装饰吸声板的规格和性能

钙塑泡沫装饰吸声板的规格和技术性能指标如表 12.9 所示。

表 12.9　钙塑泡沫装饰吸声板的规格和技术性能指标

规格尺寸/mm	抗拉强度/MPa	伸长率/%	堆积密度/(kg/m³)	热导率/[W/(m·K)]	吸水性/(kg/m²)	耐寒性(-30 ℃,6 h)
496×496×4	≥0.08	≥30	≤250	0.068~0.136	≤0.02	无断裂

12.4　金属装饰天花板

金属装饰天花板是一种轻质高强、美观大方、施工简便、耐火防潮、应用广泛的新型理想装饰材料。近几年来,金属顶棚装饰材料发展较快,不仅可以用于公共建筑、旅游建筑中,而且已更广泛地应用于民用建筑和家庭装修之中,是具有发展前途的一种装饰材料。

金属装饰天花板的品种很多,在金属顶棚装修工程中,使用最广泛的是铝合金天花板和彩色钢扣板,其他金属材料(如不锈钢顶棚饰面、铜质顶棚饰面等)也可作为顶棚装饰材料。但由于金属装饰天花板的价格较高,所以一般只用于高档顶棚装饰。

12.4.1　铝合金天花板

铝合金天花板是由铝合金薄板经冲压成型制成的各种形状和规格的顶棚装饰材料。这种金属天花板具有轻质高强、色泽明快、造型美观、安装简便、耐火防潮、价格适中等优点,是目前国内外比较流行的顶棚装饰材料。

铝合金天花板适用于商场、写字楼、电脑房、银行、汽车站、机场、火车站等公共场所的顶棚装饰,也可以用于家庭装修中卫生间、厨房等顶棚的装饰。

1. 铝板天花

选用0.5～1.2 mm 厚的铝合金板材,经过下料、冲压成型、表面处理等工序生产的方形装饰板,称为铝板天花。铝板天花分为明架铝质天花、暗架铝质天花和插入式铝质天花三种。

(1)明架铝质天花

明架铝质天花板采用烤漆龙骨(与石膏板和矿棉板的龙骨通用)当骨架,具有防火、防潮、质量轻、易于拆装、维修天花内的管线方便、线条清晰、立体感强、简洁明亮等特点。

(2)暗架铝质天花

暗架铝质天花板是一种密封式天花,龙骨隐藏在面板后边,不仅具有整体平面及线条简洁的效果,还具有明架铝质天花板装拆方便的结构特点,而且还可根据现场尺寸加工,确保装饰板块及线条分布整体效果相协调。

(3)插入式铝质天花

插入式铝质天花板是采用铝合金平板或冲孔板,经喷涂或阳极化加工而成的一种长条插口式板,具有防火、防潮、质量轻、安装方便、板面及线条的整体性及连贯性强等特点,可以通过不同的规格或不同的造型达到不同的视觉效果。

铝板天花的常用方板图案如图12.2 所示,铝板天花的规格及品种如表12.10 所示。

图12.2　铝板天花的常用方板图案

表 12.10　铝板天花的规格及品种

品种	规格	产品说明
明架铝质天花板	600 mm×600 mm、300 mm×1 200 mm、400 mm×1 200 mm、800 mm×800 mm、850 mm×850 mm 的有孔、无孔板	静电喷涂 冲孔内贴背面贴纸
暗架铝质天花板	600 mm×600 mm、500 mm×500 mm、300 mm×300 mm、300 mm×600 mm 的平面、冲孔立面菱形、圆形、方形等天花板	
暗架天花板	各种图案的 600 mm×600 mm、300 mm×300 mm、500 mm×500 mm 的有孔或无孔板,厚度 0.3～1.0 mm	表面喷涂 冲孔内贴无纺布
明架天花板	各种图案的 600 mm×600 mm、300 mm×300 mm、500 mm×500 mm 的有孔或无孔板,厚度 0.3～1.0 mm	
铝质扣板天花板	6 000 mm、4 000 mm、3 000 mm、2 000 mm 的平面有孔、无孔挂板	表面喷塑
铝质长扣天花板	100 mm×3 000 mm、200 mm×3 000 mm、300 mm×3 000 mm 的平板、孔板、菱形花板	喷涂、烤漆 阳极化加工

2. 铝质格栅天花

铝质格栅天花是主龙骨、副龙骨纵横分布,把天花装饰板面分隔成若干个小格,使原天花面的视觉发生改变,起掩饰作用的一种顶棚装饰材料。

（1）铝质格栅天花的特点

铝质格栅装饰天花,无论从远近、高低不同的角度均能显示出不同的视觉效果,使天花装饰面显得更加美观、活跃、宽阔。这种天花具有防火、耐潮、拆装方便、不反光、透光、通风好等优质性能,而且冷风口、排气口、音响、灯具等均可装在天花内,使天花具有极强的整体性。

（2）铝质格栅天花的用途

铝质格栅天花是一种很好的顶棚装饰材料,主要适用于机场、车站、地铁车站、商场、娱乐场所、超市、高级停车场等场所。这种天花能充分利用天花板上的空间使空气充分流通,使室内保持空气新鲜。铝质格栅天花的规格及品种如表 12.11 所示。

表 12.11　铝质格栅天花的规格及品种

品种	规格 (宽×高×长×壁厚)/mm	产品说明	品种	规格 (宽×高×长×壁厚)/mm	产品说明
铝质格栅板	75×75×2 000×(0.45～1.0)	表面喷涂	格栅铝金属吊顶	75×75×2 000×(0.45～1.0)	表面喷涂
	100×100×2 000×(0.45～1.0)			100×100×2 000×(0.45～1.0)	
	110×110×2 000×(0.45～1.0)			110×110×2 000×(0.45～1.0)	
	124×125×2 000×(0.45～1.0)			124×125×2 000×(0.45～1.0)	
	150×150×2 000×(0.45～1.0)			150×150×2 000×(0.45～1.0)	
	200×200×2 000×(0.45～1.0)			200×200×2 000×(0.45～1.0)	

12.4.2　彩色钢扣板

彩色钢扣板是最近几年发展起来的一种新型金属顶棚装饰材料,这种板条是用薄壁金属冲压成型,再进行表面涂涂料处理而制成的。其断面形状与铝扣板相似,安装方法基本相同,也是有发展前途的顶棚装饰材料。

1. 彩色钢扣板的特点

彩色钢扣板完全可以代替铝扣板使用,其产品种类繁多,色调比较均匀,颜色选择面广,装饰效果好。如江苏省扬中县新型装饰材料厂生产的钢扣板,色彩达 100 余种,且物美价廉,同时具有防锈、防腐、经久耐用等优点。另外,彩色钢扣板的表面硬度为 72H,其耐化学侵蚀性能良好,耐热性强,盐雾试验 500 h 良好,抗冲击性也很好。

2. 彩色钢扣板的规格及性能

彩色钢扣板的长度一般有 6 m 和 4 m 两种,也可以根据用户的需要制作 6 m 以下的各种长度;其断面全宽为 120 mm、高为 12 mm、厚为 5 mm。

12.4.3　金属微穿孔吸声板

金属微穿孔吸声板是根据声学的基本原理,利用各种不同穿孔率的金属板吸收大部分声音,从而起到消除噪声的作用,它是近几年发展起来的一种能够降低噪声的新产品。

1. 金属微穿孔吸声板的分类

按照板的材质不同,有不锈钢板、防锈铝板、电化铝板、镀锌铁板等;按照孔形不同,有圆孔、方孔、长圆孔、长方孔、三角孔、大孔、小孔、大小组合孔等。

2. 金属微穿孔吸声板的特点

金属微穿孔吸声板具有材质轻、强度高、耐腐蚀、耐高温、防火、防潮、化学稳定性好、吸声性良好等特点。其造型美观、色泽幽雅、色彩艳丽、立体感强、装饰性好、组装简单、经久耐用。

3. 金属微穿孔吸声板的规格及性能

金属微穿孔吸声板可以分为多孔平面式吸声板和穿孔块体式吸声板两种,其规格及性能如表 12.12 所示。

表 12.12　金属微穿孔吸声板的规格及性能

名称	性能和特点	规格 (长×宽×厚) /mm
多孔平面式吸声板	材质为防锈铝合金 LF21,板厚 1 mm,孔径 6 mm,孔距 10 mm,降噪系数 1.16,工程使用降噪效果 4~8 dB; 吸声系数(Hz/吸声系数):125/0.13、250/1.04、500/1.18、1 000/1.37、2 000/1.04、4 000/0.97	495×495×(50~100)
穿孔块体式吸声板	材质为防锈铝合金 LF21,板厚 1 mm,孔径 6 mm,孔距 100 mm,降噪系数 2.17,工程使用降噪效果 6~8 dB; 吸声系数(Hz/吸声系数):125/0.22、250/1.25、500/2.34、1 000/2.63、2 000/2.54、4 000/2.25	750×750×100

12.4.4　金属装饰吊顶板

1. 金属装饰吊顶板的分类

金属装饰吊顶板按材质不同,有铝合金吊顶板、镀铜装饰吊顶板等;按性能不同,有一般装饰板和吸声装饰板;按几何形状不同,有长条形板、方形板、圆形板、异型板;按表面处理方式不同,有阳极氧化板、烤漆板、复合膜板等;按板面颜色不同,有银白色、古铜色、金黄色、茶色、淡蓝色、咖啡色等。

2. 金属装饰吊顶板的规格

在建筑装饰工程中常用的金属装饰吊顶板多为铝合金吊顶板,其长度一般不超过 6 m,厚度为 0.5 ~ 1.5 mm。厚度小于 0.5 mm 的板条,因刚度差、易变形,在吊顶工程中应用很少;厚度大于 1.5 mm 的板条,因自重大、浪费材料,实际应用也很少。通常用于吊顶工程的铝合金吊顶板的板条宽度为 100 mm、厚度为 1 mm。

3. 金属装饰吊顶板的特点

铝合金吊顶板具有质轻、高强、通风、耐腐蚀、防潮、防火、构造简单、组装灵活、施工方便等特点,特别是具有优异的装饰性能,是目前比较流行的一种新型吊顶装饰材料。铝合金吊顶板表面要经过一定处理,使其在表面获得一层保护膜,这层膜具有装饰与防止侵蚀的双重作用。目前,采用较多的处理方法是阳极氧化及漆膜。有的还在阳极氧化层上再罩一层耐腐蚀的树脂漆,其性能优于一般阳极氧化膜。

12.5　其他顶棚饰面材料

其他顶棚装饰材料的品种很多,但在顶棚装饰工程中应用较多、较为新颖的有 TK 装饰板、FC 装饰板和玻璃卡普隆天棚等。

12.5.1　TK 装饰板

TK 装饰板即纤维增强水泥装饰板,它是以低碱水泥、中碱玻璃纤维和短石棉为原料,经圆网机抄取成坯、蒸养硬化而制成的薄型建筑装饰面板。这种板材具有防火、隔热、隔声、防潮、抗弯和抗冲击等特点,并具有可锯、可刨、可钻、可钉和可涂刷涂料等特性。TK 装饰板的规格和性能如表 12.13 所示。

表 12.13　TK 装饰板的规格和性能

规 格 尺 寸			技 术 性 能	
长度/mm	宽度/mm	厚度/mm	项目	指标
1 800、2 400、2 000、3 000	900	4、5、6、8	静力抗弯强度/MPa	>15.0
			抗冲击强度/(J/ cm²)	>1.95
			吸水率/%	<28.0
			干密度/(g/cm³)	1.66
			耐火极限(6 mm 板双面复合墙)/min	47.0
1 220(毛边板)	820	5.6	抗弯强度/MPa	15.0
1 200(光边板)	800	5.6	抗冲击强度/(J/ cm²)	2.50
			吸水率/%	< 28.0
			密度/(g/cm³)	1.75

12.5.2　玻璃卡普隆天棚

随着物质文化和精神文化的日益提高,人们对生活空间的环境要求也越来越高。为满足人们对生活空间的需求,在一些建筑上,特别是商业建筑、体育场馆、休闲场所、公共建筑等均采用了较多的大空间设计,而玻璃卡普隆天棚成为大空间建筑顶棚材料的较佳选择。

1. 玻璃卡普隆天棚的特征

玻璃卡普隆天棚又称阳光板或 PC 板,它的主要原料是高分子工程塑料——聚碳酸酯。其主要产品有中空板、实心板和波纹板三大系列。这种板材具有以下五个特征:

①板材质量较轻;

②透光性能好;

③耐冲击性能强;

④隔热、保温性好;

⑤PC 板还具有防红外线、防紫外线、不需加热即可弯曲、色彩多样、安装方便等优良特征。

2. 玻璃卡普隆天棚的用途

由于玻璃卡普隆板材具有以上独特的优良性能,所以是一种理想的、有发展前途的建筑和装饰材料,主要适用于车站、机场等候厅及通道的透明顶棚;商业建筑中庭的顶棚;园林、游艺场所奇异装饰及休息场所的廊亭,游泳池、体育馆顶棚;工业厂房的采光顶;温室、车库等各种高格调的透光场所。

3. 玻璃卡普隆天棚的规格及性能

玻璃卡普隆板材的耐温性能如表 12.14 所示,玻璃卡普隆板材的技术性能如表 12.15 所示,玻璃卡普隆板材产品的规格如表 12.16 所示。

表 12.14　玻璃卡普隆板材的耐温性能

长期载荷允许温度/℃	$-40 \sim 120$
短期载荷脆裂温度/℃	100
短期载荷变形温度/℃	140

表 12.15　玻璃卡普隆板材的技术性能

测试项目	测试方法	单位	平均值
密度	D-792	—	1.2
吸水率(24 h)	D-570	%	0.15
伸张强度	D-638	Psi	9.500
张力模数	D-638	Psi	345.00
抗弯强度	D-790	Psi	13.500
冲击强度	D-256	Ft·1b/(kg·ft·cm/cm)	12.17
热变形温度	D-648	℉(℃)	270(132)
软化温度	D-1525	℉(℃)	315(157)
热膨胀系数	D-696	In/in ℉	3.75×10^{-5}

表 12.16　玻璃卡普隆板材的规格

类别	规格(长×宽×厚)/mm	每平方米质量/kg	颜色
中空板	2 100×5 800×4	0.9	透明、宝蓝、绿色、乳白色、茶色等
	2 100×5 800×6	1.3	
	2 100×5 800×8	1.5	
	2 100×5 800×10	1.7	
实心平板	2 050×3 000×3	3.5	
波纹板	1 260×5 800×0.8	1.17	
PC板(中空板)	1 210×5 800×6	1.70（三层）	透明、蓝色、绿色、茶色、乳白色等
	1 210×5 800×10	1.40（二层）	
	1 210×5 800×16	1.96（二层）	
		2.94（三层）	
阳光板	180×2 400×(1~12)	—	无色透明、彩色透明、彩色不透明、彩色花纹板
	180×2 400×(1~12)		
	180×2 400×(1~12)		

12.5.3　FC 装饰板

FC 装饰板即 FC 纤维水泥加压装饰板,它是以天然纤维、人造纤维或植物纤维和水泥为主要原料,经抄取成型、加压蒸汽养护等工序加工而制成的薄型装饰板材。这种装饰板材具有强度比较高、防火性能优良、隔声性能好等优点,并具有不变形、不老化、不虫蛀、不透水等优良性能;还具有可锯、可刨、可钻、可钉等优良的加工性能;其表面可喷涂各种花纹、颜色和图案。FC 装饰板的规格和性能如表 12.17 所示。

表 12.17　FC 装饰板的规格和性能

名称	规格（长×宽×厚)/mm	技术性能	
		项目	指标
FC 加压吊顶板	600×600×(4~5)	抗折强度(横向)/ MPa	28
	600×1 200×(4~5)	抗折强度(纵向)/ MPa	20
	1 200×1 200×(4~5)	耐火极限/min	77
	1 200×2 400×(4~5)	隔声指数/dB	50
FC 加压穿孔板	600×600×(4~5)（孔径5 mm,1484 孔）	吸水率/%	17
		抗冻性(冻融循环25 次)	无破坏
	600×600×(4~5)（孔径8 mm,324 孔）	抗冲击强度/(J / cm^2)	0.25
FC 加压装饰板	600×600×(4~5)有各种图案	燃烧性能	A 级
FC 加压穿孔板	600×600×(4~5)		

12.6　装饰线条材料

装饰线条材料是建筑装饰工程中最常用的装饰材料之一,也是装饰施工不可缺少的重要组成部分。它不仅是装饰工程中层次面和特殊部位的点缀材料,而且也是面与面之间的收口材料,它对建筑装饰工程的装饰效果、装饰风格、装饰质量等都起着画龙点睛的作用。

装饰线条种类很多,常用的主要有木线条、石膏线条、金属线条、塑料线条、复合材料线条等。

12.6.1　木装饰线条

木装饰线条简称木线条,是现代装饰工程中不可缺少的装饰材料。木装饰线条选用质地坚硬、结构较细、材质较好的木材,经过干燥处理后用机械或手工加工而成。木装饰线条在室内装饰中,主要起着固定、连接、加强装饰饰面的作用。

1. 木装饰线条的特点

木装饰线条具有表面光滑、棱角挺拔、弧面自然、弧线挺直、轮廓分明、耐腐蚀、耐摩擦、不劈裂、上色性好、黏结性强等特点;木装饰线条还具有立体造型各异、色彩花样繁多、可选择性强等优良性能。

2. 木装饰线条的品种规格

木装饰线条的品种规格很多,分类方法也多样。在装饰工程中主要按照断面形状不同、材质不同、功能不同和款式不同进行分类。

(1)按断面形状不同分类

可分为平线条、麻花线条、鸠尾形线条、半圆饰线条、齿形饰线条、浮饰线条、S 形饰线条、贴附饰线条、钳齿饰线条、十字花饰线条、梅花饰线条、叶形饰线条及雕饰线条等。

(2)按材质不同分类

可分为硬质杂木线条、白木线条、白元木线条、水曲柳线条、进口杂木线条、山樟木线条、红榉木线条、核桃木线条、柚木线条等。

(3)按功能不同分类

可分为压边线条、柱角线条、压角线条、墙面线条、墙角线条、墙腰线条、上楣线条、封边线条、镜框线条、覆盖线条等。

(4)按款式不同分类

可分为外凸式线条、内凹式线条、凸凹结合式线条、嵌槽式线条等。

木装饰线条的规格是指其最大宽度和最大高度,常用木装饰线条的长度为 2～5 m。普通装修一般常采用国产的木装饰线条,对一些高档的西式装修,可用雕花木线条和进口装饰线条(如意大利装饰线条)。雕花木线条常用的木材为高档的白木、枫木和橡木等,常见的规格种类为西欧风格,意大利式装饰线条通常作为木装饰面的点缀、不同木装饰板之间的分界和过渡装饰。

各种木装饰线条的外形及规格如图 12.3 和图 12.4 所示。木装饰线条的常用品种如表 12.18 所示。

图 12.3   木装饰顶角线

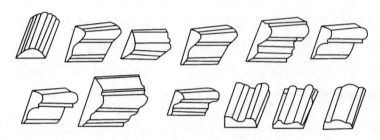

图 12.4   木装饰压边线条

表 12.18   木装饰线条的常用品种

名称	说明和特点	品种
金星木线条	金星木线条以优质的国产水曲柳、桃木等为主要原料，其质地良好、花纹美观自然，经过油饰后庄重高雅；金星木材对弯曲度、光洁度、加工缺陷、木材含水率等皆有严格规定，以保证产品质量	金星木线条为北京市大兴金星木材加工厂的系列产品，根据用途可分为角线、挡镜线、装饰线、灯池线、弯曲线、套角线、踢脚线、楼梯扶手等，共百余种；按规格排列成型号，以便用户选用
木质系列装饰材料	木制系列装饰材料以东北优质水曲柳、柚木、锻木、楸木等为主要原料加工而成，产品具有光洁度好、线条优美等特点，适用于宾馆、饭店、办公楼、运动场所、舞厅、家庭等室内装饰	木制系列装饰材料是中外合资河北安昌木制品有限公司生产的，有各种木花线、挂镜线、栏杆、楼梯扶手、踢脚线等品种
高级装饰木线条	高级装饰木线条是以优质国产水曲柳、楸木等原料加工而成，产品具有光洁度高、花纹美观自然、高雅大方等特点，适用于宾馆、饭店、办公楼、家庭等室内装饰	高级装饰木线条是北京鲁班木线厂生产，有各种高级装饰木线、木花线、木雕花、木花格、木百叶等品种
装饰木线条	装饰木线条是以优质国产水曲柳等为原料，经过高温蒸汽蒸煮、脱脂、烘干等工艺加工而制成，产品具有光洁度高、线条纹理清晰、美观自然等特点，适用于宾馆、饭店、会议室、办公楼和住宅等室内装饰	装饰木线条是中外合资成宝装饰材料有限公司生产，有各种圆弧线条、异型线条制品

3. 木装饰线条的用途

在室内顶棚装饰工程中，木装饰线条的用途十分广泛，但主要用于天花线和天花角线的装饰。

（1）天花线的装饰

天花线的装饰主要用于天花上的装饰不同层次面交接处的封边，天花上各不同材料面的对接处封口，天花平面上的造型线，天花上设备的封边。

（2）天花角线的装饰

天花角线的装饰主要用于墙面上不同层次面的交接处封边,墙面上各不同材料面的对接处封口,墙裙的压边,踢脚板的压边,设备的封边装饰,墙面饰面材料压线,墙面装饰造型线,造型体、装饰隔墙、屏风上的收边收口线和装饰线以及各种家具上的收边线和装饰线等。

12.6.2　艺术装饰石膏制品

艺术装饰石膏制品是选用优质的石膏为主要原料,以玻璃纤维为增强材料,加入胶黏剂和其他添加剂加工而制成的产品。艺术装饰石膏制品具有防火、防霉、防蛀、防潮、可锯、可刨、可钉、可粘、可补、施工工艺简单等优点,可达到古典型、现代型、东方型、西方型等综合艺术的装饰效果,是室内装饰最受喜爱的材料。

艺术装饰石膏制品主要包括浮雕艺术石膏线角、线板、花角、灯圈、壁炉、罗马柱、圆柱、方柱、灯座、花饰等。

1. 浮雕艺术石膏线角、线板和花角

浮雕艺术石膏线角、线板和花角,具有表面光洁、颜色洁白、花型和线条清晰、尺寸稳定、强度较高、无毒、阻燃等特点,并且拼装容易、可加工性好,可以采用直接粘贴或螺钉固定的方法进行安装,施工速度快,生产效率高。因此,现在在室内装饰施工过程中已越来越多地用以代替木线角,可以用于民用住宅和公共建筑物室内前面与顶棚交接处的装饰;不仅用于新建工程的装修,而且还可用于旧建筑物的维修、翻新和改造。

浮雕艺术石膏线角的图案花型多种多样,可根据工程实际和设计要求进行制作。其断面形状一般多成钝角形,也可不制成角状而制成平面板状,则称为浮雕艺术石膏线板或直线板。浮雕艺术石膏线角两边(翼缘)宽度有等边和不等边两种,翼宽尺寸多种多样,一般为120～300 mm,翼厚为10～30 mm,通常制作成条状,每条长度为2 300 mm。

浮雕艺术石膏线板的图案花纹一般比线角简单,其花色品种也多种多样。石膏线板的宽度一般为50～150 mm,厚度为15～25 mm,每条长度为1500 mm。

浮雕艺术石膏线角和浮雕艺术石膏线板的式样如图12.5 和图12.6 所示。

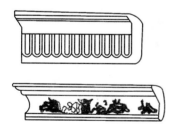

图 12.5　浮雕艺术石膏线角

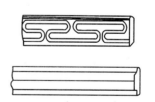

图 12.6　浮雕艺术石膏线板

浮雕艺术石膏线板,除直线形外,还有弧线形,其圆弧的直径有900 mm、1 200 mm、1 500 mm、2 100 mm、3 000 mm、3 600 mm 等多种。这些弧线形石膏线板,为室内顶棚的装修装饰工程增添了新的选材途径。

石膏花角的图案花型更多,它可以制作成浮雕式的,也可以制作成镂空式的,其图案花型的选择应与选用的石膏线角或线板的图案花纹相配套。石膏花角是用于室内顶棚四角处的装饰材料,所以其外形是呈直角三角形的板材,板的两直角边长有250～400 mm 等多种,

板的厚度一般为 15～30 mm。浮雕艺术石膏花角的式样如图 12.7 所示。

2. 浮雕艺术石膏灯圈

浮雕艺术石膏灯圈是专门用于顶棚灯位置处的装饰材料,其图案花型种类繁多,设计者可以根据室内装饰总体布置和采用灯饰的不同,提出与室内环境相协调一致的花式进行加工制作。

浮雕艺术石膏灯圈的外形一般为圆形板材,也可制作成椭圆形、花瓣形、方形等形状,圆形的直径有 500～1 800 mm 等多种,板的厚度一般为 10～30 mm。天棚上的各种吊灯或吸顶灯,若配以浮雕艺术石膏灯圈,会顿生高雅之感。浮雕艺术石膏灯圈的式样如图 12.8 所示。

图 12.7　浮雕艺术石膏花角式样

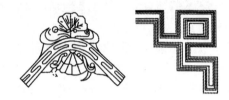

图 12.8　浮雕艺术石膏灯圈式样

3. 浮雕艺术石膏花饰

浮雕艺术石膏花饰是按设计图案先制作阴模(也称软模),然后浇入石膏麻丝料浆成型,再经过硬化、脱模、干燥而制成的一种装饰板材,石膏花饰板的厚度一般为 15～30 mm。石膏花饰的花形图案、品种规格很多,其表面可以涂成描金或象牙白色等多种颜色。

按室内装饰设计的要求,选择适宜图案和规格的石膏花饰,镶贴于建筑室内的表面,以体现其独特的艺术风格。对于质量较轻的小型花饰,安装时可以采用直接粘贴法;安装尺寸和质量较大的石膏花饰时应采用螺栓固定法。浮雕艺术石膏花饰如图 12.9 所示。

图 12.9　浮雕艺术石膏花饰

12. 6. 3　金属装饰线条

金属装饰线条是一种高档的装饰线条,常用的金属装饰线条主要有铝合金线条、不锈钢线条和铜质线条三种,最常用的是铝合金线条。

1. 铝合金线条

铝合金线条由于具有装饰性较好、价格比较便宜等优点,所以其应用范围较广,主要用于装饰面压边线、收口线,在卫生间、厨房等潮湿的顶棚装饰中使用较多。

2. 不锈钢线条

不锈钢线条是一种比较高档的装饰材料,其装饰效果较好、抗腐蚀性较强,但因为其价格较高,所以除高档顶棚装饰外,一般装饰工程很少采用。

3. 铜质线条

铜质线条是一种高档装饰材料,由于价格昂贵,在顶棚装饰工程中应用较少,通常用于大理石、花岗石、水磨石的嵌条,或作为楼梯踏步的防滑条、地毯压条等。

在室内装饰工程设计与施工中,除以上常用的木装饰线条、石膏装饰线条和金属装饰线条外,还有塑料装饰线条、复合材料装饰线条等。

第13章 建筑装饰塑料

13.1 建筑塑料概述

塑料是以合成树脂为主要成分,加入各种填充料和添加剂,在一定的温度、压力条件下塑制而成的材料。塑料与合成橡胶、合成纤维并称为三大合成高分子材料,均属于有机材料。建筑塑料在一定的温度和压力下具有较大的塑性,容易做成各种形状尺寸的制品,成型后在常温下又能保持既得的形状和必需的强度。一般习惯将用于建筑及装饰工程中的塑料及其制品称为建筑装饰塑料。

13.1.1 塑料的基本组成

1. 合成树脂

合成树脂是主要由碳、氢和少量的氧、氮、硫等原子以某种化学键结合而成的有机化合物。合成树脂为建筑装饰塑料的主要成分,在塑料中的含量为30%~60%,有的甚至更多。合成树脂在塑料中起胶黏剂的作用,能将其他材料牢固地胶结在一起。塑料的主要性能、成本和用途取决于所采用的合成树脂,故塑料常以所用的树脂命名。合成树脂按受热时化学反应的不同,可分为聚合树脂(如聚氯乙烯、聚苯乙烯等)和缩聚树脂(如酚醛、环氧、聚酯等);按受热时性能变化的不同,又可分为热塑性树脂和热固性树脂。

2. 填充料

填充料又称填料、填充剂,主要是一些化学性质不太活泼的粉状、块状或纤维状的无机化合物。填充料通常占塑料组成材料的40%~70%,是塑料中必不可缺的原料。填充料的主要功能是提高塑料的强度、硬度、耐热性等性能,同时节约树脂,降低塑料的成本。例如酚醛树脂中加入木粉后可大大降低成本,使酚醛塑料成为最廉价的塑料之一,同时还能显著提高机械强度。常用的填充料有玻璃纤维、云母、石棉、木粉、滑石粉、石墨粉、石灰石粉、碳酸钙、陶土等。

建筑塑料中填充料的量必须通过必要的试配,以确定最佳的填充料加入量。若加得过多,会降低塑料的物理力学性能,并使加工困难。

3. 添加剂

添加剂是为了改善塑料的某些性能,以适应塑料使用或加工时的特殊要求而加入的辅助材料,常用的添加剂有增塑剂、固化剂、稳定剂、着色剂、抗静电剂、阻燃剂、抗老化剂等。

(1)增塑剂

增塑剂可增加塑料的可塑性和柔软性,降低脆性,使塑料在较低的温度和压力下成型,提高塑料的弹性和韧性,改善低温脆性,但会降低塑料制品的物理力学性能和耐热性。增塑剂一般是能与树脂混溶、无毒、无臭,对光、热稳定的高沸点有机化合物,或者是低熔点的固体,常用的增塑剂有邻苯二甲酸二丁酯、邻苯二甲酸二辛酯、磷酸三甲酚酯、樟脑等。

(2)固化剂

固化剂又称硬化剂,是调节塑料固化速度,使树脂硬化的物质。塑料在成型前加入固化剂,才能成为坚硬的塑料制品。固化剂的种类很多,通过选择固化剂的种类和掺量,可取得所需要的固化速度和效果。常用的固化剂有六亚甲基四胺、胺类、酸酐类、过氧化物等。

(3)稳定剂

塑料在成型和加工使用过程中,因受热、光或氧的作用,随时间的增长会出现降解、氧化断链、交联等现象,造成塑料性能降低。加入稳定剂能使塑料长期保持工程性质,防止塑料的老化,延长塑料制品的使用寿命。如在聚丙烯塑料的加工成型中,加入炭黑作为紫外线吸收剂,能显著改变该塑料制品的耐候性。常用的稳定剂有硬脂酸盐、铅化物及环氧树脂等。稳定剂的用量一般为塑料的 $0.3\% \sim 0.5\%$。

(4)着色剂

加入着色剂的目的是使塑料制品具有特定的颜色和光泽。对着色剂的要求是:光稳定性好,在阳光作用下不易褪色;热稳定性好,分解温度要高于塑料的加工和使用温度;在树脂中易分散,不易被油、水抽提;色泽鲜艳,着色力强;没有毒性,不污染产品;不影响塑料制品的物理和力学性能。常用有机染料和无机颜料作为着色剂。合成树脂的本色大都是白色半透明或无色透明的。在工业生产中常利用着色剂来增加塑料制品的色彩。

(5)抗静电剂

塑料制品电绝缘性能优良,但其在加工和使用过程中由于摩擦而容易带静电。在现代建筑室内装修中所用的塑料地板和塑料地毯,由于静电的集尘作用使尘埃附着于其上而降低了使用价值。为了消除此种现象,在塑料中加入抗静电剂。抗静电剂能使塑料表面形成连续相,提高了表面导电能力,使塑料能迅速放电,防止静电的积聚。常用的抗静电剂有阳离子型表面活性剂(如季铵盐类)和两性型表面活性剂(如甜菜碱)。应当注意的是,要求电绝缘的塑料制品,不能进行防静电处理。

此外,为使塑料制品获得某种特殊性能,还可加入其他添加剂,如阻燃剂、润滑剂、发泡剂、防霉剂等。

13.1.2　建筑装饰塑料的主要特性

1. 建筑装饰塑料的优点

建筑装饰塑料与传统的建筑装饰材料相比,具有以下优良特性。

(1)质量轻、比强度高

塑料的密度为 $0.8 \sim 2.2 \ g/cm^3$,是钢材的 $1/5$,混凝土的 $1/3$,铝的 $1/2$,与木材相近。塑料的比强度(强度与表观密度的比值)较高,已接近或超过钢材,为混凝土的 $5 \sim 15$ 倍,是一种优良的轻质高强材料。因此,塑料及其制品不仅应用于建筑装饰工程中,而且也广泛应用于航空、航天等许多军事工程。

(2)加工性能优良

塑料可采用比较简单的方法制成各种形状的产品,如薄板、薄膜、管材、异型材等,并可采用机械化的大规模生产方式进行生产。

（3）绝热性好，吸声、隔音性好

塑料制品的热导率小，其导热能力为金属的 1/600～1/500，混凝土的 1/40，砖的 1/20，泡沫塑料的热导率与空气相当，是理想的绝热材料。塑料（特别是泡沫塑料）可减小振动、降低噪声，是良好的吸声材料。

（4）耐化学腐蚀性好，电绝缘性好

塑料制品对酸、碱、盐等有较好的耐腐蚀性，特别适合作化工厂的门窗、地面、墙壁等。塑料一般是电的不良导体，其电绝缘性可与陶瓷、橡胶相媲美。

（5）耐水性和耐水蒸气性强

塑料属憎水性材料，一般吸水率和透气性很低，可用于防水、防潮工程。

（6）装饰性好

塑料制品不仅可以着色，而且色泽鲜艳持久、图案清晰。可通过照相制版印刷，模仿天然材料的纹理，达到以假乱真的效果；还可通过电镀、热压、烫金制成各种图案和花型，使其表面具有立体感和金属的质感。

（7）功能的可设计性强

改变塑料的组成配方与生产工艺，可改变塑料的性能，生产出具有多种特殊性能的工程材料。如强度超过钢材的碳纤维复合材料；具有承重、保温、隔声功能的复合板材；柔软而富有弹性的密封、防水材料等。

（8）经济性好

塑料制品是消耗能源低、使用价值高的材料。生产塑料的能耗低于传统材料，其范围为 63～188 kJ/m³，而钢材为 316 kJ/m³，铝材为 617 kJ/m³。塑料制品在安装使用过程中，施工和维修保养费用低，有些塑料产品还具有节能效果。如塑料窗保温隔热性好，可节省空调费用；塑料管内壁光滑，输水能力比铁管高 30%，节省能源十分可观。因此，广泛使用塑料及其制品有明显的经济效益和社会效益。

2. 建筑装饰塑料的缺点

建筑装饰塑料的优良特性很多，但它的缺点也是显而易见的，其缺点主要有以下几点。

（1）易燃烧

塑料材料是碳、氢、氧元素组成的高分子物质，遇火时很容易燃烧。塑料的燃烧可产生以下三种灾难性的作用。

1）燃烧迅速，放热剧烈

这种作用可使塑料或其他可燃材料猛烈燃烧，导致火焰迅速蔓延，使火势难以控制。

2）放烟量大，浓烟弥漫

浓烟会使人产生恐惧感，加重人们的恐慌心理。同时，浓烟使人难以辨明方向，阻碍自身逃脱，也妨碍被人救援。

3）生成毒气，使人窒息

塑料燃烧时放出的有毒气体使受害人在几秒或几十秒内被毒害而丧失意识，甚至窒息死亡。近年来发生的重大火灾伤亡事故，无一不是由于毒害作用而致人死亡。

因此，塑料易燃烧的这一特性应引起人们足够的重视，在设计和工程中，应选用有阻燃性能的塑料，或采取必要的消防和防范措施。

（2）易老化

塑料制品在阳光、大气、热及周围环境中的酸、碱、盐等的作用下易老化,各种性能将发生劣化,甚至发生脆断、破坏等现象。这是高分子材料的通病,但也不是不能克服。经改进后的建筑塑料制品,其使用寿命可大大延长,如德国的塑料门窗已应用 40 年以上,仍完好无损;经改进的聚氯乙烯塑料管道,使用寿命比铸铁管还长。

（3）耐热性差

一般塑料受热后都会产生变形,甚至分解。一般的热塑性塑料的热变形温度仅为 80 ~ 120 ℃,热固性塑料的耐热性较好,但一般也不超过 150 ℃。在施工、使用和保养时,应注意这一特性。

（4）刚度小、易变形

塑料的弹性模量低,只有钢材的 1/20 ~ 1/10,且在荷载的长期作用下易产生蠕变,因此塑料用作承重材料时应慎重。但在塑料中加入纤维增强材料,可大大提高其强度,甚至可超过钢材,在航天、航空结构中广泛应用。

近年来,随着改性添加剂和加工工艺的不断发展,塑料制品的这些缺点也得到了很大改善,如在塑料中加入阻燃剂可使它成为具有自熄性和难燃性的产品等。总之,塑料制品的优点大于缺点,并且缺点是可以改进的,它必将成为今后建筑及装饰材料发展的重要品种之一。

13.2　常用建筑装饰塑料制品

用于建筑装饰的塑料制品有很多,基本上遍及建筑物的各个部位,常用的塑料制品有塑料地板、塑料壁纸、塑料装饰板、塑料及塑钢门窗、塑料管材等。

13.2.1　塑料地板

塑料地板是以高分子合成树脂为主要材料,加入其他辅助材料,经一定的制作工艺制成的预制块状、卷材状或现场铺涂整体状的地面材料。目前常用的塑料地板主要是聚氯乙烯塑料地板(简称 PVC 塑料地板)。PVC 塑料地板具有较好的耐燃性和自熄性,且色彩丰富、装饰效果好、脚感舒适、弹性好、耐磨、易清洁、尺寸稳定、施工方便、价格较低,是发展最早、最快的建筑装饰塑料制品,广泛应用于各类建筑的地面装饰。

1. 塑料地板的特点

以高分子化合物(树脂为主要原料)所制成的塑料地板有许多优良性能,主要有以下特点:

①价格合理,与地毯、木质地板、石材和陶瓷地面材料相比,其价格相对便宜;

②装饰效果好,其品种、花样、图案、色彩、质地、形状的多样化,能满足不同人群的爱好和各种用途的需要,可模仿天然材料,效果十分逼真;

③兼具多种功能,足感舒适、有暖感,能隔热、隔音、隔潮;

④施工铺设方便,消费者可亲自参与整体构思、选材和铺设;

⑤易于保养,易擦、易洗、易干、耐磨性好、使用寿命长。

2. 常用 PVC 塑料地板的类型

PVC 塑料地板按其组成和结构分类主要有以下几种。

（1）半硬质单色 PVC 地砖

半硬质单色 PVC 地砖属于块材地板，是最早生产的一种 PVC 塑料地板。半硬质 PVC 地砖分为素色和杂色拉花两种。杂色拉花是在单色的底色上拉直条的、其他颜色的花纹，有的外观类似大理石花纹，也有人称之为拉大理石花纹地板。杂色拉花不仅增加表面的花纹，同时对表面划伤有遮掩作用。

半硬质单色 PVC 地砖表面比较硬，有一定的柔性，脚感好，不翘曲，耐凹陷性和耐沾污性好，但耐刻划性较差，机械强度较低。

（2）印花 PVC 地砖

印花 PVC 地砖是表面印刷有彩色图案的 PVC 地板，有以下三种常见类型。

1）印花贴膜 PVC 地砖

印花贴膜 PVC 地砖由面层、印刷层和底层组成。面层为透明的 PVC 膜，厚度一般为 0.2 mm 左右，起保护印刷图案的作用；中间层为一层印花的 PVC 色膜，印刷图案有单色和多色，表面一般是平的，也有的压上橘皮纹或其他花纹，起消光作用；底层为加填料的 PVC，也可以使用回收的旧塑料。

2）印花压花 PVC 地砖

印花压花 PVC 地砖的表面没有透明 PVC 膜，印刷图案是凹下去的，通常是线条、粗点等，在使用时不易清理干净油墨。印花压花 PVC 地砖除了有印花压花图案外，其他均与半硬质单色 PVC 地砖相同，应用范围也基本相同。

3）碎粒花纹地砖

碎粒花纹地砖由许多不同颜色的 PVC 碎粒互相结合，碎粒的粒度一般为 3~5 mm，地砖整个厚度上都有花纹。碎粒花纹地砖的性能基本与单色 PVC 地砖相同，其主要特点是装饰性好、碎粒花纹不会因磨耗而丧失，也不怕烟头的危害。

（3）软质单色 PVC 卷材地板

软质单色 PVC 卷材地板通常是匀质的，底层、面层组成材料完全相同。地板表面有光滑的，也有压花的，如直线条、菱形花等，可起到防滑作用。软质单色 PVC 卷材地板主要有以下特点：质地软，有一定的弹性和柔性；耐烟头性、耐沾污性和耐凹陷性中等，不及半硬质 PVC 地砖；材质均匀，比较平伏，不会发生翘曲现象；机械强度较高，不易破损。

（4）印花不发泡 PVC 卷材地板

印花不发泡 PVC 卷材地板结构与印花 PVC 地砖相同，也由三层组成。面层为透明的 PVC 膜，用来保护印刷图案；中间层为一层印花的 PVC 色膜；底层为填料较多的 PVC，有的产品以回收料为底料，可降低生产成本。表面一般有橘皮、圆点等压纹，以降低表面的反光，但仍有一定的光泽。印花不发泡 PVC 卷材地板的性能基本与软质单色 PVC 卷材地板接近，但要求有一定的层间剥离强度，印刷图案的套色精度误差小于 1 mm，并不允许有严重翘曲。印花不发泡 PVC 卷材地板适用于通行密度不高、保养条件较好的公共及民用建筑。

（5）印花发泡 PVC 卷材地板

印花发泡 PVC 卷材地板的基本结构与不发泡 PVC 卷材地板接近，但它的底层是发泡的。一般的印花发泡 PVC 卷材地板由三层组成，面层为透明的 PVC 膜，中间层为发泡的

PVC 层,底层通常为矿棉纸、化学纤维无纺布等,其结构如图 13.1(a)所示;也有的印花发泡 PVC 卷材地板在底衬材料下面加上一层 PVC 底层,使底衬平整,便于印刷,其结构如图 13.1(b)所示;还有一种是底布采用玻璃纤维布,在玻璃纤维布的上下均加一层 PVC 底层,可提高平整度,防止玻璃纤维外露,这类地板又称增强型印花发泡 PVC 卷材地板,其结构如图 13.1(c)所示 。在以上所讲的三种卷材地板中,(b)、(c)结构的地板性能优于(a)结构地板,可用于要求较高的民住宅用和公共建筑的地面铺装。

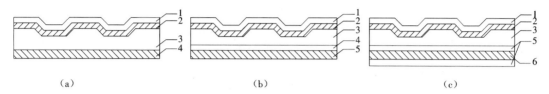

（a） （b） （c）

图 13.1 印花发泡 PVC 卷材地板的结构

1—PVC 透明层;2—印刷油墨;3—发泡 PVC 层;4—底层;5—PVC 打底层;6—玻璃纤维

除以上介绍的 PVC 塑料地板外,还可制成抗静电 PVC 塑料地板、防尘 PVC 塑料地板等。抗静电 PVC 塑料地板主要用于计算机房、实验室、精密仪表控制车间等的地面铺设。防尘 PVC 塑料地板具有防尘作用,适用于纺织车间和要求空气净化的防尘仪表车。

3. PVC 塑料地板的规格和性能

PVC 塑料地板的规格有:每卷长度为 20 m 或 30 m,宽度为 1 800 mm 或 2 000 mm,总厚度为 1.5 mm(家用)或 2.0 mm(公共建筑用)。带基材的发泡聚氯乙烯卷材地板代号为 FB,带基材的致密聚氯乙烯卷材地板代号为 CB。

PVC 塑料地板性能指标主要有外观尺寸、抗拉强度、伸长率、耐烟头性、耐污染性、耐磨性、耐刻划性、耐凹陷性、阻燃性、硬度等。各类 PVC 塑料地板的性能比较如表 13.1 所示。

表 13.1 各类 PVC 塑料地板的性能对比

项目　　　种类	半硬质地板	印花贴膜地砖	软质单色卷材	不发泡印花卷材	发泡印花卷材
表面质感	紫色	平面	平面	平面	平面
	拉花	橘皮压纹	拉花	压纹	化学压花
	压花印花	—	压纹	—	—
弹性	硬	软-硬	软	中	软、有弹性
耐凹陷性	好	好	中	好	差
耐刻划性	差	好	中	差	好
耐烟头性	好	差	中	中	最差
耐污染性	好	中	中	中	中
耐机械损伤性	好	中	中	中	较好
脚感	硬	中	中	中	好
施工性	粘贴	粘贴,可能翘曲	可不粘	可不粘,可能翘曲	可不粘,平伏
装饰性	一般	较好	一般	较好	好

13.2.2　塑料壁纸

塑料壁纸是以纸或其他材料为基材,表面进行涂塑后,经压延、涂布以及印刷、压花、发泡等多种工艺制成的一种墙面装饰材料。由于目前塑料壁纸所用的树脂均为聚氯乙烯,所以也称聚氯乙烯壁纸。

1.塑料壁纸的特点

(1)装饰效果好

由于塑料壁纸表面可进行印花、压花及发泡处理,能仿制天然石材、木纹、锦缎等,达到以假乱真的地步;还可按照设计要求印制适合各种环境的花纹图案,色彩也可任意调配,做到自然流畅、清淡高雅。

(2)性能优越

塑料壁纸具有一定的伸缩性和耐裂强度,允许底层结构(如墙面、顶棚面等)有一定的裂缝。另外,塑料壁纸还可根据需要加工成具有难燃、吸声、防霉、防菌等特性的产品,且不易结露、不怕水洗、不易受机械损伤。

(3)粘贴方便

纸基的塑料壁纸,可用普通的107黏合剂或白乳胶粘贴,施工简单,且透气性好,陈旧后易于更换。塑料壁纸的湿纸状态强度仍然较好,可在尚未完全干燥的墙面上粘贴,而不致造成起鼓、剥落。

(4)易维修保养,使用寿命长

塑料壁纸表面可清洗,对酸、碱有较强的抵抗能力。

2.常用塑料壁纸的类型

塑料壁纸可以大致分为以下几类。

(1)普通壁纸

普通壁纸是以80 g/cm^2 的纸作基材,涂以100 g/cm^2 左右的聚氯乙烯糊状树脂,经印花、压花等工序制成。常用普通壁纸品种有单色压花墙纸、印花压花墙纸、有光印花和平光印花墙纸等。这类壁纸生产量大、经济便宜,是应用最为广泛的一种壁纸。

(2)发泡壁纸

发泡壁纸是以100 g/m^2 的纸作基材,涂以300～400 g/m^2 的聚氯乙烯糊状树脂,经印花、发泡等工序制成。这类壁纸有高发泡印花、低发泡印花和低发泡印花压花等品种。发泡壁纸色彩多样,具有富有弹性的凸凹状或花纹图案,立体感强,浮雕艺术效果及柔光效果好,并且还有吸声作用。高发泡印花墙纸是一种集装饰、吸声多功能于一体的墙纸,常用于影剧院和住房天花板等装饰;低发泡印花墙纸适用于室内墙裙、客厅和内走廊的装饰;但发泡壁纸的图案易落烟灰尘土,易脏污陈旧,不宜用在烟尘较大的场所,如候车室等。

(3)特种壁纸

特种壁纸是指具有特殊功能的壁纸,又称为专用壁纸。常用的特种壁纸有耐水墙纸、防火墙纸、彩色砂粒墙纸、风景壁画墙纸等。

1)耐水壁纸

耐水壁纸以玻璃纤维毡作为基材,配以具有耐水性能的胶黏剂,以适应卫生间、浴室等墙面的装饰要求。

2）防火壁纸

防火壁纸是以 $100 \sim 200$ g/m² 的石棉纸作为基材,同时在面层的 PVC 中掺有阻燃剂。防火壁纸具有很好的阻燃防火功能,燃烧时也不会放出浓烟或毒气,适用于防火要求很高的建筑室内装饰。

3）表面彩色砂粒墙纸

表面彩色砂粒墙纸制作时在基材上散布彩色砂粒,再喷涂黏结剂,使表面具有砂粒毛面,一般用作门厅、柱头、走廊等局部装饰。

3. 塑料壁纸的规格及技术要求

（1）塑料壁纸的规格

①窄幅小卷:幅宽 $530 \sim 600$ mm,长 $10 \sim 12$ m,每卷 $5 \sim 6$ m²。

②中幅中卷:幅宽 $760 \sim 900$ mm,长 $25 \sim 50$ m,每卷 $25 \sim 45$ m²。

③宽幅大卷:幅宽 $920 \sim 1\ 200$ mm,长 50 m,每卷 $46 \sim 50$ m²。

小卷墙用壁纸一般用于民用建筑,施工简单,用户可自行粘贴。中卷、大卷墙用壁纸粘贴时施工效率高,接缝少,适合公共建筑,一般要由专业人员粘贴。

（2）塑料壁纸的技术要求

①外观:塑料壁纸的外观是影响装饰效果的主要因素,一般不允许有色差、折印、明显的污点。

②褪色性试验:将壁纸在老化试验机内经碳棒光照 20 h 后,不应有褪、变色现象。

③耐摩擦性:将壁纸用干的白布在摩擦机上干磨 25 次,再用湿的白布湿磨 2 次后,不应有明显的掉色,即白色布上不应沾色。

④湿强度:将壁纸放入水中浸泡 5 min 后取出用滤纸吸干,测定其抗拉强度应大于 2.0 MPa。

⑤可擦性:粘贴壁纸的黏合剂附在壁纸正面,在黏合剂未干时,应有可以用湿布或海绵擦去而不留下明显痕迹的性能。

⑥施工性:将壁纸按图 13.2 要求用聚醋酸乙烯乳液淀粉混合黏合剂(7:3)粘在硬木板上,经过 2 h、4 h、24 h 后观察 A、B、C 三处均不应有剥落现象。

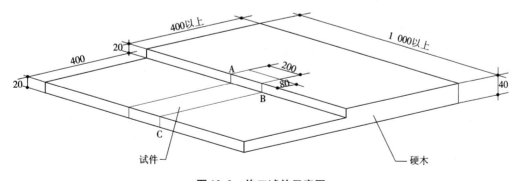

图 13.2　施工试件示意图

13.2.3　塑料装饰板

塑料装饰板是以树脂为基材或浸渍材料,采用一定的生产工艺制成的具有装饰功能的板材。塑料装饰板具有质量轻、装饰性好、生产工艺简单、施工方便、易于保养、便于和其他材料复合等特点,在装饰工程中的用途越来越广泛。塑料装饰板按原材料的不同,可分为硬质 PVC 装饰板、塑料贴面装饰板、有机玻璃装饰板、玻璃钢装饰板、塑料复合夹层板等类型;按结构和断面形式,可分为平板、波形板、异型板、格子板等类型。

1. 硬质 PVC 装饰板

硬质 PVC 装饰板主要用作护墙板、屋面板和平顶板,主要有透明和不透明两种。透明板是以 PVC 为基料,掺入增塑剂和抗老化剂,挤压成型的;不透明板是以 PVC 为基料,掺入填料、稳定剂、颜料等,经捏合、混炼、拉片、切粒、挤出或压延而成型的。硬质 PVC 装饰板的断面形式有平板、波形板、异型板、格子板等。

2. 塑料贴面装饰板

最常见的塑料贴面装饰板是三聚氰胺层压板,如图 13.3 所示。它是以厚纸为骨架,浸渍粉醛树脂或三聚氰胺甲醛等热固性树脂,多层叠合经热压固化而成的可覆盖在各种基材上的薄性贴面材料。三聚氰胺甲醛树脂清澈透明、耐磨性优良,常用作表面的浸渍材料,故通常以此作为板材的命名。

图 13.3　三聚氰胺层压板

三聚氰胺层压板为多层结构,通常有表层纸、装饰纸和底层纸。表层纸的主要作用是保护装饰纸的花纹图案,增加表面的光亮度,提高表面的硬度、耐磨性和抗腐蚀性;装饰纸主要起提供花纹图案的装饰作用和防止底层树脂渗透的覆盖作用,要求具有良好的覆盖性、湿强度和吸收性,易于印刷;底层纸是板材的基层,其主要作用是增加板材的刚性和强度,要求具有较高的湿强度和吸收性,对有防火要求的层压板还需对底层纸进行阻燃处理。三聚氰胺层压板除以上三层外,根据板材的性能要求,有时在装饰层下加一层覆盖纸,在底层下加一层隔离纸。

三聚氰胺层压板的常用规格为 915 mm ×915 mm、915 mm × 1 830 mm、1 220 mm ×2 440 mm 等,厚度有 0.5 mm、0.8 mm、1.0 mm、1.2 mm、1.5 mm、2.0 mm 以上等。厚度在 0.8 ~ 1.5 mm 的常用作贴面板,厚度在 2 mm 以上的层压板可单独使用。

三聚氰胺层压板由于骨架是纤维材料厚纸,所以有较高的机械强度,且表面耐磨;三聚氰胺层压板采用的是热固性塑料,耐热性优良,处在 100 ℃以上的温度时不软化、不开裂、不起泡,具有良好的耐烫、耐燃性;三聚氰胺层压板表面光滑致密,具有较强的耐污性,且耐腐蚀、耐擦洗,经久耐用。三聚氰胺层压板常用于墙面、柱面、台面、吊顶及家具饰面工程。

3. 有机玻璃装饰板

有机玻璃是以甲基丙烯酸甲酯为主要原料,加入引发剂、增塑剂等聚合而成的热塑性塑料。有机玻璃分为无色透明有机玻璃(图 13.4)、有色有机玻璃(图 13.5)和珠光玻璃等。无色透明有机玻璃是以甲基丙烯酸甲酯为主要原料,在特定的硅玻璃模或金属模内浇注聚合而成;有色有机玻璃是在甲基丙烯酸甲酯单体中,配以各种颜料经浇注聚合而成,有透明有色、半透明有色、不透明有色三大类;珠光玻璃是在甲基丙烯酸甲酯单体中,加入合成鱼鳞粉并配以各种颜料经浇注聚合而成。

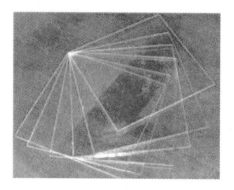

图 13.4　无色透明有机玻璃

图 13.5　有色有机玻璃

用有机玻璃制成的有机玻璃装饰板,具有极好的透光率,可透过光线的 90%,并能透过紫外线光的 73%;机械强度较高,耐热性、耐候性和抗寒性较好;耐腐蚀性及绝缘性优良;在一定的条件下,易加工成型,且尺寸稳定。其主要缺点是质地较脆,易溶于有机溶剂;表面硬度不大,容易擦毛等。

有机玻璃在建筑上主要用作室内高级装饰材料,如室内隔断、门窗玻璃、扶手的护板、大型灯具罩等,还可用作宣传牌及其他透明防护材料。

4. 玻璃钢装饰板

玻璃钢(简称 GRP)是以合成树脂为基体,以玻璃纤维或其制品为增强材料,经成型、固化而成的固体材料,如图 13.6 所示。目前,玻璃钢装饰材料采用的合成树脂多为不饱和聚酯,因为它的工艺性能好,可制成透光制品,并可在室温常压下固化。玻璃纤维是熔融的玻璃液拉成的细丝,是一种光滑柔软的高强无机纤维,与合成树脂能良好结合,成为增强材料。在玻璃钢中常应用玻璃纤维制品,如玻璃纤维织物或玻璃纤维毡。

玻璃钢装饰制品具有良好的透光性和装饰性,可制成色彩鲜艳的透光或不透光构件,其透光性与 PVC 接近,但具有散光性能,故用作屋面采光板时,室内光线柔和均匀;其强度高(可超过普通碳素钢)、质量轻(仅为钢的 1/5 ~ 1/4,铝的 2/3),是典型的轻质高强材料;其耐热性、耐老化性、耐化学腐蚀性、电绝缘性均较好,热伸缩较小;其成型工艺简单灵活,可制作造型复杂的构件。玻璃钢制品的最大缺点是表面不够光滑。

玻璃钢因为可以在室温下固化成型,不需加压,所以很容易加工成较大的装饰板材,作为墙面装饰。常用的玻璃钢装饰板材有波形板、格子板和折板等。波形板的抗冲击韧性好、质量轻,被广泛用作屋面板,尤其是采光屋面板;格子板常用作工业厂房屋面的采光天窗;玻璃钢折板是由不同角度的玻璃钢板构成的构件,它本身具有支撑能力,不需要框架和屋架,

图 13.6　玻璃钢装饰板

折板结构由许多折板构件拼装而成,屋面和墙面连成一片,使建筑物显得新颖别致,可用来建造小型建筑,如候车室、报刊亭、休息室等。

玻璃钢除制作成装饰板外,还可用来制作玻璃钢波形瓦、玻璃钢采光罩、玻璃钢卫生洁具、玻璃钢盒子卫生间等。

5. 塑料复合夹层板

塑料复合夹层板则是用塑料与其他轻质材料复合制成的,因而具有装饰性和保温隔热、隔声等功能,是理想的轻板框架结构的墙体材料,在热带和寒冷地区使用均适宜。目前,常用的塑料复合夹层板主要有玻璃钢蜂窝折板和泡沫塑料夹层板两种类型。

13.2.4　塑钢门窗

1. 塑钢门窗的概念

塑钢门窗是以聚氯乙烯树脂为主要原料,加上一定比例的稳定剂、着色剂、填充剂、紫外线吸收剂等,经挤出成型材,然后通过切割、焊接或螺接的方式制成门窗框扇,配装上密封胶条、线条、五金件等附件而制成的。同时,为了增强型材的刚性,超过一定长度的型材空腔内需要添加钢衬(加强筋)。塑钢门窗按构造可分为单框单玻、单框双玻两种。

2. 塑钢门窗的性能特点

塑钢门窗与普通木门窗、钢门窗相比,主要有以下特点。

(1)保温隔热性好

由于塑料型材为多腔式结构,其传热系数特小,仅为钢材的 1/357,铝材的 1/1 250,且有可靠的嵌缝材料密封,故其保温隔热性比其他类型门窗好得多。

(2)密封性能好

塑钢门窗的气密性、水密性、隔声性均好。经气密性测试,塑钢门窗在 10 Pa 的压力下,单位缝长渗透小于 0.5 $m^3/(m \cdot h)$;水密性的最高压力为 100 Pa,未发生渗漏;塑钢门窗的隔音量可达 32 dB。

(3)防火性好

塑钢门窗不自燃、不助燃、能自熄且安全可靠,这一性能更扩大了塑钢门窗的使用范围。

(4)强度高、刚度好、坚固耐用

由于在塑钢门窗的型材空腔内添加钢衬,增加了型材的强度和刚度,故塑钢门窗能承受较大荷载,且不易变形、尺寸稳定、坚固耐用。

（5）耐候性、耐腐蚀性好

塑料型材采用特殊配方,塑钢窗可长期使用于温差较大的环境中,烈日暴晒、潮湿都不会使塑钢门窗出现老化、脆化、变质等现象,使用寿命可达 30 年以上。另外,塑钢门窗具有耐水、耐腐蚀的特性,可使用于多雨湿热和有腐蚀性气体的工业性建筑。

（6）使用维修方便

塑钢门窗不锈蚀、不褪色,表面不需要涂漆,同时玻璃安装不用油灰腻子,不必考虑腻子干裂问题,所以塑钢门窗在使用过程中基本上不需要维修。

（7）装饰性好

由于塑钢门窗尺寸工整、缝线规则、色彩艳丽丰富,同时经久不褪色,且耐污染,因而具有较好的装饰效果。

3. 塑钢门窗的应用和节能效果

目前,我国生产的塑钢门窗有平开门窗、推拉门窗及地弹簧门等,还可生产满足特殊需要的工业建筑用的防腐蚀门窗、中悬窗等。塑钢门窗除其本身的优良性能外,无论是在节约能耗、使用能耗方面,还是在保护环境方面,都比木、钢、铝合金门窗有明显的优越性。根据中国建筑科学研究物理所提供的数据,双玻塑钢窗的平均传热系数为 2.3 W/(m^2·K),每平方米每年节约能耗 21.5 kg/m^2 标准煤,采暖地区使用塑钢门窗与普通钢窗、铝合金窗相比,可节约采暖能耗 30% ~50%。从生产能耗看,生产单位体积的 PVC 塑料的能耗为钢材的 1/4.5,铝材的 1/8.8。

13.2.5　塑料管材及其配件

塑料材料除用来生产以上塑料制品外,还被大量地用来生产各种塑料管道及配件,在建筑电气安装、水暖安装工程中广泛使用。

1. 塑料管材的特点

塑料管材与传统的铸铁管、石棉水泥管和钢管相比,主要优点有:质量轻、耐腐蚀性好、液体的阻力小、安装方便、维修费用低、装饰效果好等。缺点主要有:塑料管材所用的塑料大部分为热塑性塑料,耐热性较差;有些塑料管道,如硬质 PVC 管道的抗冲击性能等力学性能不及铸铁管;塑料管的冷热变形比较大。

2. 塑料管材的种类及应用

目前,生产塑料管道的塑料材料主要有聚氯乙烯、聚乙烯、聚丙烯、酚醛树脂等,生产出来的管道可分为硬质、软质和半软质三种。在各种塑料管材中,聚氯乙烯管的产量最大,用途也最广泛,其产量约占整个塑料管材的 80%。另外,近年来在塑料管道的基础上,还发展了新型复合铝塑管,这种管材具有安装方便、防腐蚀、抗压强度高、可自由弯曲等特点,在室内装修工程中被广泛应用,可用于供暖管道和上、下水管道的安装。

塑料管道及配件可在电气安装工程中用于各种电线的敷设套管、各种电器配件(如开关、线盒、插座等)及各种电线的绝缘套等。在水暖安装工程中,上、下水管道的安装主要以硬质管材为主,其配件也为塑料制品;供暖管道的安装主要以新型复合铝塑管为主,多配以专用的金属配件(如不锈钢、铜等)进行安装。

第 14 章 其他装饰材料

14.1 胶黏剂

14.1.1 胶黏剂的组成与分类

1. 胶黏剂的组成

胶黏剂一般多为有机合成材料,通常是由黏结料、固化剂、增塑剂、稀释剂及填充剂等原料经配制而成。

(1)黏结料

黏结料也称黏结物质,是胶黏剂中的主要成分,它对胶黏剂的性能如胶结强度、耐热性、韧性、耐介质性等起重要作用。胶黏剂中的黏结物质通常是由一种或几种高聚物混合而成,主要起黏结两种物件的作用。

(2)固化剂

固化剂是一类增进或控制固化反应的物质或混合物,促使黏结料进行化学反应,加快胶黏剂固化产生胶结强度,常用的有胺类或酸酐类固化剂等。

(3)增塑剂

增塑剂也称增韧剂,主要可以改善胶黏剂的韧性,提高胶结接头的抗剥离、抗冲击能力以及耐寒性等。常用的增塑剂主要有邻苯二丁酯和邻苯二甲酸二辛酯等。

(4)稀释剂

稀释剂也称溶剂,主要对胶黏剂起稀释分散、降低黏度的作用,增加胶黏剂的湿润性和流动性,以利于其便于施工操作。常用的有机溶剂有丙酮、苯、甲苯等。

(5)填充剂

填充剂也称填料,其作用是增加胶黏剂的稠度,降低膨胀系数,减少收缩性,提高胶结层的抗冲击韧性和机械强度。常用的填充剂有金属及金属氧化物的粉末,玻璃、石棉纤维制品以及其他植物纤维等。

(6)改性剂

改性剂是为了改善胶黏剂的某一方面性能,满足某些特殊要求而加入的组分,如为提高胶结强度,可加入偶联剂等。另外还有防老化剂、稳定剂、防腐剂、阻燃剂等。

2. 胶黏剂的分类

胶黏剂的品种繁多,组成各异,用途也各不相同。但胶黏剂的分类方法,至今尚未统一规定。一般按黏结料的性质不同来分类,如表 14.1 所示。

表 14.1　胶黏剂的分类

有机胶黏剂	合成胶黏剂	树脂型	热固性树脂：环氧、酚醛、聚酯、脲醛树脂、不饱和聚酯、聚醋酸乙烯酯
			热塑性树脂：聚丙烯酸酯、聚苯乙烯等
		橡胶型	再生橡胶、聚硫橡胶、硅橡胶、氯丁橡胶、丁苯橡胶、丁基橡胶等
		混合型	环氧-酚醛、环氧-聚酰胺、环氧-尼龙、环氧-聚硫橡胶、酚醛-聚乙烯醇缩醛、酚醛-氯丁橡胶等
	天然胶黏剂	沥青	
		天然树脂类：松香、虫胶、生漆、单宁、木质素等	
		蛋白质类：植物蛋白、白蛋白、骨胶、鱼胶、酪元等	
		葡萄糖类：糊精、淀粉、可溶性淀粉、阿拉伯树胶、海藻酸钠等	
无机胶黏剂	磷酸盐类		
	硅酸盐类		
	硼酸盐类		
	硅溶胶		
	硫黄胶		

14.1.2　胶黏剂的胶黏机理及胶结强度影响因素

1. 胶黏机理

两个同类或不同类的物体，由于两者表面间的另一种物质的黏附作用而牢固结合起来，这种现象称为胶结，介于两物体表面间的物质称为胶黏剂。胶黏剂是否能将被黏结物体牢固地结合起来，主要取决于它与被黏结物体之间的界面结合力。一般认为胶黏剂与被黏结物体之间的界面结合力可分为机械结合力、物理吸附力和化学键结合力三种。

（1）机械结合力

机械结合力是指胶黏剂渗入被黏结物体表面一定深度，固化后与被黏结物体产生机械结合，从而与被黏结物体牢固地结合在一起。机械结合力与被黏结物体的表面状态有关，多孔性、纤维性材料（如海绵、泡沫塑料、织物等）与胶黏剂之间的结合主要以机械结合力为主，而对于表面光滑的玻璃、金属等材料，机械结合力则很小。

（2）物理吸附力

物理吸附力主要是指范德瓦耳斯力和氢键，这种结合力容易受水气作用而产生解体。陶瓷、玻璃、金属等材料与胶黏剂之间容易形成物理吸附力。

（3）化学键结合力

化学键结合力是指胶黏剂与被黏结物体的表面发生反应形成化学键，并依靠化学键力将被黏结物体结合在一起。化学键结合力的强度不仅比物理吸附力高，而且对破坏性环境侵蚀的抵抗能力也强得多。

2. 胶结强度影响因素

胶结强度是指单位胶结面积所能承受的最大力，它取决于胶黏剂本身的强度（内聚力）和胶黏剂与被黏结物体之间的结合力（黏附力）。影响胶结强度的主要因素有以下几点。

（1）胶黏剂本身的成分

黏结料是胶黏剂最基本的成分，是决定胶结强度最重要的因素，如环氧树脂胶黏剂比脲醛树脂胶黏剂的胶结强度高。另外，胶黏剂的其他组分如固化剂、增韧剂、填料及改性剂等，对胶黏剂的胶结强度也有影响。如加入增韧剂可以提高韧性和抗冲击性；加入适量的稀释剂可以降低胶黏剂的稠度，增加流动性，有利于胶黏剂湿润被黏结物体的表面；加入适量的填料能提高胶黏剂的内聚力和黏附力等。

（2）胶黏剂对被黏结物体表面的湿润性

胶结的首要条件是胶黏剂能均匀地分布在被黏结物体上，这就要求被黏结物体表面完全湿润，如果湿润不完全，就会导致胶层缺胶，胶结强度下降。因此，使被黏结物体表面完全湿润是获得高强度胶结的必要条件。

一般来讲，胶黏剂的表面张力越小，湿润性越好；被黏结物体表面张力越大，越有利于胶黏剂的完全湿润。降低胶黏剂液体黏度，提高其流动性，给胶层以压力，提高被黏结物体表面的温度，都能提高胶黏剂的湿润性，从而提高胶结强度。

（3）被黏结物表面的状况

由于胶黏剂与被黏结物体的胶结作用发生于被黏结物体的表面，因此被黏结物体的表面状况如何，将直接影响到胶结强度。其影响因素主要有以下几个方面。

1）被黏结物体的表面清洁程度

由于胶结是发生在被黏结物体的表面，如果被黏结物体表面有尘埃、油污、锈蚀等附着物，这些均会降低胶黏剂对被黏结物体表面的湿润性，阻碍胶黏剂接触被黏结物体的基体表面，从而造成胶结强度的降低。因此，要求被黏结物体表面清洁、干燥、无油污、无锈蚀、无漆皮等。

2）粗糙度

被黏结物体表面有一定的粗糙度，这样使黏结面积增大，增加机械结合力，防止胶层内细微裂纹的扩展。但被黏结物体表面过于粗糙又会影响胶黏剂的湿润，易残存气泡，反而会降低胶结强度。

3）表面的化学性质

被黏结物体表面的张力大小、极性强弱、氧化膜致密程度等，都会影响胶黏剂的湿润性和化学键的形成。

4）表面温度

恰当的表面温度可以增加胶黏剂的流动性和湿润性，有助于胶结强度的提高。

（4）黏结工艺

黏结施工的过程中，每一个环节均对黏结强度有一定的影响，如被黏结物体表面清洁度、胶层厚度、晾置时间、固化程度等。

1）被黏结物表面要干净

在黏结之前，必须对被黏结物体表面进行细致清理，彻底清除被黏结物表面上的水分、油污、锈蚀和漆皮等附着物。

2）胶层厚度要适宜

大多数胶黏剂的胶结强度随胶层厚度的增加而降低。胶层薄，胶面上的黏附力起主要作用，而黏附力往往大于内聚力，同时胶层产生裂纹和缺陷的概率变小，胶结强度就高。但胶层也不能过薄,否则易产生缺胶,同样影响胶结强度。一般无机胶黏剂胶层厚度在 0.1 ~ 0.2 mm,有机胶黏剂胶层厚度在 0.05 ~ 0.1 mm 为好。

3)晾置时间

胶黏剂干燥速度比较慢,因此晾置时间要足够。尤其对含有稀释剂的胶黏剂,胶结前一定要晾置,使稀释剂充分发挥,否则在胶层内会产生气孔和疏松的现象,影响胶结强度。

4)固化要完全

胶黏剂的固化需要三个条件:压力、温度和时间。固化时,加一定的压力有利于胶液的流动和湿润,保证胶层的均匀和致密,使气泡从胶层中挤出。温度是固化的主要条件,适当提高固化温度有利于分子间的渗透和扩散,有助于增加胶液的流动性和气泡的逸出,从而提高固化速度。但温度过高,固化速度过快,会影响胶黏剂的湿润,还可能使胶黏剂发生分解,使胶结强度降低。

(5)环境条件和接头形式

环境因素对胶结强度有很大影响。如空气湿度大,胶层内的稀释剂不易挥发,容易产生气泡;空气中灰尘大、温度低,都会降低胶结强度。接头设计的合理,可充分发挥黏合力的作用,要尽量增大黏结面积,尽可能避免胶层承受弯曲和剥离作用。

14.1.3　胶黏剂在建筑装饰工程中的应用

建筑装饰工程中所用的胶黏剂种类很多,目前比较普遍使用的主要有环氧树脂类胶黏剂、聚醋酸乙烯酯类胶黏剂、聚乙烯醇缩甲醛类胶黏剂、聚氨酯类胶黏剂和合成橡胶类胶黏剂等五大类。

1. 环氧树脂类胶黏剂

环氧树脂类胶黏剂主要由环氧树脂和固化剂两大部分组成,为改善某些性能、满足不同用途,还可以加入增韧剂、稀释剂、促进剂等辅助材料。由于环氧树脂胶黏剂的黏结强度高、通用性强,曾有"万能胶""大力胶"之称。

环氧树脂类胶黏剂具有胶结强度高、收缩率小、耐腐蚀、耐水、耐油和电绝缘性好等特点,是目前使用广泛的胶黏剂之一。环氧树脂类胶黏剂对金属、玻璃、陶瓷、木材、塑料、皮革、水泥制品和纤维材料都具有良好的黏结能力,因此广泛应用于金属与非金属的黏结及建筑物的修补等。

环氧树脂类胶黏剂品种很多,在建筑装饰工程中常用的有 6202 建筑胶黏剂、XY - 507 胶、HN - 605 胶、EE - 3 建筑胶黏剂。

2. 聚醋酸乙烯酯类胶黏剂

聚醋酸乙烯酯类胶黏剂广泛用于黏结墙纸,也可作为水泥增强剂和木材的胶黏剂等。

(1)聚醋酸乙烯乳液类胶黏剂

聚醋酸乙烯乳液类胶黏剂又称白乳胶,是由醋酸乙烯单体在引发剂作用下聚合反应而制得的一种乳白色的、带酯类芳香的乳胶状液体。聚醋酸乙烯乳液类胶黏剂特点是初黏性能好、黏结力强、黏结迅速、韧性较好、耐水、耐碱、无腐蚀等。该胶黏剂适用于家具制作、木龙骨基架、木制基层以及成品木制面层板的黏结,也适用于墙面壁纸、墙面底腻的粘贴和增加胶性强度。

（2）SG791 建筑装饰胶黏剂

SG791 建筑装饰胶黏剂以醋酸乙烯为单体的高聚物作主胶料，与其他原材料配制而成（一般与建筑石膏配制使用），是无色透明胶液。它具有使用方便、黏结强度高、价格低等特点，适用于在混凝土、砖、石膏板、石材等墙面上黏结木条、木门窗框、窗帘盒和瓷砖等，还可以在墙面上黏结钢、铝等金属构件。

（3）601 建筑装修胶黏剂

601 建筑装修胶黏剂是一种聚醋酸乙烯系列的溶剂型建筑用胶，基体原料是聚醋酸乙烯，配以适当的助剂与填料而制成的单组分胶黏剂。其特点是耐水性能好、施工工效高、速度快、干固快，即粘即用，无须养生。它对木材、瓷砖、石材、马赛克、塑料地板等均有很好的黏结力，特别是对 PVC 及其他软质材的地板，对地板革、卷材有很强的剥离强度，所以自问世以来，在建筑装修中用于对塑料地板的黏结特别广泛。

（4）水性 10 号塑料地板胶黏剂

水性 10 号塑料地板胶黏剂是以聚醋酸乙烯乳液为基体材料配制而成的单组分水溶性胶液。水性 10 号塑料地板胶黏剂具有黏结强度高、无毒、无味、干燥快、耐老化等特性，而且价格便宜，施工安全、方便，存放稳定，但它的储存温度不宜低于 3 ℃，可用于聚氯乙烯地板、木地板与水泥地面的黏结。

（5）4115 建筑胶黏剂

4115 建筑胶黏剂是以溶液聚合的聚醋酸乙烯为基料，辅以各种添加剂、溶剂，经特殊工艺合成的单组分室温固化型胶黏剂。4115 建筑胶黏剂的固体含量高、挥发快、收缩率低、黏结力强，对木材、水泥制品、陶瓷、纸面石膏板、矿棉板、水泥刨花板、玻璃纤维水泥增强板等有良好的黏结性能。

3. 聚乙烯醇缩甲醛类胶黏剂

聚乙烯醇缩甲醛类胶黏剂俗称为 107 胶，它是以聚乙烯醇与甲醛在酸性介质中进行缩合反应而制得的。107 胶外观呈无色透明或微黄的水溶液状，具有良好的黏结性能，胶结强度可达 0.9 MPa，在常温下能长期储存，但在低温下容易冻胶。107 胶可用于粘贴壁纸、墙布和塑料地板；还可以在水泥砂浆中加入 107 胶来粘贴瓷砖，特别是墙面不平时，可用来抹平。107 胶价格便宜，在建筑装饰工程中应用非常广泛。

107 胶缺点也很突出，这种胶黏剂在生产过程中，由于聚合反应的不完全，有一部分游离的甲醛存在，扩散到空气中，对人体有害，尤其易造成呼吸道疾病。因此，室内使用这种胶黏剂后，一定要通风晾置一段时间，将游离的甲醛排除掉，避免对人体健康造成影响。

4. 聚氨酯类胶黏剂

聚氨酯类胶黏剂是以多异氰酸酯和聚氨基甲酸酯为黏结物质，加入改性材料、填料和固化剂等，一般为双组分。聚氨酯类胶黏剂的特点是胶结力强、耐低温性能优异、可在常温下固化、韧性好、适用范围广，但耐热性和耐水性差。聚氨酯类胶黏剂的品种较多，常用的有 405 胶、CH－201 胶、JQ－1 胶、JQ－2 胶、JQ－3 胶、JQ－4 胶、JQ－38 胶等。

5. 合成橡胶类胶黏剂

合成橡胶类胶黏剂是以合成橡胶为黏结物质，加入有机稀释剂、补强剂和软化剂等辅助材料组成。这类胶黏剂一般具有良好的黏结性、耐油、耐老化、耐腐蚀、耐磨和耐热等特点。但在干燥过程中会散发出有机物，对人体有一定的刺激。

合成橡胶类胶黏剂主要品种有 801 强力胶、氯丁胶黏剂、XY - 405 胶等。不同品种的胶黏剂适用的胶结材料、黏结范围差异很大,应根据材料选择不同的品种。

14.2　装饰腻子及修补

14.2.1　室内装修用腻子

腻子是一种聚合物改性的高性能墙体找平粉刷材料,主要用于嵌填涂饰面基层的缝隙、孔眼和凹坑不平等缺陷,使基层表面平整,提高涂饰质量和装饰效果,是涂料粉刷前必不可少的一种应用产品。目前,乳胶漆广泛应用于建筑工程内、外墙的装饰,而与之配套使用的建筑腻子也就成为建筑物墙体装饰的重要材料。虽然建筑腻子只是一种基层处理材料,但却用量大而面广,直接影响到装饰效果和室内空气质量,必须引起足够的重视。腻子应无毒、无污染,对人体健康无害。墙面腻子中的有害物质限量应符合国家标准《室内装饰装修材料内墙涂料中有害物质限量》(GB 18582—2008)的规定。

腻子按其性能不同可分为一般型腻子(Y)和耐水性腻子(N),耐水性腻子按主要技术性能指标及适用范围又分为Ⅰ类和Ⅱ类;按干燥速度不同可分为快干型和慢干型两种;按黏结剂不同可分为水性腻子、油性腻子和挥发性腻子三种。

腻子应黏结力强、防潮性好、环保、无毒、耐老化、干燥后应坚固,并应与底漆、面漆配套使用。腻子一般由体质颜料、黏结剂、着色颜料、溶剂或水、催干剂等组成。常用的体质颜料有碳酸钙(大白粉)、硫酸钙(石膏粉)、硅酸钙(滑石粉)等;黏结剂常采用熟桐油、清漆、合成树脂溶液、乳液等。

在实际施工中,腻子应分遍嵌填,并且必须等头遍腻子干燥且打磨平整后再嵌填下一道腻子或涂刷底漆和面漆,否则会影响涂层的附着力。腻子嵌填的要点是实、平、光,使之与基层接触紧密、黏结牢固、表面平整光洁,从而减少打磨工序的工作量并节省涂料,确保涂饰质量。

刮腻子多用于不透明涂饰中打底或基层满刮,如抹灰面或石膏板面刷涂料、木质基层刷混色油漆时,多采用满刮腻子的做法。当木质基层涂刷本色油漆时,可用虫胶漆或清漆加入适量体质颜料和着色颜料作为腻子满刮。抹灰墙面常采用大白粉或滑石粉作为体质颜料,加入适量的纤维素、107 胶作为黏结材料,以增强腻子的强度。石膏板基层刷涂料时,一般采用石膏腻子填补钉眼、板缝,再用大白粉或滑石粉作为体质颜料,加入适量的纤维素、107 胶等作为黏结材料,加水搅拌成黏糊状,满刮于石膏于基层表面。

14.2.2　石材用修补材料

天然石材在其形成过程中受各种因素的影响,存在着各种不同程度的缺陷和问题,此外在加工、运输和安装过程中,难免会出现尺寸偏差、缺棱掉角等情况,因此对饰面石材的修补十分必要。在实际施工中,根据修补时所采用的材料不同,一般有以下几种方法。

1. 水泥型修补法

水泥型修补法采用各种颜色的水泥为黏结材料,以大理石、花岗岩、工业废渣等石屑或粉末为骨料,经配料、搅拌、固化成型、养护、磨光、抛光、打蜡等工序而完成。水泥型修补法适用于装饰性要求不高的石材饰面修补。

2. 树脂型修补法

树脂型修补法是采用不饱和树脂聚酯为胶结材料,以石英砂、大理石、方解石等石屑或粉末为骨料,经配料、搅拌、成型、养护、磨光、抛光、打蜡等工序而完成。树脂型修补法主要被用于石板材表面裂缝和缺损的修补以及洞石孔洞的填补等,使得板材表面效果良好。这种方法的饰面修补效果优于水泥型修补法。

3. 专用理石胶修补法

专用的理石胶多为双组分,由不饱和树脂配合固化剂组成,使用时根据固化时间的长短按比例加入固化剂。常见的专用理石胶主要有白色、黑色和黄色等,主要用于石材间的黏结、石纹的修补以及小面积的缺棱掉角修补。

14.3 装饰灯具和卫生洁具

14.3.1 装饰灯具

从功能照明、景观照明走向绿色照明直到特色照明,灯饰是装饰工程中一种特殊的、非常重要的材料,它的种类繁多、造型千变万化,不仅起着照明的作用,也是美化环境、营造和谐气氛的极佳方式。设计师常巧妙合理地运用灯具和光源来渲染空间气氛、丰富空间内容、装饰空间艺术,使灯光与建筑物有机地融为一体。

灯光直接影响物体的视觉大小、形状、质感和色彩,因此已构成现代建筑的重要组成部分。它还对人的心理和生理有着强烈的影响,形成美或丑的印象、舒畅或压抑的感觉,自第一盏电灯问世以来,其就不断地改进,现正朝着节能和 LED 的方向不断发展。

灯具的分类方法很多,可按用途和安装方式分类,也可按发光光源和灯具的类型分类,如表 14.2 所示。

表 14.2 灯具的分类

光源		白炽灯、卤素灯、高压钠灯、紧凑型荧光灯、金属卤化物灯、节能灯	
室内灯具	住宅	吸顶式灯具	筒灯、射灯、吸顶灯、灯盘、荧光灯支架
		嵌入式灯具	筒灯、射灯、灯盘
		悬吊式灯具	吊灯、灯盘、荧光灯支架
		可移动灯具	台灯、落地灯
		壁灯	
	非住宅	吸顶式灯具	筒灯、射灯、吸顶灯、灯盘、荧光灯、洁净灯等
		嵌入式灯具	筒灯、射灯、灯盘、洁净灯、天花灯
		悬吊式灯具	吊灯、灯盘、荧光灯支架、高天棚灯
		轨道式灯具	射灯
		壁灯	
		防护型灯具	
		其他	

室外灯具	柱灯、透光灯、泛光灯、埋地灯、庭院灯、草坪灯、LED 电子屏、太阳能灯具、LED 户外灯带
控制系统	控制柜、控制面板、控制软件
电器附件	镇流器、变压器、其他
插座与开关	专用插座、定时插座、电子开关

14.3.2　卫生洁具

卫生洁具是现代建筑中室内配置不可缺少的组成部分,既要满足功能要求,又要考虑节能、节水。卫生洁具的材质使用最多的是陶瓷、搪瓷生铁、搪瓷钢板,还有水磨石等。随着建材技术的发展,国内外已相继推出玻璃钢、人造大理石、人造玛瑙、不锈钢等新材料。卫生洁具五金配件的加工技术,也由一般的镀铬处理,发展到用各种手段进行高精度加工,以获得造型美观、节能、消声的高档产品。常用的卫生洁具有洗脸盆、坐便器、浴缸、淋浴房、五金配件等。

1. 洗脸盆

洗脸盆的材料多种多样,一般以塑料、金属、木材和搪瓷的比较常见。洗脸盆要求表面光滑、不透水、耐腐蚀、耐冷热、易于清洗和经久耐用。洗脸盆早先是小巧的,可以移动的,但是随着社会的发展,移动式洗脸盆逐渐被固定式的洗脸盆所代替。

各种洗脸盆的图例如图 14.1 所示。

图 14.1 各种洗脸盆图例

2. 坐便器

坐便器以人体取坐姿为特点。其分类方法很多,按水箱类型可分为挂箱式(图 14.2)、坐箱式(图 14.3)和连体式(图 14.4);按结构不同可分为虹吸式、冲落式、喷射虹吸式和旋涡虹吸式;按排污方式可分为下排污式和后排污式。冲洗功能是坐便器使用中一项重要的性能,包括排污功能和洗刷功能。

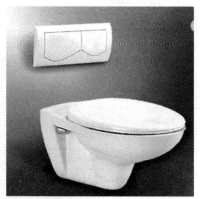

图 14.2 挂箱式坐便器

3. 浴缸

浴缸是一种水管装置,供沐浴或淋浴之用,通常装设在家居浴室内。浴缸按材质可分为亚克力浴缸(图 14.5)、钢板浴缸(图 14.6)、铸铁浴缸(图 14.7);按洗浴方式可分为坐浴、躺浴;按功能可分为泡澡浴缸和按摩浴缸。

4. 淋浴房

淋浴房是指单独的淋浴隔间,由门板和底盆组成。淋浴房门板按材料分有 PS 板、FRP 板和钢化玻璃三种。现代家居对卫浴设施的要求越来越高,许多家庭都希望有一个独立的洗浴空间,但由于居室卫生空间有限,只能把洗浴设施与卫生洁具置于一室。淋浴房充分利用室内一角,用围栏将淋浴范围清晰地划分出来,形成相对独立的洗浴空间,如图 14.8 所示。

图 14.3　坐箱式坐便器

图 14.4　连体式坐便器

图 14.5　亚克力浴缸

图 14.6　钢板浴缸

图 14.7　铸铁浴缸

5. 五金配件

五金配件形式多样,除了洗脸盆、坐便器、浴缸、淋浴房等洁具的配件外,还包括各种水嘴、玻璃托架、毛巾架(环)、皂缸、手纸缸、浴帘架、防雾镜等。另外还有用在卫生间的一些小机电类,如干手器、送纸机、美发器、浴霸、排气扇等。

图 14.8　淋浴房

参考文献

[1] 葛新亚,郭志敏,张素梅. 建筑装饰材料. 2 版. 武汉:武汉理工大学出版社,2009.

[2] 吴智勇,刘翔. 建筑装饰材料. 北京:北京理工大学出版社,2010.

[3] 李继业,刘福臣,盖文梯. 现代建筑装饰工程手册. 北京:化学工业出版社,2006.

[4] 上海大师建筑装饰环境设计研究所,石珍. 建筑装饰材料图鉴大全. 上海:上海科学技术出版社,2012.

[5] 蔡丽朋,赵磊,闻韵. 建筑装饰材料. 2 版. 北京:化学工业出版社,2013.

[6] 中国建筑工业出版社. 现行建筑材料规范大全. 北京:中国建筑工业出版社,2006.

[7] 向才旺. 建筑装饰材料. 2 版. 北京:中国建筑工业出版社,2004.

[8] 李继业,司马玉洲,姜德贵,等. 新编建筑装饰材料实用手册. 北京:化学工业出版社,2012.

[9] 张中. 建筑材料检测技术手册. 北京:化学工业出版社,2011.

[10] 孙武斌,邬宏,梁美平,等. 建筑材料. 北京:清华大学出版社,北京交通大学出版社,2009.